稻米品质与加工技术

王　莉　陈正行　李　婷　编著

U0296582

科学出版社

北京

内 容 简 介

稻米作为我国主要的粮食,产量占全国粮食总产量的 40%左右,其加工主产品是全国 60%以上人口的主食,稻米加工业的发展水平直接影响国家的粮食安全和人民群众的生活质量。本书以稻米加工利用技术与稻米多维品质为核心,围绕稻米物理品质、碾磨品质、外观品质、蒸煮食味品质、营养品质,稻米主要成分及其与稻米食味品质的关系,稻米加工副产物综合利用及米制品开发、潜力稻米选育,水稻数据库和云平台等方面进行总结与探讨,系统且全面地介绍了稻米品质、稻米功能与营养、米制品加工与高值化利用等领域的最新研究进展,为推动我国稻米产业高质量发展提供理论与技术指导。

本书内容翔实,阐述通俗易懂,文字简明扼要。本书可供从事稻米加工的工作人员、科技工作者阅读、参考,也可供科研院所、大中专院校的相关专业师生参考学习。

图书在版编目(CIP)数据

稻米品质与加工技术 / 王莉,陈正行,李婷编著. --北京:科学出版社,2025.4. -- ISBN 978-7-03-081130-1

Ⅰ. TS212

中国国家版本馆 CIP 数据核字第 2025BF1447 号

责任编辑:李秀伟 / 责任校对:刘 芳
责任印制:肖 兴 / 封面设计:无极书装

科 学 出 版 社 出版

北京东黄城根北街 16 号
邮政编码:100717
http://www.sciencep.com

北京华宇信诺印刷有限公司印刷
科学出版社发行 各地新华书店经销
*
2025 年 4 月第 一 版 开本:720×1000 1/16
2025 年 4 月第一次印刷 印张:13
字数:262 000

定价:168.00 元

(如有印装质量问题,我社负责调换)

序

悠悠万事，吃饭为大。稻米产业是保障营养安全与国民健康的民生产业，其在构建和完善粮食安全保障体系中具有重要地位。该书系统论述了稻米加工、稻米品质、米制品加工与副产物高值化利用的基础理论及发展趋势，围绕功能性稻米的选育与加工、稻米数据库的研究进展进行了总结与探讨，全面阐述了我国稻米产业的未来发展方向与趋势，具有较强的应用价值。作者长期从事稻米精深加工和稻米资源的食品化和高值化研究，专注于推动我国稻米行业的发展。该书突出理论与方法的普适性，体现前沿性与创新性，为从事稻米精深加工的读者提供稻米加工和副产物利用的思路与见解。

综上，该书具有很强的综合性、先进性、科学性和实用性。相信该书的出版将加强稻米资源的研究与开发利用，加快稻米产业的发展。

胡培松

中国工程院院士

2024 年 9 月

前　言

　　我国是全球最大的稻米生产国和消费国，稻米是我国重要的大宗主食原料。我国稻米年产量约 2 亿 t，稻米加工主要副产物米糠的年产量约 1000 万 t，均约占世界总产量的 1/3。稻米产业是我国社会经济发展的"压舱石"。然而，我国稻米产业长期存在"稻强米弱"的现象，稻米高值化利用水平滞后于发达国家。因此，提升稻米产后综合利用水平，对我国稻米产业的高质量发展具有重要意义。随着我国进入小康社会，人民群众对主食的美味、营养、方便等消费升级的向往日益增长，已向不平衡不充分发展的稻米产业直接提出了必须进行供给侧结构性改革的强烈要求。优质稻米、优质专用粮、特定人群主食、功能营养健康米产品，已成为稻米产业今后重要的发展方向。

　　我国稻米品种和品牌多，优质品种和品牌少；初加工产品多，深加工产品少；对稻米产后的加工品质、蒸煮食味品质和工业用粮专用性缺乏系统的评价手段；稻米产业链条短等问题突出，综合竞争力低。2021 年中央一号文件提出"深入推进农业结构调整，推动品种培优、品质提升、品牌打造和标准化生产"的要求，倡导加强农产品加工业，大力支持发展农产品产地初加工，全面提升农产品精深加工整体水平，努力推动农产品及加工副产物综合利用，提升产业融合发展带动能力。因此，加强稻米品质基础理论研究，构建具有中国特色的稻米评价体系，探索稻米高值化加工利用的新思路和新方法，可以有效推进稻米产业高质量发展，满足人民群众日益增长的对美好生活的需要，助力第二个百年奋斗目标，落实《"健康中国 2030"规划纲要》。

　　目前已有的稻米相关书籍知识体系未得到及时更新，且主要聚焦在稻米生产和加工技术，缺乏专业的稻米品质评价体系、稻米组分相互作用、功能健康米产品研究。为了适应稻米产业迅速发展的需要，进一步普及稻米精深加工利用技术，帮助读者了解稻米多维品质评价体系及稻米主要营养组分与品质的关联性，推动功能健康米产品开发，作者认为很有必要编写一本全面且系统介绍稻米品质及其高值化加工利用技术的书籍。作者长期致力于稻米科研工作，在"十二五"国家科技支撑计划项目、"十三五"国家重点研发计划、公益性行业（农业）科研专项及企业委托横向等项目的支持下，联合攻关，集农业-食品-人工智能-可视化设计多学科技术交叉融合创新，实现了稻米品质评价体系的建立健全，稻米副产物的梯次高效利用，解决了一批稻米品质评价、精深加工和副产物综合利用中的行业共性技术难题，研制出一系列高附加值的营养健康新产品。在进行这一系列科研工作的同时，作者愿意将自己多年来的科研成果向大家汇报。在此基础上，作者整理总结了大量国内外相关资料，完成此书的编写。

本书是一本实用性较强的书籍，以稻米品质与加工技术为核心，结合稻米产业最新研究成果与产业动态，系统全面地介绍了稻米品质评价技术、稻米组分与品质关联性、稻米功能与营养、米制品加工与高值化利用等领域的最新研究进展及前沿科学技术与理论。本书共 10 章，第 1 章是水稻概述，详细介绍了水稻的起源、分类与结构。第 2 章是稻米的物理品质，从稻米尺寸和颜色、密度与摩擦系数、其他特性如水分含量、机械性能、热性能等维度系统介绍了稻米的物理特性。第 3 章是稻米的碾磨品质，围绕重要的碾磨指标、稻米裂纹的原因及影响稻米碾磨品质的因素三个维度叙述了稻米的碾磨品质。第 4 章是稻米的外观品质，从内在与外在两个维度详细介绍了稻米垩白产生的原因，阐述了透明度、粒型、垩白等的计算方法及垩白度对稻米品质的影响。第 5 章是稻米的蒸煮食味品质，详细阐述了稻米的蒸煮食味指标及其常见的测定方法，重点介绍了蒸煮方法对稻米食味品质的影响及蒸煮过程中主要组分的变化规律。第 6 章是稻米的营养品质，介绍了蛋白质、脂质、矿物质元素等营养物质的含量及特性，从糙米和精米两个维度阐述了稻米营养及其影响因素。第 2 章至第 6 章主要介绍了稻米多维品质，在对国内外研究进展进行整理总结的基础上，融入本团队的稻米品质评价技术，完善了稻米品质评价体系。第 7 章是稻米主要成分及其与稻米食味品质的关系，从稻米淀粉和稻米蛋白质两个核心指标入手，系统介绍了稻米淀粉的精细化结构对稻米食味品质的影响机制；重点强调了蒸煮过程中蛋白质的动态变化，其含量及组成对稻米食味品质的影响机制。第 8 章是稻米加工副产物综合利用及米制品开发，围绕稻壳、碎米和米糠等副产物的综合利用和大宗米制品的开发工作展开详细论述。第 7 章和第 8 章系统梳理了本团队的研究成果，将本团队研究成果与国内外研究成果对比整理，总结探讨，最终成章。第 9 章是潜力稻米，系统汇总并详细介绍了国内外培育的功能性稻米及香米，为我国的水稻育种及功能性米制品开发提供了新思路。第 10 章是水稻数据库及云平台研究进展，对国内外现有稻米数据库进行研究，该章节的稻米品质评价系统及云平台为本团队特色内容，本团队首创的开放共享的稻米品质评价云平台，在全国典型稻米产区，连续 11 年收集了 3700 余万条数据，涵盖了产前、产中、产后全产业链的稻米大数据库。该平台创新可视化分析、智能化判定及关联分析、加工适宜性评价、农事智慧管理、全程质量管控等八大功能板块，科学指导优质稻米品种选育、区域布局、绿色保优栽培、精深加工等。

本书由王莉教授进行总体策划和设计，并组织陈正行、李婷等团队成员共同参与编写。本书第 1 章内容由陈正行、屠亦、林婧等编写，第 2 章由李婷、左中钰等编写，第 3 章由薛薇、许芊芊等编写，第 4 章由刘若海、甘志聪等编写，第 5 章由陈正行、张欣然等编写，第 6 章由王莉、林淑敏等编写，第 7 章由王莉、徐慧、王栋、宋玉洁等编写，第 8 章由王莉、张新霞、李婷、惠安邦、王梓羽、丁亚峰、赵子菲等编写，第 9 章由王莉、高品涵、张丽丹、徐顺前、肖紫薇、陈梦迪等编写，第 10 章由薛薇、张聪男、张楚萍等编写。作者特别感谢江苏省水韵苏米产业研究院王才林院长、江苏省农业科学院粮食作物研究所杨杰所长在本书编写过程中提供的指导与帮助！

　　由于研究积累和作者水平有限，书中难免有不妥之处，敬请业内专家和广大读者朋友批评指正，谨此致以衷心感谢！

王　莉

2024 年 8 月

目 录

第1章 水稻概述

1.1 水稻的起源

1.1.1 世界背景下的水稻

人们普遍认为农业起源于幼发拉底河和底格里斯河之间的美索不达米亚地区，或者是横跨尼罗河流经巴勒斯坦到幼发拉底河和底格里斯河交汇处的"新月沃土"地区（Storck and Walter, 1953）。中国及东南亚和印度河谷的考古证据表明，水稻有 8000 年以上的历史。水稻的驯化和持续耕种在人类历史上占据了极其重要的地位。

水稻具有极强的适应性，能够在多种环境下生长。其种植范围遍及除南极洲以外的所有大陆，覆盖 100 多个国家/地区。水稻分布跨度范围为 45°N（在某些条件下甚至达到 53°N）至 40°S，海拔范围从海平面到大约 3000m，既能在水深 1～2m 的环境中生长（深水稻），也能适应干旱的陆地条件。实际上，世界上 90%以上的稻米产自南亚、东南亚和东北亚，这些地区被统称为"亚洲稻米国家"或简称为"稻米国家"。稻米的消费范围十分广泛，全世界约有一半人口以稻米作为主食。

稻米的重要性体现在许多方面，其不仅是人类重要的食物来源，还是收入和就业的重要保障，在社会经济发展和文化领域发挥着至关重要的作用。2004 年，东京世界水稻研究会议（WRRC）发布的公告宣称"稻米养活了地球上几乎一半的人口，创造了数以千万计的工作岗位，对经济、社会、环境产生了巨大影响，大米生产活动被认为是世界上最重要的经济活动"。

1.1.2 中国水稻起源

水稻（*Oryza sativa* L.），学名亚洲栽培稻，隶属于稻属（*Oryza*）栽培稻系（*O. sativa* complex）。栽培稻系包含两个主要种：亚洲栽培稻（*O. sativa*）和非洲栽培稻（*O. glaberrima*）。其中，非洲栽培稻种植区域较为集中，主要分布在西非的局部地区；而亚洲栽培稻则在全球范围内广泛种植，对保障世界粮食安全具有重要意义。

水稻起源地一直是水稻起源驯化争议的热点问题，受到考古学、民族学、农学及遗传学等不同学科的广泛关注。历史上，印度、中国、东南亚都曾被认为是水稻起源地。19 世纪末到 20 世纪初，印度起源说被认为是水稻起源的主流学说，主要依据是印度丰富的野生稻资源和栽培稻品种，并且语言学分析表明欧洲很多国家语言中的"稻"词源来自梵语。然而，随着我国河姆渡遗址的发掘及早期稻作遗址的发现，印度起源说影响力逐渐减弱。结合我国水稻考古证据和历史文献记载，全新世早期（距今 9000 年前后），中国的新石器时代居民可能已经开始收集野生稻并进行人工栽培水稻。因此，学术界普遍认为中国是水稻的主要起源地之一。不过，关于中国境内具体起源地的确定，目前仍存在争议。

从考古和文化等方面分析，中国稻作起源地应满足以下 3 个标准。①这一地区在全新世中期必须具备适宜稻谷栽培的地理环境和气候条件，且有野生稻的广泛分布。②这一地区的考古发现应呈现出清晰的年代序列和文化谱系连续性，特别是在旧石器时代晚期至新石器时代早期的过渡阶段应有普遍分布的遗址。③这一地区发现的史前稻作遗存，在年代上不仅应是国内迄今最早的发现，而且还应存在年代稍晚但数量更多的同类发现，以体现稻作文化的持续发展（卫斯，1996）。

基于上述起源地标准，关于水稻起源地主要有以下 5 种观点。

（1）起源于云贵高原。1977 年，日本学者渡部忠世教授曾提出水稻的原产地是从印度阿萨姆邦到中国云南的椭圆形区域，这一观点与佐佐木高明等主张的照叶树林文化的中心地区"东亚半月弧"较为一致，并得到了当时国内外学者的广泛认可（陈文华，1989）。菲律宾学者张德慈博士（Chang, 1976）将亚洲栽培稻的起源定在 20°N～23°N，西起恒河河谷中部，东至中国南海。我国学者则多主张稻作起源于云南或云贵高原。农学家柳子明（1975）基于云南、西江流域、长江流域、海南、台湾等广泛分布有野生稻的事实和文献记录，提出水稻可能起源于云贵高原，并且稻种可能沿西江、长江及其他发源于云贵高原的河流顺流而下，向流域及下游平原地区扩散。李昆声（1981，1984）也主张中国稻作起源于云南，他们通过对云南地理环境、气候特点、生物资源等方面资料的综合分析，进一步论证了云南是作物的变异中心。研究表明，云南现有植物种类 15 000 多种，约占全国总数的一半，农作物种类丰富，其中稻种 3000 多种，种植地垂直分布范围从海拔 40m 到 2600m。对云南稻种进行同工酶分析，发现其酶谱具有高度相似性，表明云南现代栽培稻种与普通野生稻的亲缘关系十分密切。从而进一步确认，云南现代栽培稻的祖先很可能就是云南的普通野生稻。

考古学证据显示，目前云南有关稻作遗存的发现，有仅元谋大墩子、宾川白羊村、晋宁石寨山、滇池官渡、耿马石佛洞、南碧桥、江川头咀山 7 处。其中，在年代最早的宾川白羊村遗址发现的稻壳、稻秆也不过 3600～3700 年的历史。总而言之，云南已发现的几处稻作遗存，资料贫乏且可考证的年代较晚。陈文华（1989）在谈及这一问题时指出，渡部忠世在印度和东南亚收集的古代谷壳都是公元前 6～5 世纪以后的遗物。虽然渡部忠世的研究论证了印度、东南亚的稻作的源头可以追溯到阿萨姆和中国云南，但要证明河姆渡等长江下游的稻作也是起源于云南，就必须等云南考古学家将来发现早于河姆渡遗址年代的稻作遗存，否则，这一观点只能被视为假说。

（2）起源于华南。著名农业科学家丁颖 1949 年首次提出将华南作为稻种起源地的设想，将世人的目光从印度转向了中国。1957 年，他在《中国栽培稻种的起源及其演变》一文中，详细考察了野生稻在我国华南沼泽地分布的情况，根据我国五千年的稻作文化创建过程及华南与越泰接连地带的野生稻分布和稻作民族的密切关系，认定我国的栽培稻种起源于华南（丁颖，1957）。童恩正（1984）持有一致的观点，他认为："根据现有的资料，基本上可以断定亚洲栽培稻的起源地就在中国长江以南地区，也可能在浙江省杭州湾一带，但更可能是在纬度较低的广东、广西地区"。李润权（1985）则明确提出追溯我国稻作起源中心的范围应该在江西、广东和广西三省（自治区），其中西江流域尤其值得重视。他提出三点论据：①分布在中国的普通野生稻是多年生野生稻，是公认的栽培稻祖先。其在中国分布范围的海拔为 30~600m，地理跨度东起台湾的桃园（120°15′E），西至云南的景洪镇（100°47′E），南起海南岛崖州区的羊栏公社（18°15′N），北达江西的东乡（28°14′N）。这一范围才是栽培稻的可能起源地。②在这一范围内的江西、广东、广西三省（自治区）陆续出土新石器时代早期遗址（其 ^{14}C 测定年代可达到公元前 8000 年以前，远早于浙江余姚河姆渡遗址）。这些遗址的周围普遍存在多水的低洼地或沼泽，适宜水稻种植。③虽然目前这些遗址中尚未发现稻作遗存，但出土了许多石斧、石锛、蚌刀、石磨盘、石杵等可能用于农业生产的工具，表明当时人类可能已经开始利用谷类作物，其中很可能包括水稻。然而，卫斯（1996）在《关于中国稻作起源地问题的再探讨——兼论中国稻作起源于长江中游说》中指出，江西、广东、广西三省（自治区）所发现的新石器时代早期（距今 9000~7000 年）遗址为数较少，且广西的新石器时代早期遗址多为贝丘遗址，出土遗物主要反映渔猎采集经济，与农业无关，缺少切实丰富的考古证据，因而缺乏可靠性。

（3）起源于长江中游。向安强（1995）首先提出稻作起源于长江中游，并且最先起源于长江中游的洞庭湖地区，然后在该地区扩大发展的同时，又分别向鄂西的长江干流、陕南的汉江上游，以及长江下游传播。刘志一（1994）也认为洞庭湖地区是世界稻作农业的最早起源中心。这一学说得到很多国内外学者的支持，主要依据有以下三点。①全新世中期长江中游的地理环境、气候特点十分适宜水稻栽培。1978~1982 年，中国农业科学院联合南方 9 省区的农业科学院、农业院校等数百个单位组成全国野生稻资源考察协作组，考察了我国野生稻的分布、种类和生态环境等。考察协作组在湖南茶陵的一个湖泊中发现了面积达 50 多亩（1 亩≈666.67m²）的普通野生稻，在江西东乡也发现了普通野生稻，其位置已达 28°14′N。考察报告指出："江西东乡、湖南茶陵普通野生稻的发现，为我们在纬度比较偏北的地区寻找野生稻提供了启示，史前时期的江南气候比现在温暖得多，这正是普通野生稻能在这一地区繁衍的重要原因"（全国野生稻资源考察协作组，1984）。②从远古的旧石器时代早期、中期、晚期，一直到人类迈进新石器时代，长江中游的广大地区持续存在人类活动。北至秦岭、伏牛山南麓，南到湘江、赣江上游，东抵鄱阳湖以东，西入大巴山区，已发现百余处旧石器时代早期、中期、晚期不同阶段的文化遗存。从文化年代上看，具有一定的连续性；从文化谱系发展上看，也具有一定的延续性。因而旧石器时代向新石器时代的过渡阶段，同时也是学术界公认的我国农业的起源阶段，长江中游一直是人类生息、繁衍、开发的一个重要地区。这说明中国稻作在这一地区、这一时期内发生的可能性已充分蕴藏于人文因素之中。③目前在长江中游地区发现属于史前不同年代的稻作遗址有 40 处，年代跨度从距今 9000 年以上至4000 年左右。长江中游发现了世界上最古老的三个水稻遗址，即江西万年的仙人洞遗址和吊桶环遗址、湖南道县的玉蟾岩遗址。这三处遗址年代为旧石器时代晚期向新石器时代早期的过渡时期（距今 13 000～11 000 年）。从距今 9000 年开始，稻作遗址逐渐增多，遗址中稻作遗存所处年代也更为确切，比如彭头山遗址；以及距今6000 年左右的湖北枝江关庙山和宜都红花套，陕西西乡何家湾遗址；距今 4000 年左右的江西萍乡新泉、新余罗坊拾年山、九江神墩，湖南平江舵上坪遗址等。考古资料表明，长江中游不仅有中国最早的稻作遗存发现，而且有仅晚于这一发现年代的稻作遗存的普遍发现。

（4）起源于长江下游。闵宗殿（1979）基于 20 世纪 70 年代河姆渡遗址的考古发现，首次提出长江下游是中国的栽培稻起源地，认为栽培稻以江苏浙江一带为中心向外传播。严文明（1982）将 1980 年以前中国各地新石器时代遗址出土的稻作遗存，按年代早晚和地理分布进行了系统整理，提出中国的水稻栽培以杭州湾及其附近地区为起源中心，呈波浪状向四周扩散。但是，该假说提出不久，就被新的考古发现否定。河姆渡遗址和桐乡罗家角遗址发现的稻作遗存，曾被认为是世界上已发现的最早的稻作遗存，却继而被江苏连云港二涧村遗址（李洪甫，1985）、河南舞阳贾湖遗址（陈报章等，1995）和澧县彭头山遗址（裴安平，1989）发现的稻作遗存取代，这证明黄淮流域和长江中游流域种植水稻的历史不仅比原先人们认为的要早得多，甚至可能比长江下游种植水稻的历史还要早。基于彭头山遗址和贾湖遗址的发掘，王象坤等于 1995 年首次提出长江中游—淮河上游起源学说，对长江下游起源学说进行了补充和扩展。

（5）多中心起源。在学者们对水稻的起源地都各持己见的情况下，有学者基于新石器时代早期野生稻的广泛分布，认为条件适宜的地区都有可能发生稻作农业，从而提出多中心起源的说法。严文明（1982）在支持长江下游起源的同时，也提到中国的水稻起源可能并非单一中心，认为栽培稻可能在许多地方较早地独立发生。但是，刘志一（2007）和卫斯（1996）对此提出异议。他们认为在世界范围之内，栽培稻的起源可能具有多元性，但中国稻作的起源不可能是多中心的，把"稻作起源"这一创造性的"发明"看作是普遍的发现，这违背了农业发展的规律。中国某地之所以能成为栽培稻的起源中心，是多种主客观因素共同作用的结果，其中有些因素可能是难以重复的，并非随处可见。如果从历史发展的高度来看问题，则既要承认在人类生产力发展的某一阶段，栽培稻出现有其必然性，也要看到这种必然性乃是通过若干偶然性的综合而出现的，并不可能多处发生。

1.1.3　中国水稻分布

水稻对生长环境的适应性较强，不论酸性土壤、轻盐碱性土壤、沙土以及排水不畅的低洼沼地，只要具备充足的水源即可栽培。我国稻作分布区域广泛，各省几乎都有水稻种植，主产省大多分布在雨水充沛的南方，如成都平原、长江中下游平原、河谷平原等。北方降水量少，因而水稻种植面积少于南方，且分布较分散。根据水稻的耕作制度和品种特性的差异，结合行政区划，将我国水稻种植区划大致分为 6 个稻区。

西北稻区。该稻区位于青藏高原和祁连山以北，大兴安岭以西，主要包括宁夏、新疆、内蒙古三个自治区。该稻区密布山地丘陵，气候炎热干旱，无法满足一般农作物的用水需求，水土流失严重，土地资源贫瘠。水稻品种为一年一熟的单季粳稻。水稻种植面积及稻谷产量在全国最低，水稻生产占全国水稻生产比重最小。

华北稻区。该稻区位于秦岭—淮河至长城以南，包括北京、天津、河北、陕西、安徽、山西、山东、河南等省份。该地区地形以平原为主，分布着我国最大的冲积平原（黄淮海平原），土地资源非常丰富，气候温暖，水资源不足，部分地区缺水严重，所以水稻种植域主要集中在水源充沛的地区，如黄淮海平原的低洼地带、沿江沿海地区。该稻区大部分种植夏秋一年两熟粳稻，也有一部分种植单季粳稻，水稻种植面积和稻谷产量在全国排名靠后。

东北稻区。该稻区位于辽东半岛以北，大兴安岭以西，北邻黑龙江漠河地区，是我国纬度最高的水稻种植区，主要包括黑龙江、吉林、辽宁 3 个省份。该地区三面环山，地势平坦辽阔，土地资源丰富，水资源充足，属大陆季风气候，适宜农作物生长。其中，松江中下游平原、辽河中下游平原、黑河沿江平原为该稻区水稻种植区，为水稻栽培提供了良好的环境。该稻区主要种植一年一熟的单季粳稻，是中国主要的商品粮生产基地。

西南稻区。该稻区位于云贵高原和青藏高原，主要分布在海拔 1000m 以上的云贵高原，包括四川、重庆、贵州、云南、青海、西藏等省区。该稻区处于内陆地区，以山区为主，耕地资源匮乏，水资源相对较少，气候差异性显著。水稻单产水平不高。该稻区主要种植一年两熟制水稻，包括籼稻、粳稻及杂交稻，也是我国的水稻主产区之一。

南方稻区。该稻区位于我国最南部，即南岭以南，包括江西、福建、广东、广西、海南等省区。该地区纬度较低，是我国气温最高、降水量最多的水稻种植区，年稻作期长达 275 天。水稻多种植于冲积平原，如广东的珠江三角洲平原、广西的浔江平原、福建的福州平原、漳州平原、泉州平原等。该稻区主要种植一年两熟制或三熟制水稻，品种主要是双季籼稻，兼有部分单季粳稻，水稻种植面积及稻谷产量均位居全国前列。

长江中下游稻区。该稻区位于成都平原以东，与东海之滨相接，南岭山脉以北，接壤淮河—秦岭，包括江苏、湖南、湖北、浙江、上海及山西和河南的南部地区。该地区多为平原和丘陵山地，土壤肥沃，光照充足，水资源丰富，利于水稻高产。该稻区主要种植双季稻种，一年两熟或三熟，籼稻、粳稻和杂交稻都有种植，水稻种植面积及稻谷产量均位居全国第一，历来是我国重要的稻谷产区。

总体而言，长江中下游、南方和西南稻区的水稻种植面积和稻谷产量均超过全国的 80%，是中国主要的水稻生产区域。其余稻区的水稻种植面积和稻谷产量占全国的比重虽均不超过 20%，但由于这些地区降水少，光照充足、昼夜温差大，在水资源充足的条件下，单位面积产量反而比南方水稻高。随着全球气候的变化，尤其是气温的持续上升，水稻种植区和各地区水稻种植面积也在不断变化。其中，长江中下游的水稻种植面积近年来扩充明显，华东、华中、华南和西南稻作带的水稻种植面积扩充较小，有的地区甚至出现水稻种植面积下降的情况。

我国作为世界水稻起源中心之一，其稻作历史可追溯至约 10 000 年前。远古先民在长江中下游尝试人工种植野生稻，自此稻米在中国人的主食中占据了重要的地位。水稻生产起源于江南，然后从长江流域传播到黄河流域。受气候、地形等自然因素的影响，长江中下游以南地区逐渐成为我国水稻主产区。唐宋期间，江南地区已经成为全国粮食供应的重要支柱，北方则因气候、水利、饮食习惯等因素以旱作为主，水稻种植面积较小。1949 年以后，通过改善生产条件，生产力得以提高。改革开放以来，我国水稻生产进入快速发展阶段，水稻种植面积由 20 世纪 50 年代的 2570.85 万 hm² 增长至 80 年代的 3621.73 万 hm²，之后我国水稻种植面积逐渐稳定并在市场调节下逐渐减少，但随着技术进步，水稻产量仍稳步提升。

进入 21 世纪以来，"三农"问题日益受到政府部门的重视，各地政府纷纷采取措施恢复水稻的生产水平。2015 年水稻种植面积增长至 3078.4 万 hm²，然而近年来由于水稻价格持续走低，种植成本提高，中国稻谷种植面积总体呈现下降的态势，2022 年降至 2945 万 hm²。尽管稻谷种植面积下降，但随着中国农业科学化及机械化的提升，2022 年中国稻谷产量 2.08 亿 t，相比 2015 年的 2.12 亿 t 降幅不大。近年来，中国粮食产量持续增长至高位稳态，水稻、粳稻产量变化趋势呈现出北方种植比例上升态势。近 20 年来，传统水稻主产区，如南方稻区、长江中下游稻区水稻种植面积减少（徐春春等，2013），单季稻取代双季稻比例明显上升，而东北区水稻种植面积大幅度增长，水稻播种重心总体向东北方向移动（钟甫宁和刘顺飞，2007）。

全球 90% 以上的水稻种植国家以籼稻为主，种植粳稻的国家很少，且集中分布在东亚、地中海、欧洲和北美等少数几个国家和地区，种植面积仅占世界水稻总面积的 9%。新中国成立初期，我国的水稻种植以籼稻为主，然而随着生活水平的提高，人们对粳米的需求也迅速增加，20 世纪 90 年代后我国开始注重粳稻生产。至今为止，我国粳稻的种植面积及产量都已稳定，均超过水稻种植面积和总产量的 1/3。从整体上看，水稻结构表现为"籼退粳进"的趋势。我国粳稻种植主要分布在我国东北、江淮和西南地区，占全国总种植面积的 90% 以上。其中，东北地区是我国最大的粳稻产区，种植面积占全国粳稻种植总面积的一半以上。

1.2　水稻的分类

1.2.1　粳稻和籼稻

籼稻（*Oryza sativa* subsp. *indica*）与粳稻（*Oryza sativa* subsp. *japonica*）是亚洲栽培稻的 2 个亚种，代表了栽培稻中具有一定生殖隔离的 2 个基因库。它们在形态特征、地理分布及农艺性状等方面有较大的差异。粳稻比较耐寒抗旱，适宜种植于气候温和的温带和热带高海拔地区，如长江流域及西南云贵高原；籼稻更耐热、耐潮湿，因此适宜种植于热带及亚热带地区，在我国主要分布在华南热带和淮河以南的亚热带低地。粳稻籽粒一般短、粗、厚，形状呈椭圆形，腹白相对较小，颜色半透明，淀粉黏性较强，胀性较小，出米率较高；籼稻籽粒一般细、长，外形扁平，腹白大，颜色乳白色，淀粉黏性较弱，胀性较大，加工时容易产生碎米，出米率较低。粳稻和籼稻的叶绿体基因组存在较大的差异，研究比较了亚洲栽培稻的籼稻和粳稻的叶绿体 DNA（ctDNA），发现籼稻较粳稻少了 0.1kbp 的片段（Ishii and Tsunewaki，1991）。Kanno 等（1993）发现籼稻叶绿体的缺失位于 ORF100 内，并将其作为籼粳叶绿体分型的标记。此外，籼稻和粳稻的线粒体 DNA 也已经分化（朱世华等，1998）。籼稻和粳稻叶绿体、线粒体 DNA 的差异导致形态特征的变化，必然会影响其光合作用特性。籼稻大部分光合速率偏高，而粳稻大部分光合功能期分布偏长（曹树青等，2001），因此，籼稻的净光合速率大于粳稻（Bian and Chung，2016）。

籼稻和粳稻均由普通野生稻分化而来（王振山等，1998）。在分化过程中，变异是基础，自然选择和人工选择是驱动力，隔离使分化得以维持和增强，并最终导致分化完成（孙凌飞等，2008）。研究表明，普通野生稻在驯化为栽培稻之前已经发生了籼粳分化，但并没有完全分化为籼型和粳型。关于栽培稻籼、粳亚种的起源的研究主要存在两个假说，"籼粳同源"的一源论和"籼粳异源"的二源论。丁颖（1957）最早提出籼稻起源于华南的普通野生稻，随后籼稻再传播分化为粳稻。王象坤等（1984）提出籼稻和粳稻同时由野生稻演化而来，处于高海拔地区的演化成粳稻，处于洼地的则演化成籼稻。卢宝荣和蔡星星（2006）通过研究不同来源的普通野生稻，发现籼稻和粳稻特异性等位基因的频率非常接近，这证明了"籼粳同源"的观点。而二源论认为籼稻和粳稻是分别从不同的祖先野生稻驯化而来的，二者之间的分化，在其野生状态就已经存在（Khush, 1997）。随着现代分子生物学技术的发展，越来越多的研究证据支持多起源观点。此外，相关研究表明粳稻可能起源于长江流域的野生稻（王象坤等，1994），籼稻来源于亚洲热带地区。

1.2.2　籼粳杂交水稻

杂交水稻是指选用两个既有遗传差异又性状互补的水稻品种进行杂交所生产的第一代杂交种。这类种子在生长势、生活力、繁殖率、抗逆性、适应性、产量和品质等方面均比双亲优越。中国是世界上第一个成功研发和推广杂交水稻的国家。袁隆平在1964年提出了利用杂种优势培育杂交水稻的设想，之后，他在'洞庭早籼'、'胜利籼'和'早粳4号'等多个水稻品种中发现了6株雄性不育株，可以通过异花授粉培育优势杂交子一代。1966年，他在《科学通报》上发表了《水稻的雄性不孕性》一文，提出了通过培育杂交水稻，利用水稻杂种优势提高产量的可能性。1970年，他的助手们在海南三亚的野生稻群体中发现了1株雄性不育株，是生产不育系种子的宝贵的基因源。这类水稻被命名为'野败'，其生产的种子被分发给全国相关科研单位，自此开启了杂交水稻研究应用的大门。为解决杂交水稻的制种难题，1973年，袁隆平带领团队建立了三系法杂交水稻技术，育成了'南优'、'威优'、'汕优'等籼型杂交水稻，比普通水稻增产20%。1995年，以光温敏雄性不育系为原材料培育的两系法杂交水稻面世并开始大规模应用。两系法简化了种子生产过程，实现配组自由，产量明显提高，与三系法相比有巨大优势（袁隆平，2018b）。此后，为了进一步解决中国人的粮食问题，袁隆平院士又开始了超级稻的研究，并于2000年、2004年、2011年和2014年先后实现了超级稻第一、第二、第三、第四期亩产700kg、800kg、900kg、1000kg的目标（袁隆平，2018a）。如今，杂交水稻育种技术仍在不断创新，第三代杂交水稻（袁隆平，2016)、绿色超级稻及一系法杂交水稻等技术成果不断出现，中国杂交稻技术持续领跑全球。中国杂交稻技术的成功也引起了世界的关注。在袁隆平院士的推动下，杂交稻逐步走向世界舞台，如今在世界范围内，20%的水稻种植采用三系法或两系法杂交水稻技术。杂交水稻技术已经在中亚、东南亚、北美、南美成功试种，为保障世界粮食安全做出了巨大贡献。

1.3　水稻籽粒结构

1.3.1　稻壳

稻谷的结构主要由稻壳（颖）和糙米（颖果）两部分组成。颖果由外到内包括果皮、种皮、胚乳（包括糊粉层）和胚四个部分。水稻颖果是由受精子房发育而来的：受精卵形成胚，受精极核形成胚乳，珠被和珠心组织形成种皮，子房壁形成果皮。

稻壳是稻谷生长过程中产生的外层覆盖物，占稻谷质量的20%左右，由外颖、内颖、护颖和小穗轴组成，对稻谷有保护作用。稻壳外颖比内颖略长且大，内、外颖沿边缘卷起呈钩状，互相钩合包住颖果，稻壳的表面生有针状或钩状茸毛，茸毛的疏密和长短因品种不同而异。稻壳的主要成分是纤维素、半纤维素、木质素、二氧化硅，以及少量的脂肪和蛋白质，各成分的具体含量因稻谷品种、种植地区和气候条件不同有所差异。稻壳中的硅元素以可溶性硅酸盐或单硅酸的形式，通过根系进入水稻体内，并转化成有机化合物及二氧化硅。部分二氧化硅与有机化合物共价结合，形成了独特的多孔纳米结构，填充在表皮细胞之间的空隙中，具有阻挡外部侵害和保持水稻中水分及养分的作用（Sun and Gong, 2001）。

稻壳是一种常见的碾米副产物，因其坚硬不易发酵降解，难以被土壤吸收，资源利用率低。因此，大多数稻壳被焚烧或进行填埋处理，小部分被用作生物肥料、活性炭、土壤改良剂等。作为一种可再生的生物质能源，稻壳以其经济、环保的优点备受研究者关注。目前，稻壳应用的研究包括能源生产和碳基、硅基材料合成等（Lim et al., 2012；郭晓琳和邢鹏飞，2020）。

1.3.2　皮层

果皮由子房壁发育而来，子房壁从外到内依次为上表皮、中层、下表皮，分别对应形成外果皮、中果皮和内果皮。外果皮分为表皮与内皮，单层细胞的表皮内侧分布着薄角质层的数层细胞，称为内皮。其角质层结构使得水分能够缓慢地通过珠孔（种孔）进入种子内部。子房壁中层细胞是子房壁的主要组成部分，中层细胞发育完善后为中果皮，其细胞质中分布着许多淀粉体及叶绿体。淀粉体一般位于外侧中层细胞，而叶绿体的分布更靠近内侧。发育初期的水稻颖果呈现绿色是中层细胞中的叶绿体导致的。水稻接近成熟期，叶绿体逐渐消失。但由于背部维管束周围叶绿体较多，且维持生理活性的功能期长，因而颖果背部维持绿色的时间也较长。横细胞位于中层的最内层，其细胞的长轴与颖果纵轴呈直角。最内侧的子房壁细胞为果皮的内表皮，呈细管状排列，具有明显的长轴，并与胚的长轴平行，称为管细胞。横细胞和管细胞相互交叉呈直角，交错排列，对增强果皮坚固程度、控制胚乳和胚的生长起重要作用。随着水稻发育成熟，内果皮会自溶，内含物（淀粉体）消耗供细胞生长或者转移到正在发育的胚乳内。果皮的发育和扩展情况影响着胚乳的发育和形态。果皮生长不良，会造成颖果的发育不良。

种皮包裹胚和胚乳，是位于珠心表皮外侧的单层细胞。种皮由胚珠的珠被和珠心发育而来，外珠被受精后退化，内珠被细胞分裂生长成为种皮的外层，珠心表皮细胞生长后内含物被消化，成为种皮的内层。颖果发育过程中胚乳膨胀，种皮内层和外层受挤压与果皮愈合在一起。种皮的角质层具有不易渗透的特性，不仅有助于颖果内部色素物质的积累，而且在胚和胚乳的外侧构建了不透水的屏障。浸种时，由于种皮的保护作用，水分只能从珠被未覆盖处（即珠孔）缓慢渗入，首先被休眠中的胚吸收，再逐渐浸没体积较大的胚乳。因此，种皮在颖果发育过程中有着重要的作用。

珠心是种皮内侧包覆颖果胚和胚乳的表皮组织，随着胚与胚乳的发育，珠心组织逐渐降解，最终仅残留部分角质层。

1.3.3 胚乳

水稻胚乳是由雌配子体中的两个极核与精核融合成的受精极核发育而来的三倍体细胞，占水稻颖果干重的90%以上，是贮藏淀粉和蛋白质的主要场所，能够为种子萌发和生长提供所需的营养物质。胚乳中的主要物质是淀粉，其含量高达80%，以淀粉粒的形式存在。胚乳中还含有蛋白质、脂肪、维生素、矿物质、膳食纤维等。因此，胚乳细胞的状态决定了水稻籽粒的质量。

胚乳细胞的发育主要经历了四个阶段：游离核期、细胞化期、分化期和成熟期（Olsen, 2001）。游离核期是种子开始发育的初步阶段（花后0~2 天），胚乳原核进行分裂分化，在同一细胞质中产生多个细胞核，形成游离核。游离核的分裂情况决定了胚乳发育的细胞基数，也影响胚的发育。随后胚乳进入细胞化阶段，游离核快速分裂增殖后，细胞核之间生成细胞壁并包覆游离核，转变成胚乳细胞。与此同时，通过由内质网和高尔基体合成的成壁物质运输至质膜并释放来增厚细胞壁。花后9~10 天，细胞停止分裂，胚乳细胞数不再增加。受精后5 天，胚乳细胞进入分化期，外层细胞分化为糊粉层，而内层细胞分化为淀粉性内胚乳细胞，用来积累淀粉和蛋白质等贮藏物质。花后 3 天，胚乳细胞分化的同时，细胞开始蓄积淀粉粒。淀粉粒充满质体后转变为淀粉体。发育后期，内胚乳细胞中细胞核和液泡消亡，细胞由内到外进入程序性死亡，整个细胞被淀粉体充满（Kobayashi et al., 2013；于惠敏，1998）。此时，胚乳进入成熟期，种子进入休眠状态，细胞代谢活动和酶活性降低，粒重不再发生变化。成熟胚乳细胞以胚乳中心或近中心为同心圆，逐层向背腹两侧呈扇形排列，中心点的细胞小于外侧细胞。

糊粉层是由胚乳外层细胞分化成的。花后 4～5 天，胚乳细胞的最外层细胞开始分化，花后 7～8 天，糊粉层基本形成。背部主维管束卸载的灌浆物质首先进入质外体，糊粉层从质外体中吸收养分并将其转运进胚乳，其中的矿物质、脂类和蛋白质等物质在运送过程中被留下，表层细胞转化成了糊粉层细胞（顾蕴洁等，2001；王忠等，1998）。因此，糊粉层既是胚乳吸收氨基酸和可溶性糖等物质的细胞运输层，同时又是养分贮存的累积层。糊粉层细胞不含淀粉，但含有大量糊粉粒和圆球体。糊粉粒是由矿物质与蛋白质等结合形成植酸钙镁颗粒累积于小液泡中发育形成的。圆球体则源于粗面内质网，主要积累磷脂、糖脂和中性脂肪（王忠等，1998）。通常颖果背部糊粉层形成较早，有 3～5 层糊粉层细胞，而腹面和侧面糊粉层形成较晚，只有 1～2 层。糊粉层细胞细胞质浓，细胞壁厚，线粒体丰富，为细胞膜的主动转运提供能量。靠近珠心细胞一侧的糊粉层细胞壁内突，质膜皱叠，增加了胚乳吸收养分的面积。糊粉层细胞在发育过程中核不消亡，是具有多种生理功能的活细胞，细胞寿命长，直至种子萌发后才进入细胞程序性死亡。

糊粉层细胞与胚乳贮藏细胞之间还存在 1～3 层胚乳细胞，称为亚糊粉层，可以积累淀粉、蛋白质和一定量的脂质。糊粉层所吸收的养分只有经过亚糊粉层才能进入中心胚乳贮藏细胞。亚糊粉层细胞与糊粉层细胞和内胚乳细胞不同，其淀粉和脂肪颗粒含量低，但含有较多的蛋白质体，细胞大小介于糊粉层细胞和内胚乳细胞之间。成熟后期，亚糊粉层进一步分化，积累更多的淀粉或脂肪颗粒，分别转化成糊粉层细胞及内胚乳细胞。

1.3.4 胚

水稻胚位于颖果腹面的基部，虽然只占颖果干重的 2%，但它是种子最重要的部分，能够发育成完整的个体。胚主要由胚芽、胚轴、胚根和子叶四个部分组成。胚芽包括茎的顶端分生组织及其产生的幼叶，向下连接着胚轴与胚根。子叶着生于胚轴上半侧，子叶和胚芽之间的胚轴部分被称为上胚轴，另一部分则被称为下胚轴。胚根由根的顶端分生组织与根冠组成，种子萌发后生长为主根。胚根、胚轴和胚芽分别发育成为水稻的根、茎、叶，子叶是贮藏或吸收养分的叶状结构，为萌发初期的种子提供营养支持。胚的发育过程中吸收的养分主要来自胚周围的细胞解体以及发育颖果维管束对营养物质的转运（Becraft, 2001）。

胚的发育一般包含 5 个阶段，合子阶段、球形胚阶段、胚芽鞘阶段、幼胚生长阶段和成熟胚阶段。授粉后的 12h 内，卵细胞与花粉结合形成有极性的合子，随后合子分裂为由顶细胞和基细胞构成的两个细胞的原胚。细胞继续分裂，授粉后 1 天分裂得到 8 个细胞，胚背腹分化明显。授粉后 2～4 天，原胚开始增殖分化，细胞内线粒体和含淀粉的质体增多。胚开始分化出现盾片和胚芽鞘，胚体呈球形或倒梨形。授粉后 4～5 天，胚的发育进入胚芽鞘阶段，胚细胞开始分化形成茎尖分生组织、根尖分生组织和胚芽鞘，幼胚的胚芽、胚轴与胚根初步形成。授粉后 6～10 天，胚芽鞘原基分化出叶原基，胚根分化出根冠，子叶长大，子叶中的维管束系统开始形成。在幼胚生长阶段，胚的体积迅速膨胀，胚体大致形成。授粉后 11～14 天，胚细胞进入成熟胚阶段，分裂分化完成，胚已具有发芽的能力。在此之后，胚脱水收缩进入休眠期。

第2章 稻米的物理品质

稻米的物理特性包括其外观形态特征和结构整体特征，如外观（大小、形状、平整度、颜色）、重量、硬度、体积、流动性等。稻米物理特性也可以被理解为单粒米或多粒米所具备的性质。以单粒米为例，米粒具有单独的大小、形状、密度和硬度等物理性质。多粒米的物理性质并不能简单地通过单粒米的性质来推断，在诸如密度和热特性等性质上往往会有所变化。单粒米在加工时可以沿着管道按固定角度流动，而多粒米在流动时会发生相互碰撞，流动的角度和摩擦力发生变化影响其流动性。此外，虽然稻米的有些特性严格说来并不属于化学范畴，比如蒸煮后体积变化、固形物损失和熟米质构等，但是通常不将它们纳入稻米的物理特性中。这些特性被认为是稻米蒸煮特性和由热效应化学变化所产生反应的一部分。同样，稻米的碾磨品质和碾磨特性也经常被单独考虑。排除以上这些与化学反应有关的以及需要单独考虑的性质之后，其余的性质可以被划入稻米的物理特性范畴。综上，稻米的物理特性应当被定义为单米粒或多米粒所具有的，本质与物理条件相关的，且未被其他特殊性质（如蒸煮特性、碾磨特性等）所包括的特征。

研究稻米的物理特性在稻米生产、保存和利用中至关重要。从稻米的收获、干燥、搬运，到碾磨、包装、售卖、蒸煮和进一步加工利用，稻米的物理特性的影响贯穿整条稻米产业链。在设计所有相关加工设备时，都需要对稻米物理特性进行研究，因为这些特性是稻米品质的重要组成部分。在设计米粒清理设备时，需要根据单粒米的尺寸、形状和密度进行扫描和吸入系统的设计；设计稻米加工生产线时，确定滑槽和料斗的角度则需要了解稻米的摩擦特性；在设计稻米接收仓和谷仓时，则需要考虑多粒米的整体密度分布。至今为止，我们对加工过程中涉及稻米的物理特性和质量属性的认知仍不够全面，或者说在尚未完全理解相关理论的情况下一直使用这些质量属性进行稻米的加工。

2.1 稻米尺寸和颜色

2.1.1 米粒大小和形状

在各大超市中总能见到散装米的售卖，经过碾磨的稻米成垛堆积在售货台上，消费者可以对稻米品质进行直观考量，再按需称量购买。稻米的外观是影响消费者购买欲望的首要因素。稻米的尺寸、形状、颜色等属性大大影响稻米销量。稻米米粒大小主要通过稻米粒长和粒宽反映，因为粒长相比于粒宽变化更大，更具有对比性，因而通常利用米粒粒长来比较米粒尺寸大小，而稻米的粒型则主要通过米粒的长宽比反映（Anacleto et al., 2015；Graham, 2002）。关于不同稻米颗粒的长度（L）、宽度（B）和厚度（T）已经有了很多研究报告，且不同品种间的参数差异很大。

不同国家对生产稻米尺寸的一致性要求不一。其中美国对稻米品种的标准化尺寸研究得最为广泛透彻，标准化尺寸已经深入贯穿到稻米生产供应链中。美国的稻米品种经过精心培育，其单粒米尺寸及多粒米尺寸分布都受到严格的限制（Adair et al., 1966）。而世界上很多其他国家种植的水稻并未遵循美国的标准化模式，不对稻米的长度、宽度和厚度属性进行精心培育和筛选，而是以一种随机的方式呈现。

在对 172 个水稻品种（包括 129 种传统印度籼米，28 种现代半矮秆印度杂交籼稻，以及其他牙买加和美国品种）的研究中发现，碾磨后的稻米粒径和质量（w）范围大致为 L: 4.0～7.7mm，L/B 值: 1.57～4.35，w: 7.7～27.8mg（Sowbhagya et al., 1984；Bhattacharya et al., 1982；Bhattacharya and Sowbhagya, 1980）。在对碾磨后印度香米的研究中发现其最长的稻米长度为 7.63mm，最细的稻米籽粒长宽比为 4.48（Kamah et al., 2008）。研究者测量了 55 个东南亚稻米品种的尺寸，并将稻米尺寸近似地转换为相应的精米（Juliano et al., 1964）。其数值分布范围较窄，但大致与上述印度品种相似：L: 4.0～7.5mm，L/B 值: 1.75～4.15，w: 11.2～19.6mg。虽然世界上稻米的尺寸分布范围较广，差异较大，但由于受到同种基因型的限制，其中也存在一定的规律性，如稻米的各项尺寸之间存在着相互关系（Bhattacharya et al., 2010）。在稻米中，其宽度（B）和厚度（T）有很好的相关性，近似关系为

$$T_P = 0.44\,B_P + 0.70 \tag{2.1}$$

$$T_R = 0.54\,B_R + 0.45 \tag{2.2}$$

同时，精米的尺寸也与其带壳稻谷的尺寸密切相关：

$$L_R = 0.78\,L_P - 0.80 \tag{2.3}$$

$$B_R = 1.06\,B_P - 0.72\ （细长粒） \tag{2.4}$$

$$B_R = 0.81\,B_P\ （宽粒和圆粒） \tag{2.5}$$

$$T_R = 1.02\,T_P - 0.31 \tag{2.6}$$

$$(L/B)_R = (L/B)_P - 0.35 \tag{2.7}$$

$$(B/T)_R = 0.85\,(B/T)_P + 0.11 \tag{2.8}$$

$$w_R = 0.73\,w_P \tag{2.9}$$

式中，下标 P 和 R 分别代表带壳稻谷和精米；L、B、T、w 分别为稻米长度、宽度、厚度和质量。式（2.6）表明，大多数精米比相应带壳稻谷薄 0.3mm 左右。式（2.7）表明，精米的 L/B 值通常比相应的带壳稻谷低 0.35。式（2.9）表明，稻谷的平均精米产量约为 73%。带壳稻谷的宽度与精米的宽度同样具有相关性。在籽粒宽度达到

2.3mm 时，回归分析曲线出现中断，将相互作用的规律划分为两个部分：当籽粒宽度小于或等于 2.3mm 时，相对细长的籽粒，其精米宽度与带壳稻谷宽度的关系如式（2.4），而籽粒宽度大于 2.3mm 时，精米宽度与带壳稻谷宽度的关系如式（2.5）。与之对应的是在糙米垩白中，稻米籽粒宽度在 2.5mm 以上的几乎都有腹白，而在 2.5mm 以下的通常没有腹白（Murugesan and Bhattacharya，1994；Bhashyam and Srinivas, 1981）。

在稻米加工过程中，稻米籽粒尺寸并不是一成不变的，追踪加工工艺对稻米籽粒尺寸的影响对于保证稻米品质同样重要。碾磨过程中，米粒会受到翻滚、摩擦等作用，皮层糊粉层会逐渐脱落，导致米粒的尺寸发生变化。在华中农业大学的研究中，碾磨工艺对长度、宽度、厚度影响不一（荣建华等，2006）。稻米籽粒长度和厚度在碾磨过程中略微降低，但是宽度明显下降，籼稻、粳稻、糯稻的降低程度依次递增。籼稻和粳稻分别属于细长粒和长粒米，其长宽比在碾磨过程中逐渐升高；而属于短粒米的糯稻，其长宽比却有轻微下降趋势。而随着使用的 CBS300BS 碾米机的档位从 0.5#增长至 10.0#，籼糙米样品长度从 6.4mm 减小至 5.0mm，宽度从 2.1mm 降至 2.0mm，长宽比从 3.05 降至 2.50（任海斌等，2020）。不同粒型的稻米在碾磨加工中适用性也不同。研究者收集了短粒型粳稻 '辽星' 和 '龙稻 7 号'，中粒型籼稻 '隆平 404' 和 '优 I 899' 及长粒型籼稻 '南集 3 号' 和 '中二软占' 等，利用不同碾米机进行碾磨（张玉荣等，2010）。研究发现，如果碾磨的稻米籽粒尺寸的均匀性较差，籽粒碰撞不充分导致皮层碾除困难，不同类型碾米机的出白率、碾白率差异较大，很容易出现碾米机不适用的情况，而如果籽粒尺寸均匀性好，则适用的碾米机类型更多。籼型糙米 '华优抗香粘' 和 '新两优 821' 经过碾磨，其整精米率（HRY）较低，约为 65%；碎米率较高，为 35%~40%。而短圆形的粳稻 '郑稻 18 号' 和 '辽星' 整精米率都在 80% 以上，碎米率低于 10%。这种差异也反映了米粒外形对加工适用性的影响。

2.1.2 米粒尺寸分级

科学家们尝试通过稻米米粒尺寸和粒型对稻米进行分级，但是不同分类评级体系的每一种级别所对应的粒长范围和长宽比不同（表 2-1），对此至今并没有统一的定义。1998 年菲律宾国家粮食局（NFA）提出的稻米贸易质量标准中，根据精米粒长将稻米分为长粒米（≥6.0mm）、中长粒米（5.0~6.0mm[①]）和短粒米（<5.0mm）（马雷，2006）。泰国则根据粒长制定了对糙米的分类标准：1 类（≥7.0mm）、2 类（6.6~7.0mm）、3 类（6.2~6.6mm）和短粒（≤6.2mm）。在英国所遵循的稻米品质分级制度中，粒长大于 6.0mm 的稻米被定义为长粒米。此外，

---

① 粒长测量精确到 0.1mm，边界值归入范围值下限。

相关报道的分级体系中同样有超长粒米类别（Khush et al., 1979；Adair et al., 1966）。但根据他们的判断标准，所报道的超长粒米可能被归类为普通长粒米（Belsnio, 1992）。这 4 种分级标准对于中粒米和长粒米的判断标准不尽相同，但都一致认为粒长接近或低于 5.0mm 的稻米为短粒米。

表 2-1　基于粒径和形状（长宽比）的精米品质等级比较

粒长分类/mm				粒型（长宽比）			参考文献
超长粒	长型粒	中型粒	短型粒	细长型	中粗型	短圆型	
>7.50	6.61~7.50	5.51~6.60	<5.50	>3.00	2.01~3.00	1.01~2.00	Khush et al., 1979；Adair et al., 1966
	≥6.6	6.2~6.5	<6.2	≥3.0	2.0~2.9	<1.9	Codex Alimentarius Commission, 1995
≥7.0	6.0~6.9	5.0~5.9	<5.0	>3.0	2.0~2.9	<2.0	Belsnio, 1992
1	3	5	7	1	5	9	Dela Cruz and Khush, 2002[a]

注：粒长测量精度到 0.01mm，边界值归入范围值上限。
a. 此行为颗粒长度和长宽比的视觉分类评分。
资料来源：Custodio et al., 2019

相比于稻米尺寸分级标准的众说纷纭，关于稻米粒型的分级体系较为统一。目前有用于稻米粒型视觉分类的评分量表（Dela Cruz and Khush, 2002），还有美国农业部（USDA）、国际水稻研究所（IRRI）和联合国粮食及农业组织（FAO）所制定的尺寸分类系统（Bhattacharya and Sowbhagya, 1980）。这些分类系统将谷物长度划分为超长、长、中、短四类，将形状（长宽比，L/B）划分为细长、中等、粗大和圆形。根据《国际食品法典标准 稻米》（CXS 198-1995）分类标准，按糙米的长宽比界定，<2.0 为短粒型，2.1~3.0 为中粒型，>3.1 为长粒型。我国颁布的国家标准《优质稻谷》（GB/T 17891—2017）将长度>6.5mm 定义为长粒型籼稻，5.6~6.5mm 为中粒型，<5.6mm 为短粒型，而对于优质粳稻未作详细长度分类。《谷物及油料品质分析法》根据稻米籽粒的长宽比（L/B）将其分为三类：>3 的为细长粒型，2~3 的为长粒型，<2 的为短粒型（刘铭三，1987）。我国也按照 L/B 将稻米分为细长形（>3.1）、椭圆形（2.2~3.0）、阔卵形（1.8~2.2）和短圆形（<1.8）（贾文博，2012）。目前，我国市场上的籼稻以长粒品种为主，绝大多数粳稻品种米粒属于短粗类型。但是这些分级标准具有局限性，因为"长粒"等名称只适用于描述尺寸，却不一定适用于稻米的蒸煮和加工特性。在稻米贸易国际化的今天，对于稻米尺寸、粒型的判断标准需要进一步规范化和标准化，以便在全球范围内进行使用。

由于全球流通的稻米尺寸并不固定，通常具有不同的尺寸组合，所以如果只是单纯按照尺寸长度分类不太符合实际，而且无法与蒸煮和加工特性对应。印度在 1979 年成立了 Shukla 委员会，该委员会咨询了非农业水稻科学家、化学技术员，经过调查发现，要对尺寸和形状各异的稻米颗粒形成连续、均匀、有区分度的细度或粗度级别标准，有必要对尺寸（L、B 或 w）和形状参数（L/B）进行综合。在数学上，只有一个参数可以做到这一点，即比表面积（S，cm^2/g）。颗粒越小，其 S 越大。球的 S 最小，表面积随着球体变形而增加。还可以从其表面积计算出粒子与球形形状的偏离程度，即球形度：

球形度=等体积球的表面积/颗粒的表面积

该综合参数 S 可以同时反映水稻品种的粒径和粒型。

2.1.3　颜色

稻谷、糙米或精米的加工过程中颜色通常变化不大，尤其是糙米碾磨成精米过程中颜色变化最小。精米通常呈明亮的白色，有时可能比较暗淡。糙米的棕色深度在不同品种间略有不同，有些品种的糙米种皮明显变黑，甚至几乎呈黑色。这种有色种皮糙米主要存在丘陵和山区，如印度东北部山区的旱稻品种。而带壳稻谷通常是黄色或金色的，颜色深浅变化较小，但少数稀有品种为深色甚至呈完全黑色。印度阿萨姆邦的一个著名品种 'Kola Joha'，无论是外壳还是种皮几乎都是黑色的，而有些品种的种皮是紫色的，如印度卡纳塔克邦的紫色 'puttu' 品种。颜色是一种定义比较模糊的品质性质，受稻米籽粒特性的影响。消费者会称半透明状的稻米籽粒颜色为白色，这种白色的程度主要受稻米籽粒垩白度的影响。消费者也会称经过精细碾磨的稻米籽粒为白色，这主要受稻米碾磨程度的影响。米粒胚乳中存在空气间隙导致光的散射，所以在米粒的背侧、腹侧或中心部胚乳会变得不透明（Ashida et al., 2009）。

色泽变化是稻米在贮藏过程中外观品质发生的最主要变化，也是稻米品质最直观的体现。在稻米贮藏过程中，米粒颜色会逐渐变得无光泽、发黄发暗、胚乳发灰。研究稻米贮藏保鲜品质发现，低温贮藏能够有效抑制贮藏期间稻米色泽的变化，可能是因为低温抑制了稻米内部多酚氧化酶活性，延缓了酶促褐变和非酶褐变的发生（王春莲，2014）。

2.2　稻谷密度与摩擦系数

2.2.1　密度

采用液体体积替代法详细地测定了许多稻谷品种的密度，发现 21 个精米样品密度变化不大，平均值为（1.452±0.004）g/ml（Bhattacharya et al., 2010）。而带壳稻谷的密度较低，且不同品种间密度差异较大，并与籽粒形状有很大关系（Kunze and Calderwood, 2004）。其中，16 个细粒米品种密度为 1.22g/ml，4 个短圆粒米密度约为 1.18g/ml。由于稻谷内部精米内核的密度几乎是恒定的，所以由液体体积替代法测得的谷壳密度在很大程度上也是恒定的。据此推断，带壳稻谷较低的密度和品种间的密度差异变化主要是由于外种皮和内部胚乳之间可能存在的气体空隙。从研究数据中可以看出，稻谷谷壳内存在大量的空气，短而圆的稻谷比中、细的稻谷含有更多的空气。Wratten 等（1969）测定的两个稻谷密度略高于Bhattacharya 等（2010）的研究结果（约 1.33g/ml）。

2.2.2　单位容积重量

相关研究中也涉及对相同品种单位容积重量（容积密度）的测定（Bhattacharya et al.，2010）。实验结果表明，不同品种间容重差异很大，带壳稻谷容重 0.563～0.642g/ml，精米容重 0.777～0.847g/ml。对印度香米及其衍生物的研究发现其平均容重更低：带壳稻谷为（0.493±0.027）g/ml，精米为（0.735±0.010）g/ml，可能是由于印度香米比较纤细（Kamah et al.，2008）。为什么水稻品种的容重不仅在带壳稻谷层面差异很大，在密度几乎是恒定的精米中也不同？研究发现，这种变化与颗粒形状有关：容重与颗粒长宽比（L/B）成反比，即细粒的容重较低，而圆粒的容重较高。这种相关性在精米中很明显，但在带壳稻谷中较弱，原因可能是带壳稻谷的密度本身就与品种有很大关联，同时也会受到带壳稻谷堆积孔隙度的影响。

阿肯色大学农业工程系研究人员研究了水稻收获时及处理后水分含量变化对稻谷容重的影响（Fan et al.，1998）。他们在不同的地点种植了三种长粒稻谷和两种中粒稻谷，得到具有不同收获期含水量（HMC）的稻谷样品，并测定了稻谷样品及相应的糙米和精米的容重。结果表明，首先，不同地点种植的稻米容重存在着差异，可能是不同的环境和农艺条件导致最终产品中未熟粒和细颗粒含量不同。但在 2008 年关于印度香米的研究中，13 个品种/品系（4 年内约 100 个样品）的容重在重复检测过程中均保持稳定（Kamah et al.，2008）。其次，阿肯色大学农业工程系发现，最后调至同样水分含量的稻谷样品的容重与 HMC 成反比，如长粒米品种'Cypress'。在 HMC 很高的稻谷样品中发现，低容重是由于这些样品中未成熟粒比例很大。即使是在中等 HMC 样品中也有很大比例的未成熟粒。当使用联合收割机在不同 HMC 下进行收割时，收获的稻谷中有一部分稻谷水分远高于或远低于 HMC，因此相应数量的未熟粒也会增加。而相应的糙米和精米在不同HMC 条件下容重变化很小，这是因为未成熟粒在碾磨稻谷过程中破碎，从而被淘汰。最后，随着稻谷样品湿度增加，稻谷的容重增加，而糙米的容重有所降低，这些结果将在后续讨论水分含量对稻米物理性质的影响时详细分析。由于稻谷的绝对尺寸受稻米的品种、内部孔隙影响较大，而稻谷的容重与其绝对尺寸（L、B、T、w）没有明确相关性（Hlynka and Bushuk，1959）。稻谷的容重主要取决于自身密度和形状，除此之外还会受到颗粒摩擦特性的影响，摩擦系数影响谷物的堆积程度，即堆积孔隙度和容重。此外，研究者观察到稻瘟病的侵染会明显降低水稻的容重，这些受侵染的谷粒比普通粒薄 10%，且含有许多垩白粒和空心粒；纹枯病也会降低水稻容重（Candole et al., 2000）。

在碾磨过程中，米粒受到碾削作用，摩擦增强产生热量，会使稻米水分损失增加。稻米容重与水分含量呈负相关，水分含量降低导致容重上升（Bhattacharya et al., 2010；邵慧等，2009）。此外，加工过程中粒型改变、长宽比减小也会导致容重增大（任海斌等，2020）。研究者对粳稻'辽星'、'郑稻 18 号'，籼稻'华优抗香粘'、'新两优 821'的糙米质量主要评价指标进行了研究，提出糙米的容重受很多因素影响（贾文博，2012）。由于糙米未熟粒与正常粒相比较为疏松，相对密度低，所以未熟粒含量增加会使糙米容重和千粒重出现降低趋势。以'郑稻 18 号'为例，去除未熟粒粳型'郑稻 18 号'容重 852.8g/L，当未熟粒含量达到 20%时容重降为 821.0g/L。同时如果米粒发生断裂，所占体积会比原来更大，因此糙米的完整度越高，容重越大。当'郑稻 18 号'均为完整粒时，容重为 852.8g/L，完整粒率降为 80%时，容重降至 836.8g/L。相同容积的条件下，谷粒越长，未利用的空间越多，孔隙度越大，所以籼米与粳米相比容重较小。长宽比为 3.82 的'新两优 821'容重为 773.5g/L，明显小于长宽比为 1.67 的'郑稻 18 号'（容重 852.8g/L）。此外，容重影响糙米加工效果（贾文博，2012）。糙米容重增加，碾磨后出白率和整精米率也逐步上升。

日本、美国、菲律宾等国家使用千粒重或容重作为稻米的重要分级指标。根据日本糙米检查规格（粳稻），容重≥810g/L 的为一等糙米，≥790g/L 的为二等，≥770g/L 的为三等，其余均为等外糙米。在我国糙米标准 GB/T 18810—2002 中按照容重和糙米整精米率将籼糙米和粳糙米分别分成 5 级。我国稻米千粒重平均为 16.7g，与国外优质稻米千粒重 17.55g 相比仍存在一定差距（马雷，2005）。

2.2.3　摩擦特性

稻谷的谷壳硬度相对较高，且谷壳表面存在长短不一的针状茸毛，使稻谷表面摩擦系数较大。休止角是指堆放颗粒物与水平方向形成的夹角，无论何时将谷物进行堆放，或是置放在储存箱、接收料斗或干燥室中，都要考虑该角度。只要谷堆的角度等于或小于休止角，谷堆就保持稳定，但当谷堆上的谷粒堆积越多，谷堆的休止角越大，谷堆上的谷粒就更容易发生滑动。休止角的切线即内摩擦系数。

$$\psi = \tan\theta \tag{2.10}$$

式中，θ 和 ψ 分别为休止角和摩擦系数。休止角在 Bhattacharya 等（2010）所研究的 14 个水稻品种的带壳稻谷和精米中有所不同，但平均值均接近 36.5°。被广泛认可的休止角为 36°（Kunze and Wratten, 2004）。研究结果显示，正如预期的一样，当稻谷大量堆积时，休止角会相应增加。摩擦系数还取决于谷物的含水量。一般情况下，随着含水量增加，摩擦力会急剧增加。例如，'Pusa Basmati 1 号'稻谷在正常贮存的湿度条件下的休止角约为 45°，但在完全浸水（湿度约 31%）时，休止角接近 65°。

粮食加工过程中，通常生产与损耗并存，其中存在的损耗包括：原料损耗（前期分离效果不佳导致含石量、含壳量较高，工艺参数欠佳导致碎米率较高）和材料损耗（如加工设备、机械磨损等）。显然，摩擦力不仅取决于稻米的性质，还取决于接触表面的性质，包括材料表面的光滑度，如低碳钢、不锈钢或水泥表面（李温静等，2018）。摩擦力可分为静态摩擦力和动态摩擦力。前者是指特定材料表面上放置大量的谷物产生的摩擦力，后者是指当谷粒流动时产生的摩擦力。这些参数是设计料仓和滑槽等所需的重要参数，通常由农业工程师确定。

在加工过程中，稻米摩擦系数发生变化并影响稻米运动过程。在碾磨过程中，稻米的摩擦系数存在波动。在碾磨初期转速较低的情况下（400r/min）（杨腾宇，2021），摩擦系数较小，这是因为糙米表层硬度不高，摩擦系数较低且系统还处于磨合阶段。随着转速逐渐提高，稻米的平均摩擦系数增高，摩擦系数波动较大，这是因为糙米糠层磨损，模具开始与胚乳层接触发生摩擦，较硬的胚乳层颗粒被刮走。总体看来，粳米的摩擦系数波动范围为 0.16～0.50，籼米为 0.15～0.45（杨腾宇，2021）。碾磨的程度不同，稻米摩擦系数也会发生变化。摩擦会导致表面温度升高，糙米表层组织淀粉颗粒等与模具之间会发生黏着，起到一定的润滑作用，此时摩擦系数会降低。根据对糙米颗粒在碾米机中不同环境下（米粒与圆筒筛壁间，糙米颗粒相互作用对应不同摩擦系数）下运动的研究，发现糙米颗粒与圆筒筛壁作用主要影响轴向运动，而米粒相互作用会影响圆周运动（Zeng et al., 2018）。

2.2.4 堆积孔隙度

孔隙度是评判堆积谷物中没有被填满的空腔区域的指标。在像稻谷这样的谷物堆中，整个谷堆的体积并没有都被谷粒占据，存在大量空腔。这种空腔体积与总体积的比例被称为孔隙度（P）。P 可以按以下公式计算：

$$P = (D - D_B)/D \times 100\% \qquad (2.11)$$

式中，D 为密度；D_B 为谷粒的容积重量。

孔隙度与谷粒紧堆密度无相关性，只与颗粒的形状和摩擦有相关性。精米的孔隙度为 41%～46%，而水稻稻谷的孔隙度为 46%～54%。在非常纤细的印度稻米中，孔隙度更高一点，精米约为 49%，稻谷约为 59%（Kamah et al., 2008）。孔隙度与谷粒长宽比成正比（Bhattacharya et al., 2010）。从理论上来说，理想球体堆积可以获得最低孔隙度（约 26%），随着颗粒形状不规则性增加，孔隙度也会增加。谷粒的"球形度"决定了其孔隙度。形状或"球形度"不仅由"L/B"（长宽比），还由"B/T"（宽厚比）决定，这可能导致数值分散。谷粒的孔隙度也受其摩擦系数、休止角的影响。随着摩擦力的增加，材料的自由堆积受到影响，孔隙度增加，反之亦然。由于稻谷和精米的休止角或多或少相似，在相同的 L/B 值下，与精米相比稻谷的孔隙度明显较高。这可能是由于：稻谷不均匀毛面上产生空隙空间或其有较大的 B/T 值，或两者兼而有之。上海交通大学研究人员在实验中设计了一个压缩桶，并选用德国 Zwick 公司的电子万能材料试验机进行粮堆的压缩实验，测得稻米的基本容重为 871.18kg/m³，孔隙度为 39.5%。随后在粮堆上加载压力，并根据稻米容重换算成粮堆高度，发现稻米孔隙度随着堆载高度增加而减小（杨英强和俞忠，2008）。通过分析带壳稻谷和去壳稻米孔隙度变化曲线发现，带壳稻谷由于外部稻壳的存在，孔隙度变化更大，两者孔隙度均是早期变化较快，后期趋于稳定。

2.3　其他特性

2.3.1　水分含量

稻谷在收获时含水量较高，通过干燥将水分含量降低到适宜贮藏的水平。我国国标对此做了明确规定：GB/T 17891—2017 中规定优质籼稻谷含水量≤13.5%，粳稻谷含水量≤14.5%；GB/T 1354—2018 中规定籼米含水量≤14.5%，粳米含水量≤15.5%。同时吸湿性是所有谷物的自然特性，对大多数特性也有一定的影响。因此，许多研究者已经确定了不同水分含量对水稻不同物理性质的影响，并建立了相应的方程。

2010 年，首次开展了关于水分含量对稻米物理性质影响的研究讨论（Bhattacharya et al., 2010）。稻米许多特性，特别是密度、容重、孔隙度和摩擦系数，在 10%~29%（湿基，wb）的测试范围内，随含水量的增加或减少而发生系统性变化。更令人感兴趣的是含水量对稻谷和糙米的密度和容重的影响完全相反。在糙米样品中，密度和容重随着水分的增加而降低是符合预期的，因为当一种较低密度的材料（水）加入另一种密度较高的材料（稻米）时，所产生的密度应介于两者之间。但稻谷的密度和容重随着水分含量的增加而反常地增加，这是完全出乎意料的结果。唯一的解释是前面提到的谷壳和内核之间有空隙的假设。随着其含水量增加，稻谷内核在外壳内部的可用空间中相对自由地膨胀，而不会明显地影响外部体积。因此，颗粒重量增加，但其体积不增加，或在较小程度上增加，意味着颗粒密度变大。

含水量对稻米尺寸也有影响。带壳稻谷和糙米的所有尺寸都随着含水量的增加而增加，体积也相应增加，反之亦然（Kunze and Calderwood, 2004；Kunze and Wratten, 2004）。在田间干燥过程中，稻谷各维度尺寸均有明显的下降（Bautista et al., 2000）。含水量变高，稻谷的体积增长率仅为 7%，而糙米为 20%，这与上述讨论基本一致。'Saturn' 和 'Bluebonnet 50' 稻谷的密度随着含水量的增加而增加，而 'Starbonnet' 稻谷的密度在相应的状态下降低，可能是由于品种不同，而不是稻谷碾磨状态的不同（Wratten et al., 1969）。相似的是，研究者也发现每种 HMC 的稻谷容重随着样品湿度的增加而增加（Fan et al., 1998），糙米的容重有所下降，精米显示没有变化或略有下降。这里同样没有讨论稻谷和糙米的容重与谷粒含水量之间的矛盾关系。每增加 1% 的含水量，糙米的密度和容重分别以大约 0.005g/ml 和 0.01g/ml 的速率线性下降（Bhattacharya et al., 2010）。容重下降的速率几乎是密度下降速率的 2 倍。孔隙度增加的同时，也伴随着休止角的增加。显然，孔隙度的变化是由摩擦特性（休止角）的变化引起的。摩擦力的增加明显减少了谷粒的紧密堆积程度，从而增加了孔隙度并降低了容重。就稻谷而言，每增加 1% 含水量，密度增加约 0.0075g/ml，容重增加约 0.0045g/ml。在这种情况下，休止角只随着水分含量的增加而增加，并接近一个极限值，孔隙度基本保持不变。随着含水量的降低，稻谷容重有可能快速而稳定地下降，可以利用这种特性来监测湿稻谷的干燥过程，但是目前还没有这方面的研究。

稻米籽粒表面吸水后发生膨胀，表面和内芯间产生水分梯度，表面承受压力，内芯产生拉应力。当拉应力超过极限后，就会在内部形成横向裂纹（Dillahunty et al., 2001）。肖威和马小愚（2007）对 '东农 423' 等 4 个品种 12 组共 84 个籽粒进行吸湿实验，给出在不同吸湿含水率阶段籽粒长度、宽度和高度方向上的湿线膨胀系数，发现长度方向的膨胀系数比宽度、高度方向要大。此外，他们还分析了稻米籽粒吸湿裂纹产生过程，在吸湿初始阶段，由于稻米表层与外界大气水分梯度较大，有些稻米在胚芽部分周边的胚乳由于宽度较小会首先达到抗拉极限，出现小裂纹。随着吸湿过程的进行，整粒稻米出现"内干外湿"的水分状态和"内拉外压"的应力状态。当横截面拉应力增长达到稻米的抗拉强度极限时，就会在稻米籽粒中心横向产生应力主裂纹，继续吸湿，主裂纹中渗入空气内部吸湿膨胀加强，带动附近产生小裂纹向外扩展，最终形成整体龟裂。

材料表面摩擦系数也与谷物的含水量有关。研究者测试了几种水稻品种在 4 种材料表面（钢、木材、玻璃和橡胶）上的摩擦角（Obetta and Onwualu, 1999），并分析了表面种类及含水量（5%、10%、15%、20%、25%、30%）对摩擦角造成的影响。像所有的生物材料一样，稻米也是吸湿的。换句话说，它的含水量不是静态的，而是会动态地与周围环境交换水分。在储运过程中，稻米易受到外界各种因素的影响，造成稻米不同程度的吸水或失水，导致生理生化反应或糙米爆裂，最终影响稻米货架寿命和品质。平衡水分含量（EMC）是指谷物或谷物堆暴露在已知相对湿度的给定大气中足够长的时间，达到平衡时的相对水分含量。相反，平衡相对湿度（ERH）是指在给定的含水量下，空气与谷粒保持平衡的相对湿度。这些都是包括稻米在内的所有谷物的重要特性。已知的稻米品种几乎所有的物理性质都会受到其水分含量的影响，水分含量最终会与放置稻米的周围环境达到平衡。除了对各种性质的影响外，ERH 对于稻米的贮藏也非常重要，因为稻米是一种季节性作物，需要进行贮藏以供消费者全年食用。

稻米不仅是人类的食物，也是其他生命形式的食物，尤其是微生物和昆虫。它们的活动强度取决于特定的相对湿度。非常干燥的水稻或多或少限制较低生命形式的活动，尤其是在低温环境中，低等生命活动迹象更不明显。随着湿度增加，ERH 增加，有利于害虫的活动。昆虫带来的真菌、细菌等各种微生物会导致大米完全变质。因此，ERH 是水稻最重要的经济特性之一。稻米不同组分的 EMC 不同，稻壳的 EMC 最低，胚乳（精米）最高，糙米居中。不同品种稻米的 EMC 也不同。此外，在给定的湿度下，稻米吸湿或干燥过程中含水量是否达到平衡，也会造成样品最终 EMC 不同，这是典型的类似滞后环效应。它表明一批不同谷物的含水量不仅可能由于收获时的差异而表现出谷粒间的差异，甚至在平衡之后也可能存在差异。EMC 的另外一个重要特性是其值会随温度变化，在一定含水量范围内，随着稻谷温度的升高，EMC 也会增大；相反当稻谷冷却时，其 EMC 降低。如果将具有一定含水量的稻米放在较冷的环境，如冰箱中，由于温度降低，空气中相对湿度此时偏高，稻米很可能会吸收一些水分。

稻米在加工过程中，籽粒内外不断进行湿热交换导致水分迁移。为使稻米的水分维持在 13%，减少稻米呼吸频率和抑制霉菌生长，收割后的稻谷需要及时干燥至安全水分。稻谷中的结合水、半结合水和自由水在干燥过程中发生相互转换，并且随着干燥进行，水分的结合水平上升（李东等，2016）。含水量高的稻米干燥后，水分分布比较均衡，而含水量较低的稻米干燥后，水分主要集中在胚部和背部（李冬珅，2016）。干燥过程中水分分布不均匀会使稻米内层产生应力性破裂，使稻米腰部产生裂纹导致爆腰（杨国峰，2004；刘木华，2000）。在干燥过程中设置多个缓苏过程、延长缓苏时间，可以使稻米内部水分分布更均匀，梯度差异更小，缓解稻米的爆腰现象（Dong et al., 2010）。使用 D'Arcy-Watt 方程拟合稻米的水分吸附解吸等温线，结果显示解吸等温线高于吸附等温线（吸附滞后现象），只有当稻米水分含量增大到一定程度时，两者的差异才会变小（Hay and Timple, 2016）。水分吸附解吸等温线广泛用于稻米热力学参数与内部水分状态研究，为稻米干燥贮藏工艺提供了重要的理论指导（金花，2011）。

早在 20 世纪 30 年代，就有关于低水分稻谷吸湿后产生的裂纹现象比干燥过程更严重的研究记录，但是在研究早期没有得到科学家们的重视，直到 21 世纪初才逐渐探明吸湿对稻米裂纹的影响（白士刚等，2020）。在稻谷的田间生长期，降雨会附着在稻谷籽粒表面，使籽粒外部水分含量高于内部产生吸湿，如果吸湿时水分梯度产生应力超过籽粒接受极限，就会产生裂纹（Buggenhout et al., 2013）。在稻米贮藏期间，当贮藏环境条件发生变化，籽粒吸湿时间延长，相对湿度增加，裂纹率也会不断上升（应火冬，1994）。通过分析稻谷在低温低湿环境中水分迁移情况，发现随着含水量下降，稻谷内部水分分布发生变化，结合水含量增加，自由水含量降低（汪楠等，2017）。水分在籽粒内部起到黏合剂的作用，随着解吸过程进行，籽粒内部淀粉、蛋白质和脂肪不具备水的流动性和黏合性，导致断面的产生，淀粉颗粒也会随着失水产生不均匀收缩，最终加速表面裂纹的产生。

2.3.2 机械性能

稻米的机械性能包括拉伸力、压缩力、弯曲力、弹性、韧性模量及谷物硬度。这些特性决定了稻米在正常加工条件下对各种机械应力的反应情况。成熟的稻谷在拉伸、压缩和弯曲方面具有足够强的强度，不会因其在常规加工系统中遭受的常规机械力胁迫而受到损害。然而，若是米粒因遭受湿度变化的胁迫导致开裂，其结构将非常脆弱，很容易受到机械应力的破坏。除此之外，水分含量对稻米的机械性能有着深远的影响（Kunze and Wratten, 2004）。稻米的机械性能与淀粉性质有着紧密联系。有研究证明，在干燥的过程中，随着稻米水分降低，其抗弯曲强度增大，尤其是当水分降低到 10.4% 时，抗弯强度明显增加。主要是由于籽粒水分含量越低，淀粉和蛋白质结合的紧密度越高，越能抵抗破裂和承受载荷，整精米率（HRY）越高，打破籽粒所需的弯曲应力也越大（Zhang et al., 2005）。

糙米的抗拉强度为（10±2）MPa，抗压强度为（73±15）MPa，抗压强度远远高于抗拉强度（Kamst et al., 1999）。通过研究两个美国长粒米品种在不同日期（不同水分含量）收获后的压缩力和弯曲力发现，随着贮藏时间延长，稻米整精米率明显下降（Lu and Siebenmorgen, 1995）。糙米的弯曲力与 HRY 有很好的相关性（$r=0.92^{***}$，$***$代表 0.1% 的显著性差异水平），而压缩力则没有。稻米的机械性能，如韧性模量、弹性模量、拉伸和压缩力及硬度在玻璃态都有较高的值（Perdon et al., 2000）。但玻璃态的比热容、比体积和膨胀系数比橡胶态区低得多。这种玻璃化转变温度下的物理特性的变化可能对干燥过程中稻米的损伤有很大的影响（Shitanda et al., 2002；Kamst et al., 1999）。

研究者将来自东北农业大学种子公司的 4 个品种（'V98-17'、'东 98-25'、'东 V10'、'东 V7'）的稻米装入网袋并悬于干燥皿中，通过配比不同饱和盐溶液，实现有梯度的恒定空气相对湿度和稻米含水率（李季成等，2008）。通过测量其弹性模量发现，随着水分含量增加，稻米籽粒的弹性模量线性递减。且不同品种的稻米籽粒受水分影响程度不同，'东 V10' 和 '东 V7' 的弹性模量更易受到影响。使用 MATLAB 软件编制程序，从万能试验机稻米籽粒挤压数据中提取弹性模量等力学指标值。稻米的弹性模量一般为 309MPa。研究发现，当所试稻米含水率小于 17.41% 时，随着水分增加，弹性模量值下降至 17.41% 处的最小值 207.59MPa，当含水率超过 17.41% 时弹性模量增大不明显。破坏能、破坏力和破坏应力随水分含量的变化规律也与弹性模量相似。对于不同品种的稻米，直链淀粉含量对弹性模量的影响显著，弹性模量随着直链淀粉含量的增大而增大（张洪霞，2004）。

如前文所述，如果贮藏环境的温度和湿度控制不恰当，稻米籽粒吸湿或者解吸时会产生应力裂纹，降低籽粒质量。通过控制糙米浸泡在去离子水中的时间来控制米粒含水量，随着浸泡时间增长，糙米所能承受的压缩力降低容易碎裂，且形变程度增大。原因是水分的侵入使稻米内部组织酥松，脆性减小，因此受到载荷胁迫时会产生拉伸变形（杨柳等，2021）。研究者对 '长粒香'、'东农 423'、'东农 419'、'沙沙泥' 4 种稻米进行弯曲试验，发现含水率和稻米品种两个因素对弯曲抗拉强度的影响极为显著（肖威，2011）。

谷物硬度是稻米另外一种重要的机械性能，在日常操作中其实用性同样受到很大限制。通常是借助 Kiya 硬度计（藤原精崎株式会社）来测量谷物硬度，这是一种简单的手动操作仪器，可以对物体施加越来越大的压力来判断其硬度。精米硬度值通常在 7～10kg/粒。垩白粒非常柔软，硬度值随着米粒中白垩部分面积的增加而降低，其值可低至 3～4kg/粒。在迈索尔水稻研究与开发中心（RRDC）的观察中，印度香米及其衍生品种显示出更高的硬度值（10～11kg/粒），而印度香米的糙米和精米的硬度大约是其稻谷的一半，稻谷的稻壳可能对压力起到了缓冲作用（Murugesan and Bhattacharya，1994）。

除了 Kiya 硬度计，硬度也可以通过质构仪及研磨实验来确定。标准研磨实验后的粒度分布可以很好地反映米粒的硬度，较软的米粒相比硬的米粒研磨后颗粒更细。耐磨性和抗碾性或者磨碎和碾磨所需的能量也是判断米粒硬度的良好指标。对稻米籽粒剪切特性的研究结果显示，当含水率小于 12.27% 时，米粒硬度值变化不大，而当含水率大于 12.27% 时，硬度随含水量增大而减小（张洪霞，2004）。在含水率为 12.27% 时，硬度值为最大值 294.53MPa，但是整体上随着含水率升高呈下降趋势。从回归模型结果得出，稻米的硬度与直链淀粉含量呈正相关。除此之外，研究者还将稻米籽粒用平行平板挤压的形式进行松弛实验，测算了稻米的松弛模量，分析了不同实验条件对稻米松弛特性指标的影响。稻米的松弛模量随含水率增大而减小，随着直链淀粉含量增大而减小，随着蛋白质含量增大而增大。对于黏弹性实验，松弛时间越长弹性越显著，越接近固体。松弛时间越短，黏性越显著，胶体成分越多。稻米直链淀粉含量越高弹性越差，蛋白质含量越高其黏性越差。

2.3.3 热性能

研究者汇总了水稻的各种热性能，即水稻的比热、热传导率和扩散率（Kunze and Wratten, 2004）。水稻的比热在正常生物材料的范围内处于中等水平，所引用的一个水稻比热数值为 1.84J/(g·℃)，温度范围为 10～38℃。虽然稻米没有被归类为非导热体，但它并不是一种良好的导热体。与其他材料一样，稻米的导热系数是通过在一个米粒的中心或一侧瞬时加热并在一段时间内测量温度来确定的。作为一种吸湿材料，稻米的 ERH 随温度的升高而增加（见 2.3.1 节）。所以，一部分散装稻米被加热时，水分的蒸发会导致两种结果：第一，蒸发的蒸汽会从物料中带走等量的潜热；第二，一些蒸汽会在温度较低的地方凝结，释放出同样的潜热。因此，测量的数值反映的可能不仅仅是热导率。热导率取决于含水率和温度（Kunze and Calderwood, 2004；Kunze and Wratten, 2004）。在给定的温度下，热导率随含水率的增加而增加，在任何给定的湿度下也随温度的升高而增加。与其他材料一样，稻米受热膨胀，冷却收缩，但是变化程度较小。有趣的是，与玻璃态下的值（0.87×10^{-4}）相比，橡胶状态下稻米的热膨胀系数（4.62×10^{-4}）要高得多（Perdon et al., 2000）。这可能是一个非常重要的问题，因为橡胶–玻璃态转变在稻米干燥后裂纹的形成中起着非常重要的作用，这将在第 3 章中详细讨论。

第3章 稻米的碾磨品质

稻米在谷类中是独一无二的，因为它绝大部分不是用作制粉，而是以全谷物的形式食用，即使被磨成米粉，也很少作为糊状物食用，而是在水和热的作用下形成各种各样的结构以供食用。以稻米为例，粒状结构是其本身固有的形式，同时也是它的主要消费方式。

稻谷的外壳是一种含木质素的硅质覆盖物，约占稻米总重量的 1/5，不可食用且必须去除，去除的过程被称为脱壳，由此产生的谷粒被称为糙米。糙米外层由一些纤维和脂肪所覆盖，这层覆盖物被称为糠层，需要通过磨耗去除部分糠层，该过程被称为增白或抛光。去除糠层后的谷粒被称为精米。从稻谷到精米的整个生产过程被称为碾磨。

稻米品质是一个综合性状，根据其用途不同而有不同的评价标准。总体来看，稻米品质应从碾米品质、外观品质、蒸煮品质、营养品质等多方面进行衡量。另外，稻米品质的优劣也是品种遗传特性与环境条件影响的综合作用结果。

碾米品质是指稻谷碾磨后的特性，其衡量指标主要有出糙率、精米率和整精米率。出糙率、精米率和整精米率的计算都以占被测稻谷试样重量的百分比表示。

3.1 碾 磨 指 标

3.1.1 出糙率

稻米加工一般有 5 道工序：第一步是去杂，即去除稻谷中的铁、石、土等杂质；第二步是脱壳，通过碾磨的方式，去掉稻谷的外壳，得到糙米；第三步是去内膜，同样是用碾磨的方式，去掉内膜（也称为米糠层），得到胚芽米；第四步是继续去杂，主要是筛选掉碾磨过程中留下的碎壳、杂色米等；第五步是去胚，也是通过碾磨去掉胚芽，最后得到的就是精米。

此外，在稻米加工过程中，一些企业会进行一到多次抛光程序，即通过水、食用油等液体对稻米精细抛光，抛光后的稻米会变得晶白透亮，品相更好，但如果湿度增加，也会造成稻米出现保质期变短、更易在贮存过程中霉变等问题。

根据国家标准《稻谷》（GB1350—2009），出糙率一般为 71%～81%，去掉糠皮和胚的谷粒为精米，整精米率因品种不同而差异较大，一般在 38%～61%。出糙率是个较稳定的性状，主要受遗传因子控制，而整精米率受环境影响较大（表 3-1，

表 3-2）。通常，粳稻的碾米品质要优于籼稻。我国农业部于 1986 年发布了《优质食用稻米》（NY20—1986），以促进优质稻品种的育种、注册和推广。随着粮食生产、加工和种植系统调整等情况变化，新版本的标准（NY/T593—2021）于 2021年发布（表 3-3，表 3-4）。

表 3-1 早籼稻谷、晚籼稻谷、籼糯稻谷质量指标

等级	出糙率/%	整精米率/%	杂质含量/%	水分含量/%	黄粒米含量/%	谷外糙米含量/%	互混率/%	色泽、气味
1	≥79.0	≥50.0						
2	≥77.0	≥47.0						
3	≥75.0	≥44.0	≤1.0	≤13.5	≤1.0	≤2.0	≤5.0	正常
4	≥73.0	≥41.0						
5	≥71.0	≥38.0						
等外	<71.0	—						

注："—"为不要求

表 3-2 粳稻谷、粳糯稻谷质量标准

等级	出糙率/%	整精米率/%	杂质含量/%	水分含量/%	黄粒米含量/%	谷外糙米含量/%	互混率/%	色泽、气味
1	≥81.0	≥61.0						
2	≥79.0	≥58.0						
3	≥77.0	≥55.0	≤1.0	≤14.5	≤1.0	≤2.0	≤5.0	正常
4	≥75.0	≥52.0						
5	≥73.0	≥49.0						
等外	<73.0	—						

注："—"为不要求

表 3-3 籼稻品种品质等级

品质性状			等级		
			一	二	三
整精米率/%		长粒	≥56.0	≥52.0	≥48.0
		中粒	≥58.0	≥54.0	≥50.0
		短粒	≥60.0	≥56.0	≥52.0
垩白度/%			≤1.0	≤3.0	≤5.0
透明度/级			1	≤2	
蒸煮食用	Ⅰ	感官评价/分	≥90	≥80	≥70
	Ⅱ	碱消值/级	≥6.0		≥5.0
		胶稠度/mm	≥60		≥50
		直链淀粉（干基）/%	13.0～18.0	13.0～20.0	13.0～22.0

表 3-4 粳稻品种品质等级

品质性状			等级		
			一	二	三
	整精米率/%		≥69.0	≥66.0	≥63.0
	垩白度/%		≤1.0	≤3.0	≤5.0
	透明度/级		1	≤2	
蒸煮食用	I	感官评价/分	≥90	≥80	≥70
		碱消值/级	7.0		≥6.0
	II	胶稠度/mm	≥70		≥60
	直链淀粉（干基）/%		13.0～18.0	13.0～19.0	13.0～20.0

3.1.2 精米率

稻谷的出糙率、整精米率是判定稻谷质量的重要指标。在我国现行国家标准《稻谷》（GB1350—2009）和《优质稻谷》（GB/T 17891—2017）中，出糙率、整精米率都是重要品质指标，而且出糙率是稻谷的唯一的定等指标。但是在粮食收购入库等实际工作中，出糙率、整精米率的检测时间较长，影响收购进度，而且糙米的未熟粒判定不如稻谷直观，容易产生误差，精米率的检验要比出糙率、整精米率的检验更直观、快速。农业部（现为农业农村部）发布的《稻米整精米率、粒型、垩白粒率、垩白度及透明度的测定 图像法》（NY/T 2334—2013）中，精米率被定义为在规定加工精度下，精米占净稻谷试样的质量分数。与整精米率等指标不同，精米率是一个动态指标，它综合了出糙率、水分、杂质、谷外糙米等因素，反映的是稻谷在现有的整体质量状况下碾磨后实际出米情况，是通过一个数据即可直观反映稻谷整体质量状况的指标。

精米率作为判定稻谷质量的重要指标，可以更直观地体现稻谷的使用价值，还可以减少稻谷因品种等问题出现的出糙率高、精米率低等问题。因此，研究精米率指标与定等指标出糙率和整精米率之间的关系，使精米率作为一个定等指标，具有重要意义。有研究通过对 50 个稻谷样品的检验分析，发现精米率与整精米率及出糙率之间存在正相关性，且达到极显著水平，因此稻谷的精米率可以作为收购入库的定等指标之一（李天真，2005；王琳，2014）。精米率的检测结果重现性好，检测误差相对稳定，而且操作简便，对整个操作的要求较低，易于普及，甚至无须与标准样品对照，这对许多没有购买或无条件保存标准样品的基层单位具有重要现实意义（吴建明，2010）。吕荣文等（2022）的研究结果显示，在水分含量为14.0%～16.0%的稻谷中，出糙率与精米率呈显著正相关，与垩白等相关指标呈显著负相关。季春香（2010）的研究结果也再次证明了用精米率代替出糙率，方法省时、省力、操作性强、直观可见。

3.1.3 整精米率

整精米率是稻米碾磨品质的关键指标，直接影响精米率，无论何种类型的优质稻米，均要求稻谷有较高的整精米率（唐合英和吴士钫，2011）。整精米率的高低主要取决于稻谷对脱壳、碾磨过程中机械压力的承受能力，当机械压力超过米粒承受范围时，容易使米粒碎裂，造成整精米率下降。影响整精米率的因素很多，如直链淀粉含量、蛋白质含量、胶稠度等，而稻米本身的性质，如裂痕、垩白、不成熟粒率、粒型等也会对稻米的碎米率产生很大影响（龙俐华等，2020）。自国家推动实施优质稻工程以来，优质稻在每年审定品种中所占比例逐年提高。整精米率作为稻米商品性的重要指标之一，其重要性日益凸显，逐渐成为优质稻特别是优质长粒籼稻推广的重要限制性因素之一（杜雪树等，2021）。

整精米率，即整精米占净稻谷试样的质量分数；整精米，即净稻谷经实验砻谷机脱壳成糙米，再经实验碾米机碾磨成长度达到完整米粒平均长度 3/4 及以上的米粒。整精米率高的稻谷，加工时出米率高，碎米率少；相反，整精米率低的稻谷，加工时出米率低，碎米率高。

整精米价格是碎米的 2～3 倍，评价稻谷碾磨的效率采用的指标是整精米率（HRY）和白度，而不是稻米的售价。稻谷碾磨效率也受籽粒形状、大小及干净度影响。而提高稻谷碾磨品质则可以通过改进育种程序及栽培技术，优化收获和干燥条件等手段（Bond and Bollich，2007）。①收获后处理操作期间，稻谷快速吸附或解吸水分会导致米粒裂纹，且米粒破裂率随稻谷干燥气流含水率的减少而快速增加，水分梯度导致米粒内产生张力和压缩胁迫，如果水分梯度足够大，会引起米粒裂纹、破裂，通常不可见的裂纹会导致碾磨期间籽粒破碎率升高。而改进稻谷收获后管理及优化干燥条件，可减少籽粒裂纹发生。②稻谷碾磨加工期间的摩擦增加了籽粒表面温度，诱导籽粒热胁迫，导致米粒破裂，整精米率降低（Mohapatra and Bal，2004）。高温高湿的气候条件对稻谷碾磨产量也有决定性影响。稻谷温度与碾磨环境温度之间的差异会降低碾磨系统的效率，且碾磨环境的温度对碾磨系统的效率影响显著。当夏天环境温度在 40～50℃，碾磨期间稻米温度从 30℃可波动升高到碾磨后的 45℃，粮温增加会导致米粒热胁迫现象。粮温的变化与整精米率（HRY）呈负相关关系（李兴军等，2019）。

3.2 稻米裂纹产生的原因

稻谷吸湿产生裂纹是指稻壳中的米粒吸湿后沿其纵轴方向出现的宏观裂纹

（以下简称裂纹），也称为爆腰，即稻谷内部的淀粉质胚乳出现裂纹，但种皮仍然保持完整。稻谷在收获、干燥和贮藏等过程中往往会产生一定数量的爆腰，使米粒的机械强度减弱，在加工或储运过程中产生碎米。

稻谷裂纹是直接影响稻谷加工过程中稻米精米率高低的最重要的因素。稻谷加工过程碎米率的高低，虽然与加工机械设备技术性能、稻谷处在不同状态下的机械物理性质有关，但是稻谷加工后碎米数量与加工前稻谷中已产生的裂纹或缺陷，甚至破碎的米粒数量非常接近（程秋琼等，2000）。

稻米晶粒裂纹是由于晶粒中心与表面之间的水分不平衡造成的。裂纹削弱了核的结构和完整性，有裂纹的谷粒碾磨后会导致晶粒破碎程度增加，从而降低整精米率。当内部吸湿性应力超过稻米强度时，稻米内部会形成裂纹。干燥的稻米在雨、露或高空气湿度等条件下暴露于外部时，它会吸水膨胀，外层对仍然干燥和脆性的内部胚乳层施加内向压力，外部和内部核层的差异膨胀导致剪切核的内力，促使小的应力裂纹或裂纹形成，这些裂纹往往在碾米过程中破裂（吕博，2017)。

国外学者对稻谷裂纹的研究大致可分为以下三个阶段。

第一阶段，从 20 世纪 20 年代至 30 年代中期，稻谷籽粒中的裂纹现象引起了人们的注意。日本学者 Kondo 和 Okamura（1930）结合稻谷收获前后的气候变化及稻谷的实际晾晒方式，对裂纹的形成进行了多因素的定量试验分析，第一次提出了稻谷产生裂纹的主要原因是谷粒的重新吸湿。其结果表明，裂纹的形成及裂纹数量的增加与谷粒自身的水分含量、昼夜空气湿度变化有非常密切的关系。谷粒越干，空气的湿度变化越大，越容易形成裂纹。当晒干的谷粒受雨淋后，裂纹将大量出现。Stalhel（1935）报道称裂纹主要出现于水分含量低于 14%的谷粒中，当水分高于 14%时，一般不会出现裂纹。

第二阶段，从 20 世纪 30 年代中期至 50 年代末。国外大量推广机械化程度高的联合收割机收获稻谷，相应地稻谷的机械化干燥技术也发展很快，人们的注意力更多地集中于稻谷的干燥工艺及干燥设备的研究上。尽管如此，此期间谷物理化性质的研究也一直在进行中，如谷粒水分含量的变化对谷粒体积胀缩的影响、谷粒化学成分与谷粒物理性质之间的关系等，为之后稻谷裂纹的深入研究打下了良好的基础。

第三阶段，自 20 世纪 60 年代以来，随着人们对稻米品质要求的不断提高，有关稻谷裂纹的研究发展很快，取得了大量的研究成果。印度学者 Desikachar 和 Subrahmanyan（1961）发现稻谷因吸湿产生的裂纹通常沿宽度方向发展，浸没于水中的谷粒一般只需 3～4min 即出现裂纹。非洲学者 Crunfurd（1963）认为非洲西部所产稻谷在收获季节出现裂纹的原因是昼夜空气的温差及湿度差的变化，特别是受非洲季风的影响。另一报道称稻谷如果收获过迟则裂纹将会大量出现，导致碾米时整精米率降低。美国学者 Kunze 自 20 世纪 60 年代起对稻谷产生裂纹的内在机理、环境因素对裂纹形成的影响、裂纹研究的方法和手段及减少裂纹的措施等多方面进行了全面系统的研究（Kunze and Choudhury, 1972；Kunze and Hall, 1965；Kunze and Prasad, 1978；Kunze, 1977, 1979, 1983, 1991）。

Kunze 及其合作者的研究结果可归纳为以下几点。①稻谷产生裂纹的主要原因是低水分谷粒的吸湿作用。谷粒在吸湿或解吸过程中，其内部的应力状态也将发生变化，当内部的拉应力超过谷粒自身的抗拉强度极限后，即出现裂纹。②通过理论分析和试验验证，建立了描述谷粒水分含量与内部的拉应力之间相对关系的动态二维模型。③低水分谷粒的吸湿现象不仅可能出现于干燥后，还可能出现于稻谷的田间生长后期，以及收获、运输、干燥期间及贮藏等各种生产与流通环节，只要满足裂纹形成条件（低水分谷粒处于潮湿的空气中），都有可能使谷粒形成裂纹。

国内对稻谷裂纹的研究虽然起步较晚，且主要集中于稻谷的干燥方面，但仍积累了不少经验。20 世纪 60 年代以来，我国各地的稻谷机械干燥作业中均安排有缓苏工艺以减少裂纹的形成。80 年代初有关部门组织的全国中小型粮食干燥设备对比试验中，将稻谷的裂纹增加率作为一项主要指标进行测试。研究表明，稻谷裂纹增加率与烘干速率及设备类型之间的关系。赵思孟（2000）讨论了稻谷在高温急速干燥条件下，由于谷粒内部蒸气压的上升及表面出现硬结而形成裂纹的现象。杨国峰和王肇慈（1997）报道了干燥温度与时间对稻谷裂纹形成趋势的影响，并对稻谷裂纹生成机理进行了探讨。王庆松（1998）用早稻谷实验证实糙米破碎率与砻谷前稻谷的裂纹率呈正相关。江苏一县粮食局检测杂交稻加工前的裂纹率达 40%～50%，最高达 60% 以上。一个年加工 2 万 t 稻谷的米厂，因整米率降低引起的经济损失达 40 万～60 万元。因此，研究稻谷产生裂纹的现象，探讨裂纹产生的影响因素及其机理，从而找到减少裂纹产生的措施，具有十分重要的意义。

下文将从收获时间、稻谷含水量和加工方式三个方面来说明稻谷产生裂纹的可能原因。

3.2.1　收获时间

稻谷在收获前各个稻穗的成熟度不一致，因此水分差异很大，为 13%～14%，有些则还未成熟。即使同一株稻穗，上部谷粒与下部谷粒的水分差可达 10%，甚至更高。成熟越早的谷粒在田间停留的时间越长，因而水分也越低。当夜间空气潮湿或碰上雨天时，谷粒很容易因吸湿而出现裂纹。

另外，稻谷的收获时间有迟有早，因而不可避免地会出现不同水分稻谷的混合放置，引起水分的转移。混合稻谷中的低水分谷粒将吸收由高水分谷粒转移来的水分，经过一段时间后产生裂纹。上述情况也可能发生于收获后的运输、贮藏、加工等处理环节中。

进入收获期的稻谷依稻穗不同而有不同的成熟度，即使同一稻穗，其顶部与底部谷粒的成熟度也不一样，水分存在较大差异。从整块稻田来看，存在一个相当宽的水分范围。当水稻稻穗含水量在 19% 以上时，很少出现裂纹。随着稻穗的成熟，含水率下降，谷粒变得饱满成熟，这时突遇雨水或露水，稻谷快速吸湿后就会产生裂纹。刚收获下来的稻谷有些已在田间干燥得比较充分，当它们遇到高湿环境时，就可能产生裂纹。干燥过程中，一般采用厚层干燥方式，当干燥介质（热空气）穿过下部粮层后，由于稻谷水分蒸发，热空气变为高温高湿气体，并继续向上通过粮层上部，当粮层上部的稻谷遇到高温高湿气体时，就可能产生裂纹。干燥结束时尚无裂纹的稻谷，经过一段时间后就有可能产生裂纹。贮藏期间，干湿稻谷混放，或者将干稻谷放在空气湿度较高的环境中时，就会产生裂纹。稻谷在收获、干燥、贮藏、脱粒和碾米等加工过程中，受到挤压、弯曲和剪切等机械外力作用时，也会产生裂纹（李栋等，2000；朱恩龙等，2004）。

3.2.2　稻谷含水量

稻谷籽粒结构的复杂性是产生裂纹的原因之一。稻谷由稻壳和糙米组成，糙米由果皮、种皮、糊粉层和胚乳组成。果皮组织易吸水；种皮有脂肪成分，不易透水；糊粉层含有较多的蛋白质颗粒，这使得糊粉层在结构上较胚乳部分坚韧；胚乳部分细胞内多淀粉，淀粉层缺乏弹性，不耐拉力。稻米腹部的种皮和糊粉层结构较背部薄许多，因此腹部质地松软，易产生裂纹。稻米腹部的吸水膨胀系数稍高于背部，而腹部的含水率明显高于背部，这表明腹部有较高的水分渗透速度。稻米的抗拉强度和压碎刚度与含水率呈负相关，因此腹部成为强度薄弱部位。

不同水稻品种的抗裂能力与外形有关，外形最厚最宽的品种龟裂最严重。稻米的吸胀能力除与表皮层有关外，还与淀粉结构有关。稻米中含有大量淀粉，精米 90% 的干物质是淀粉。淀粉在胚乳中的浓度分布是由外向内递增，含水率低于 15%（湿基，后同）时，淀粉具有脆性。淀粉中的直链淀粉比支链淀粉更易溶于水，稻米在蒸煮过程中，吸水量和体积膨胀的大小与直链淀粉含量呈正相关。据此可以推测，低水分稻谷裂纹的形成一方面与籽粒形状有关，另一方面与胚乳中的淀粉，特别是直链淀粉的含量与分布密切相关。稻谷籽粒结构和稻米化学成分，影响稻谷籽粒结构的复杂性，是产生爆腰的原因之一。

稻谷内部存在的温度和水分梯度产生的热、湿应力也是引起裂纹的主要原因。由于生长期和生长气候等原因，稻谷籽粒各处的物理结构、密度不一致，当稻谷籽粒的含水率发生变化时,籽粒各部位的体积也发生相应变化,从而产生内应力。在干燥和吸湿过程中产生的裂纹,就是由于籽粒内部出现了不均等的膨胀或收缩造成的。干燥后,稻谷籽粒长度方向的收缩值是其宽度方向的 3 倍,因此裂纹一般发生在籽粒长度方向的横断面上。在干燥初始阶段,表层比内部水分向外扩散得快,受湿胀干缩作用影响,表层收缩得快,这时内部受压应力,表层受拉应力。干燥结束后,水分从籽粒内部向表层扩散,表层膨胀受压应力,内部收缩受拉应力。当拉应力超过籽粒内部的抗拉强度时,就会产生裂纹。稻谷在高湿环境中贮藏时,也会产生裂纹,裂纹的程度(裂纹率)取决于相对湿度变化大小。吸湿性裂纹产生的原因是:籽粒表层细胞吸水膨胀后产生压应力,籽粒内部则受拉应力。籽粒的抗拉强度在吸湿过程中随水分增加而降低,当拉应力超过籽粒内部的抗拉强度时,籽粒就将产生裂纹。

当稻谷含水率为 15%(湿基,后同)时,稻谷中淀粉的物理性质会发生改变,这种变化也是引起裂纹的一个因素。通过扫描电子显微镜的观察,裂纹通常发生在内胚乳的细胞壁之间,很少发生在细胞内部。因此可以说,断裂发生在细胞之间的果胶质部位,而细胞间果胶质是把细胞联结在一起的重要物质。当稻谷含水率在 21%以上时,细胞间的果胶质弹性较好,随着水分的不断减少,果胶质的弹性也越来越差。

3.2.3 加工方式

稻谷中的胚易吸收水分,不易保管,贮藏条件好的仓库,也只能安全贮藏 2～3 年。夏季是稻谷贮藏最困难的季节,随着气温升高,黄米的产生概率增加,爆腰率也增加。为此,粮食仓储企业为使稻谷能安全度夏,常常在稻谷入仓时,通过烘干等处理手段,将稻谷的水分降到 13%左右,这样便产生了低水分稻谷。低水分稻谷加工时,由于米质比较干燥、脆,且皮层与胚乳的结合紧密,不易碾削,增大碾削力后、爆腰率增多、碎米增加、出米率降低,加工出来的稻米色泽差;若米机压力小,则不易脱胚,会造成碾白不均。低水分糙米不仅碾白困难,还会影响稻米色泽和米饭口感。而若稻谷水分含量过高,则在加工过程中易堵塞筛孔,增加清理和脱壳工作的难度,容易产生碎米,出米率降低,影响产量,增加动力消耗,加工成本提高。因此,对水分含量过高或水分含量过低的稻谷,加工之前应经过适当的调质处理,使其水分含量达到 13%～15%再进行加工,可达到最佳工艺效果(王晓芳,2011)。

干燥使稻谷内部出现温度梯度和水分梯度,是产生内部拉应力的主要原因;研究表明玻璃化转变对稻谷的爆腰有很大的影响,而水分和温度变化是引起玻璃化转变的关键因素(刘木华和曹崇文,2003;刘木华等,2004)。干燥后,稻粒各方向上的收缩量并不一致，干燥参数及处理方式选择不当、能量提供不均、控制手段不到位，都会造成谷粒的缩、胀不均而加剧内应力，从而导致爆腰。就干燥过程引起爆腰的外部因素而言，主要有以下几个方面。

（1）干燥温度及温度的变化：干燥过程中，谷粒的水分形成内高外低的含水率梯度，使得水分由内向外移动。受热的谷粒形成外高内低的温度梯度，温度差使水分由外向内移动，两个相反的水分移动相互对抗，致使离谷粒表层附近形成一个水分移动的缓慢区，阻止水分迅速外移，且干燥温度越高，水分梯度和温度梯度越大，谷粒内部应力梯度也越大，爆腰率显著增加。干燥温度的变化，引起稻谷急剧受热或冷却时，尤其在干燥结束前，采用过低温度的冷风急速冷却，将使粒体的表面与内部形成较大的热应力，而导致爆腰。

（2）干燥介质的湿度及湿度变化：湿度梯度是物料干燥的动力之一。对于高湿稻谷，在干燥初期，介质的湿度越低，稻粒表面的蒸发速率越高。粒体内部与表面间的水蒸气分压差，随着干燥的进行而加大，在内外形成的湿度梯度的作用下，水分由内部向表面扩散，湿度梯度越大，扩散速度也越快。但在内部扩散小于外部蒸发速率后，由于糙米细胞管壁与蒸发纹孔等均会因受热条件和蒸发速率而影响其渗透性，使得干燥过程中水分蒸发的纹孔会发生形变、皱缩，严重时会造成糙米表面局部出现干结，从而在米粒内形成较大的水分偏差。

（3）流动速度：对于初始含水率较高的稻谷，增大干燥介质流速，干燥时稻谷的爆腰率呈增加的趋势（郑先哲等，2001）。增大流速可以强化干燥过程，但并非成正比的强化，在流速增大到一定值之后，其影响相对减小，尤其是在降速干燥过程中，内部扩散起着控制作用，流速增大对干燥速率影响并不显著。

（4）干燥时间：稻谷一次连续干燥的时间越长，降水的幅度越大，在稻谷内部造成的水分梯度就越大，引起的湿应力必然越大，也就越容易导致爆腰。

（5）稻谷的初始含水率及其含水率变化：在干燥时初始含水率越高，在同一干燥条件下含水率下降幅度越大，形成的粒体内外水分梯度越大，如若操作不当，也容易产生裂纹。

（6）缓苏时间过长或延迟加工：干燥后，籽粒内部存在一定的水分梯度，表层水分较低，内部水分将继续向表层转移，使其体积膨胀。表层从受拉状态逐步转变为受压状态，而中心部分从受压状态逐步转变成受拉状态。由于糙米糠层的非均质结构特性，籽粒内部出现较大剪切应力，加上籽粒的心腹部粉质胚乳较多，抗拉强度较低，在温度降低时还可能出现玻璃态转变，这样使得在内外水分趋向一致的过程中导致爆腰。

（7）过干燥：低水分谷粒的吸湿现象，是产生裂纹的主要原因之一，它不仅使爆腰率明显增加，而且造成干燥能量和产品数量的损失（李长友等，2004）。

3.3 影响稻米碾磨品质的因素

反映稻米碾磨品质的性状主要有出糙率、精米率和整精米率三项指标（张玉华，2003）。碾磨质量受许多因素影响，这些因素有时是相互关联的。品种差异（遗传效应），水稻生长、收获和碾磨过程中的环境条件，其他因素如稻米的干燥、贮存和碾磨等技术，都可能直接或间接地影响米粒的物理机械性质。

3.3.1 品种因素

品种的遗传特性是决定稻米品质的主要因素。不同品种稻米的品质不同，其直链淀粉（AC）含量和蛋白质含量也不同，其中整精米率、粒长、垩白度、垩白率、AC 含量、胶稠度（GC）是影响稻米品质的主要因素。AC 含量主要受遗传力控制，受环境因素影响较小；蛋白质含量受遗传力影响较弱，受环境因素影响较大（宣润宏，2012）。Lanning 和 Siebenmorgen（2011）研究了杂交水稻和纯系水稻品种的碾磨特性。他们发现，与纯品系相比，杂交品系需要更短的碾磨时间就能获得较好的碾磨度。对于任何给定的碾磨时间，杂交品系通常表现出更好的碾磨度。

3.3.1.1 稻米形态

稻壳质量占稻谷总质量的百分比越低，意味着出糙率越高，在许多情况下，精米率也越高。糙米的壳重与籽粒表面形貌有关，如果不同稻壳具有相似的密度和厚度，则稻壳重量将完全取决于糙米的比表面积（表面积/籽粒质量）。大粒稻米的比表面积较小，因此其壳重占稻谷总重量的百分比小于小粒稻米。然而，情况并非总是如此，因为不同品种稻谷的外壳厚度和密度并不总是相同的。例如，温带粳稻比一些长粒籼稻籽粒小而圆，然而，粳稻品种通常比籼稻品种具有更高的出糙率（Ren et al., 2016）。在许多研究中，稻米长度、宽度和厚度可能与出糙率和精米率呈正相关，但在大多数情况下，它们与整精米率的相关性为负，因为晶粒越大，在碾磨过程中越容易断裂。

另外，稻谷和糙米的粒型和粒径对出糙率、精米率和整精米率有显著影响。细长或非常长的颗粒通常比中等或短的颗粒更容易破碎。籽粒宽度和厚度（籽粒的横向尺寸）往往与出糙率和精米率呈正相关（Zheng et al., 2007）。籽粒尺寸和碾磨质量之间的关系可能因籽粒长度类型而异。根据碾米长度，稻米通常分为三种类型：短型（粒长 4～5.6mm）、中型（粒长 5.6～6.5mm）和长型（粒长 6.5～7.5mm）。对于短籽粒，未发现粒长、宽度、厚度与碾磨质量之间存在显著相关性。对于中籽粒，粒宽和粒厚与出糙率和精米率呈正相关，而与整精米率呈负相关。对于长籽粒，粒宽与出糙率和精米率呈正相关，厚度与整精米率呈负相关（Xie et al., 2013）。这些结果可能表明，粒厚在决定碾磨质量方面比长度和宽度更重要。

厚度分级研究也验证了籽粒厚度对于碾磨品质的重要性。Sun 和 Siebenmorgen（1993）研究表明，当糙米被分成 6 个厚度层次并进行碾磨时，整精米产量随着厚度的增加而增加，达到最大值，然后下降。Rohrer 等（2004）发现，在相同的碾磨时间内，与较厚的籽粒相比，较薄的籽粒被碾磨至较低的表面脂质含量和整精米产量。Grigg 和 Siebenmorgen（2013）发现，当糙米被机械筛分为两个厚度层次时，即长粒米的厚（≥2mm）和薄（<2mm），按厚度分级碾磨通常会实现更高的精米率，并且与未分级的稻米相比，谷粒的整精米率显著增加。Grigg 和 Siebenmorgen（2017）进一步根据糙米厚度将长粒水稻分为 5 个层次，并发现随着籽粒厚度的增加，精米和整精米产量有增加的趋势。随着总碾磨水平的增加，薄麸皮和厚麸皮之间的碾磨程度差异减小，这意味着薄麸皮比厚麸皮的麸皮去除率更高。

3.3.1.2　垩白度

垩白是稻米中因淀粉和蛋白质颗粒松散堆积而形成的白色不透明部分。垩白是一种遗传控制的性状，但容易受到环境条件（温度等）的影响。米粒中的垩白度会影响碾米的整体外观，降低整精米产量，这是因为垩白粒在碾磨过程中比半透明粒更弱，更容易破碎（Lisle et al., 2000）。Xie 等（2013）研究表明，垩白度与整精米产量呈负相关，但与糙米和精米产量无相关性。

气温升高是全球气候变化的一个特征，对水稻产量和质量产生有害影响。高温通过降低整精米产量和增加垩白度影响谷物质量（Krishnan et al., 2011；Xiong et al., 2017）。夜间气温升高对水稻产量和质量的负面影响可能比白天更为显著（Ambardekar et al., 2011；Peng et al., 2004）。夜间气温升高的频率与垩白度呈正相关，与峰值整精米产量呈负相关（Lanning et al., 2011）。

谷粒中心和表面之间的水分不平衡，导致谷粒开裂。裂纹削弱了核的结构和完整性。谷粒开裂会导致谷粒破碎率增加，从而降低整精米产量，并造成巨大的经济损失。当内部吸湿应力超过材料强度时，裂纹会在稻壳内形成。当干燥的稻谷暴露于外部水分时，在田间条件下，如遇雨露或空气湿度较高，它会吸水膨胀，外层对仍然干燥和脆弱的内部胚乳层施加向内压力。外芯层与内芯层的不同膨胀产生剪切力，导致应力裂纹或裂纹形成，这些裂纹使稻谷在碾磨过程中发生断裂（Pinson et al., 2012）。不同稻谷品种的抗裂性不同，抗裂性试验表明，中粒籼稻品种 'GuiChow' 最易发生裂纹，而长粒粳稻品种 'Rexmont' 最具抗裂性（Lloyd and Siebenmorgen, 1999）。

如果暴露在相对湿度和温度较高的条件下，碾磨后的整粒稻谷将形成裂纹。Siebenmorgen 等（2009）发现，相对湿度和温度在决定碾米开裂的速度和数量方面起着重要作用。Lloyd 和 Siebenmorgen（1999）指出，中粒精米易因水分快速转移而开裂，但品种效应并未造成任何明显的破损差异。

Siebenmorgen 和 Qin（2005）假设，碾磨过程中破碎的糙米籽粒比完整籽粒表现出显著更低的破碎力，导致整精米产量降低。他们使用三点弯曲试验测量了 10 个水稻样品的糙米籽粒的断裂力分布，发现糙米籽粒的断裂力与籽粒宽度或长度没有显著相关性，但与籽粒厚度有关，除此之外还发现，整精米产量与样本中"强"核的百分比呈现线性相关。

3.3.2 环境因素

环境因素包括天气条件、土壤、生物（病虫害）。同一季节或同一地区不同季节/年份种植水稻可能导致不同的碾磨质量，这种差异在经验上归因于环境（E）效应的影响，也可能归因于基因型（G）和基因型与环境（GE）相互作用影响。例如，国际水稻研究所（IRRI）研究发现，旱季（DS）稻米的整精米产量显著高于雨季（WS）（Kong et al., 2015a），这表明季节因素对于稻米碾磨品质具有很重要的影响。

3.3.2.1 温度

水稻灌浆期白天高温对碾磨品质性状有负面影响。据报道，生长季平均温度每升高 1℃，各基因型水稻产量将减少 6.2%，精米总产量将减少 7.1%～8.0%，HRY 将减少 9.0%～13.8%，总碾米收入将减少 8.1%～11.0%（Lyman et al., 2013）。Abayawickrama 等（2017）研究表明，'Cypress'（长粒米）的平均整精米产量从 62.7%（25℃）下降到 53.5%（33℃），而 'Reiziq'（中粒米）从 56.2%（25℃）下降到 47.4%（33℃）。

整精米产量与夜间气温升高呈负相关。夜间高温可能会导致非日照时间内的整精米产量、光合作用及随后的籽粒碳水化合物损失。Counce 等（2006）及 Counce 和 Keisling（2000）发现，在 Counce 和 Keisling（2000）定义的水稻生长阶段 R6（晶粒深度膨胀）至 R9（完全穗成熟）期间，夜间温度升高导致整精米产量降低。可能是夜间高温会影响淀粉填充酶的催化活性，从而影响淀粉结构和籽粒强度，进而影响整精米产量。Cooper 等（2006）利用 17 年的气象数据集，将不同生长阶段的平均日低温和日高温与两个长粒品种的整精米产量关联起来，再次发现繁殖阶段（R8）的夜间温度升高降低了两个品种的整精米产量。此外，灌浆开始时（R6）白天高温不利于整精米产量，而灌浆结束时（R7 和 R8）白天高温增加了整精米产量。

3.3.2.2 湿度

水稻收获时水分含量的变化影响整精米产量。人们普遍认为，在高收获期水分含量（HMC）时收割水稻可以提高整精米产量，但也会增加碾磨厂的干燥成本。相反，在低水分含量时收割可以节省干燥成本，但由于开裂而降低整精米产量。随着水稻成熟，穗上单个籽粒的水分含量（MC）会不断变化，代表不同的成熟度和籽粒强度水平。研究发现，在 MC>16% 时，收获的水稻单个籽粒的 MC 分布有几个峰值。对于在较低 MC 时收获的水稻，通常只有一个峰值（Bautista et al., 2009）。随着 MC 降低到 20% 以下及 MC 增加到 22% 以上，整精米产量降低。在美国阿肯色州天气条件下，预计获得最大整精米产量的收获期水分含量（HMC）长粒品种为 18%～22%，中粒品种（'Bengal'）为 19%～20%，杂交品种（'XP723'）为 18%～19%。近期在生长室中进行的一项研究也表明，低 MC（15%）收获的籽粒比高 MC（26%）收获的籽粒更能降低整精米产量。Nalley 等（2016）指出，2013年美国阿肯色州和密西西比州最常用的 9 种水稻品种，最大化整精米产量的最佳 HMC 为 17%～22%，最大化净值的最优 HMC（考虑整精米产量和干燥成本）为 16%～20%。因此，在适当的水分含量下收获水稻非常重要，这对于提高稻米的碾磨质量和净价值至关重要。

碾米行业的挑战性问题是如何生产具有高整精米产量的稻米，换言之，如何降低破碎碾米率或破碎出糙率。品种和环境因素都可能导致籽粒开裂。从基因型方面来说，我们需要培育具有高碾磨品质的水稻品种。从环境方面来看，我们需要降低不利环境带来的负面影响。例如，夜间气温（NTAT）在水稻生产中对碾磨质量的作用机制值得进一步研究。可以考虑如何通过农艺管理或通过育种减轻气候变化的影响。从技术方面来说，我们需要改进收获后的干燥和贮藏技术，以确保稻谷或精米得到妥善处理。

3.3.3 技术因素

干燥方法和贮藏时间作为稻谷收获后的重要加工变量，对稻米的碾磨质量有显著影响。在 70℃ 条件下通过热空气干燥的香米 'KDML 105' 的整精米率低于通过其他干燥方法获得的整精米产量的一半（Wongpornchai et al., 2004）。Manski等（2005）指出，与收获后立即干燥的样品相比，在 -9℃ 或 4℃ 贮藏 27 天或 76天，干燥的 'Bengal' 或 'Cypress' 稻米的整精米产量没有显著性差异。因此，在低于或略高于冰点的条件下贮藏糙米，不会导致 'Bengal' 或 'Cypress' 稻米的品质下降。优良的稻种对于成功种植水稻也具有决定性的作用，而稻种的贮藏条件与环境，在很大程度上影响了稻种的好坏，若贮藏条件出现问题，便会造成一定的损失（刘飞杨等，2022）。碾磨时间也会影响整精米产量和碾磨度。Andrews 等（1992）研究表明，随着碾磨时间的增加，整精米产量降低，碾磨度增加；另外，碾磨室中对稻米施加的压力越大，碾磨越彻底，整粒与碎粒之间的比例也随之降低。

第4章 稻米的外观品质

4.1 外 观 指 标

4.1.1 透明度

4.1.1.1 透明度的影响因素

水稻是我国重要的粮食作物，高产兼顾优质是当前水稻育种的重要目标。优质稻米涉及多方面品质，包括优良外观和优良食味等，其中稻米外观品质是决定稻米商品价值的重要因素，也是消费者首要关注的性状。稻米外观品质包括稻米粒型、垩白度和透明度等。稻米的主要食用部分是胚乳，淀粉作为水稻胚乳中最主要的贮藏物质，占胚乳干重的 80%以上，因此胚乳中淀粉粒形态、淀粉组成和淀粉精细结构也是影响稻米外观品质的重要因素。稻米透明度是稻米外观品质的重要组成部分，一般而言，透明度高、垩白小的稻米价格相对较高。

稻米透明度形成的机制较为复杂，水分含量与表观直链淀粉含量是关键影响因素。从遗传角度看，调控表观直链淀粉含量的 Wx 基因与稻米透明度直接相关，该基因的等位变异是表观直链淀粉含量变化的直接原因，也是出现稻米蜡质、暗胚乳和透明胚乳的主要原因。稻米透明度也与精米质地有关，有研究者将精米质地性状分为 7 级：全透明玻璃质、透明、半透明、暗色、偏白色、淡乳白色、纯乳白色。该性状主要受多基因遗传控制，同时也受灌浆期间气候等多种环境条件影响。稻米的透明度又区别于垩白和粉质等性状。例如，出现垩白和粉质现象的胚乳是由松散淀粉颗粒排列堆积而成的，而稻米透明度所指的胚乳现象是除以上现象外，胚乳由扎实紧密的淀粉粒排列堆积而成。但大多数的消费者甚至研究者仍然把稻米的垩白和透明度视为同一性状，并且多数人认为稻米的不透明和垩白都是由于胚乳灌浆不充分，而导致淀粉粒之间空隙变大，从而造成籽粒暗胚的光学现象。

稻米透明度与直链淀粉含量呈正相关。直链淀粉含量的高低决定着稻米的硬度、黏度和透明度等结构特性。优质稻米的直链淀粉含量一般不会太高，直链淀粉含量在 5%～15%的稻米为低直链淀粉稻米，米饭较柔软，外观光泽也好。淀粉的结构和组成与稻米的外观表现密切相关，如全部为支链淀粉的糯稻，表现为完全不透明的蜡质胚乳，而一些直链淀粉含量低的稻米则表现为暗胚乳表型。

直链淀粉含量低于 13%时，稻米籽粒外观通常呈现出暗胚乳和不透明，达不到生产者和消费者期望的商业价值和外观质量（Liu et al., 2009）。对于高表观直链淀粉含量的稻米，除了不透明的垩白部分，其他部位均较为透明；同样，对于中表观直链淀粉含量的稻米，籽粒的非垩白部分也均较为透明；而对于低表观直链淀粉含量的稻米，籽粒透明度明显变差，表现为明显的暗胚乳表型。对于糯稻而言，均为明显的蜡质不透明表型。以上说明稻米的表观直链淀粉含量与稻米的透明度存在显著的正相关性，相似水分含量条件下，稻米直链淀粉的含量越高，稻米籽粒外观透明度越好，并且这种相关性与淀粉粒内部空腔数目和面积密切相关。

淀粉粒中间的空腔是暗胚乳形成的主要原因，这与稻米垩白粒中部分不透明区域的松散淀粉粒排列方式明显不同。研究发现，稻米透明度随着淀粉粒中央空腔的数目和尺寸的增加而下降，说明淀粉粒中的空腔是造成暗胚乳和蜡质胚乳的直接原因。空腔的存在不仅影响外观，还会减少胚乳中可贮藏的淀粉总量，进而降低稻米的产量和品质。梯度烘干实验表明，在高水分含量条件下，淀粉粒中存在极少的空腔且空腔体积小，说明单淀粉粒在高水分含量时，其中的淀粉分子分布比较均匀，而在干燥失水的过程中，可能由于淀粉粒中直链和支链淀粉之间的结合不够紧密，或者结合态水在直链淀粉含量低的情况下更容易释放，而造成淀粉粒内部结构的不均一，从而拉伸出现空腔。淀粉晶体结构分析表明，高水分含量的稻米淀粉结晶度明显高于干燥淀粉，并且低表观直链淀粉含量的稻米表现的差异更显著。这些都表明稻米透明度与水分含量呈正相关。

稻米淀粉体发育及胚乳透明度，既受品种遗传因素控制，又与环境温度密切相关。适温条件下（22～26℃，平均24℃），稻米淀粉体发育及胚乳透明度主要由品种遗传特性决定；而高温条件下（30～36℃，平均33℃），则明显受温度的影响。高温改变了稻米淀粉体的发育进程，导致了稻米淀粉体（粒）结构疏松，折光率下降，胚乳透明度降低。Shi 等（2002）研究指出，基因加性效应和细胞质效应及相应的环境互作效应，在稻米透明度性状发育中起着决定性的作用。Tang 等（1999）研究表明稻米的透明度与稻米胚乳细胞中的淀粉粒排列、颗粒大小和间隔所导致的光线折射密切相关。日本学者田代亨和江幡守卫（1975）认为，胚乳透明度低的稻米是在其籽粒灌浆过程中因环境不适，特别是因逆境而产生的一种障碍米。不利的温度条件使淀粉体充实不良，形成垩白米，其淀粉体排列疏松，颗粒间为液体，干燥后成为空腔，光线折射率低，胚乳透明度下降；而适宜温度则使胚乳淀粉体发育完全，形成充实且外观呈多边形、排列紧密无空隙的结构，折光率高，透明且无垩白。

4.1.1.2 透明度的测定方法

透明度的检测一般有两种方法，即透明度仪法和图像分析法。

透明度仪法是用透明度测试仪对供试精米透光量进行测定，综合反映稻米外观品质性状（沈圣泉等，2006）。接通透明度仪电源转动调整旋钮，使读数为 1.00。将整精米样品装入样品杯，手持样品杯置于振荡器振荡约 5s 以减少米粒间空隙，在透明度仪上测出其透明度。透明度的分级如表 4-1 所示。

表 4-1 透明度的分级

级别	透明度范围
1	＞0.70
2	0.60～0.70
3	0.45～0.60
4	0.31～0.45
5	＜0.31

根据中华人民共和国农业行业标准《稻米整精米率、粒型、垩白粒率、垩白度及透明度的测定 图像法》（NY/T 2334—2013），将精米试样混匀，并用分样器分取 10～35g 试样，将试样置于扫描仪玻璃板上，轻微晃动至米粒之间散开而不重叠，扫描试样，获得稻米试样图像。用稻米外观品质分析软件，人工引导识别完整精米，计算试样的透明度等级。图像分析法与透明度仪测定透明度结果相同，且图像法重复性好，多次测量均有较好的表现，测量结果稳定（丁华等，2015）。其稻米品质检测系统主要由稻米样本、样板、光照箱、转盘、光源、电荷耦合器件（CCD）摄像机、计算机等组成（图 4-1）。

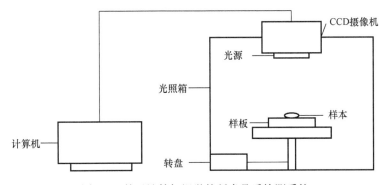

图 4-1 基于计算机视觉的稻米品质检测系统

在图像采集中采用 CCD 摄像机对稻米进行建模，然后利用系统软件对图像进行预处理，通过 MATLAB 图像处理和分析能力，增强图像的同时去除噪声，将稻谷与背景分离，同时读取特征参数，然后根据稻米的大小、形状、裂纹、透明度和色泽来评价稻米的质量。通过计算待测稻谷与标准模板库图像的不同参数，测量待测稻谷图像的质量降低程度，计算出稻谷类型比、裂纹率、碎米率、垩白率和出糙率，实现米质外观指标的检测（邢键和罗佳顺，2021）。

4.1.2 粒型

4.1.2.1 粒型的测定方法

粒型即米粒长宽之比，具体的分类在 2.1 节中已详细阐明。稻米粒型对其他主要品质指标，如胶稠度、整精米率、直链淀粉含量等有极大的影响，是商品稻米分类和定价的主要依据之一。测定粒型的方法有直尺法、微粒子法、图像法等。

（1）直尺法

根据中华人民共和国农业行业标准《米质测定方法》（NY/T 83—2017），采用直尺测量稻米粒型，即随机数取完整无损的精米粒，平放于测量板上，按照头对头、尾对尾、不重叠、不留隙的方式，紧靠直尺摆成一行，读出长度，求其平均值即为精米长度。精米宽度测量方法类似，但是此方法产生的人为误差较大。

（2）微粒子法

从精米样品中随机取出完整精米 10 粒，一粒一粒测量；用镊子夹紧米粒，将米粒的下端抵住微粒子计卡口下端的中央，轻捏微粒子计的卡口，使上端中央与米粒的另一端接触，读出微粒子计指针的读数（精确至 0.1mm）即为粒长；再同法操作，测出粒宽。计算平均值，求出长宽比值。

（3）图像法

用稻米外观品质分析软件，自动识别计算完整精米的平均粒长、平均粒宽及长宽比。直尺法、微粒子法主要是基于人工感官判断，主要依靠人们对粮食外观的主观判断，再根据行业标准得出粮食等级。该方法简单，但缺乏客观性，存在精度低、耗时费力等缺点。计算机视觉技术能大大提高稻谷外观品质识别的有效性和识别效率，应用图像处理与分析技术对稻谷进行分析，并根据图像参数给出判断标准能够提高准确率。国外则主要是使用丹麦 FOSS 公司生产的谷物外观检测仪来评价谷物外观，采用全自动图像分析系统进行分析，但系统价格昂贵（刘璎瑛，2010）。

我国稻米标准中对粒型要求较少，只在优质稻米分级中提出粒型应大于 2.8。国内学者也是近几年才开始这方面的研究。孙明等（2002）将米粒近似为椭圆形，粒长、粒宽分别为椭圆长、短轴长度，建立了长宽比与米粒的椭圆离心率的关系：

B、A 分别为椭圆长、短轴长度，椭圆的焦距 C 与 A、B 的关系为 $C^2=B^2-A^2$，椭圆

离心率 $R=C/B$，由上述两式可得 $\dfrac{B}{A}=\sqrt{\dfrac{1}{1-R^2}}$，将求单粒稻米的粒型转化为求稻米

的近似椭圆离心率。侯彩云等（2003）计算粒型的方法为，测量稻米轮廓中距离

最远的两个点的距离作为米粒长度 d_1，求出粒长所在直线方程 $Ax+By+C=0$。

因为稻米图像并非沿该直线对称，故利用 $r=\dfrac{|Ax_0+By_0+C|}{A^2+B^2}$ 求出稻米两侧到该直

线的垂直距离 r_1、r_2，粒宽 $d_2=r_1+r_2$。求出所有样品粒长、粒宽的平均值，粒型=平均粒长/平均粒宽。凌云等（2005）研究了一种基于极坐标的粒型检测方法，也将米粒近似为椭圆形，这样可以简单快速计算椭圆区域的长短轴大小，实现粒型的检测。袁佐云等（2006）设计了一种利用稻米轮廓的最小外接矩形（MER）来计算粒型的方法。首先利用扫描仪获取图像，经过图像预处理，消除图像噪声，得到灰度图像；然后对二值图像进行追踪得到单粒米的图像信息；最后利用 MER 算法对稻米轮廓进行处理得到粒型的数据。其测量原理与人工测量原理最接近，测量结果一致性较好。陈建华等（2007）提出了以改进的最大类间方差法来自动确定图像分割阈值，采用开运算去除图像中的噪声，使用 MER 法计算稻米粒型。该阈值分割方法避免了固定阈值带来的弊端，较迭代法和传统的最大类间方差法效果要好，不仅能够准确提取稻米二值图像，还能够避免过度分割造成的稻米区域局部空洞现象。运用数学形态学理论中的开运算，有效去除图像中的点状和线状噪声，只保留稻米图像，避免后续数据处理的麻烦。应用 MER 法计算稻米粒型，与直尺法相比，检测精度高，可重复性好。陈鲤江等（2007）提出了一种基于区域跨度搜索的稻米粒型检测方法。该方法通过对米粒区域跨度的搜索找出稻米的粒长及粒宽，由粒长与粒宽之比求出稻米粒型。实验结果表明：该方法对稻米粒型的测量结果与人工测量结果基本一致，相对误差为 1.73%，且具有米粒旋转不变性的特点。唐文强和刘建伟（2017）研制了一套用工业相机获取稻米图像并通过 Matlab 编程软件进行稻米品质检测的装置，实现圆粒型稻米和长粒型稻米的粒型筛选。

4.1.2.2　粒型的影响因素

水稻粒型是重要的农艺性状之一，包括粒长、粒宽、粒厚和长宽比。影响粒型的因素主要有环境因素和稻米自身遗传基因的调控。截至目前，已被报道的粒型相关基因和数量性状基因座已达 400 多个。根据国家水稻数据中心统计，粒型相关基因共 265 个，其中，粒重相关基因 206 个，粒长相关基因 118 个，粒宽相关基因 97 个，粒厚相关基因 35 个，灌浆速率相关基因 15 个，长宽比相关基因 9

个（几个性状基因相互之间有重复）；已克隆的水稻粒型相关基因 256 个，其中大多数为负调控基因；正向调控基因有 *An-1*、*GL4*、*GS5*、*GW8*、*TGW6*、*BG2* 和 *BG1* 等 79 个。其中，利用自然突变克隆的主要有 *GS3*、*GW2*、*GS2*、*GW5*、*GS5*、*GW7*、*GL7* 和 *GW8* 等；利用人工诱导突变克隆的基因主要有 *SMG1*、*SG1* 和 *HGW* 等（康云海等，2022）。*GS5* 是一个控制水稻粒重、粒宽及结实率的基因，能够控制籽粒的大小，它的作用是通过影响细胞分裂，使细胞数目增加，从而使粒长增加、粒宽增加，影响籽粒大小（Li et al.，2011a）。

相关基因通过多个信号途径调控水稻颖壳的发育，从而调控水稻粒型，主要包括：泛素–蛋白酶体途径、G 蛋白信号途径、丝裂原激活蛋白激酶信号途径、植物激素和转录因子等调控途径（宋露等，2021）。粒型作为影响水稻产量和品质的重要性状，在品种选育和改良中具有重要地位。越来越多控制粒型的主效基因的发掘和遗传效应的研究，为后续的育种利用提供了重要的理论依据。将粒型基因 *GW8* 导入品种'巴斯马蒂'中，在增产 14%的同时，米质也得到了有效的改良（Song et al.，2015），改良后的'巴斯马蒂'稻米在印度和巴基斯坦等海外市场具有广阔的市场前景。相信随着相关研究的深入，未来将会有更多优势粒型基因得到开发和应用。

4.1.3 垩白度和垩白粒率

4.1.3.1 垩白粒

垩白粒是稻米的一个重要性状，其形成是一个复杂的现象，与遗传和环境因素及化学成分和物理化学行为有关。与普通半透明的稻米相比，垩白粒通常含有明显的不透明区域。稻米中的垩白粒通常分为 4 种类型（Ikehashi and Kush，1978）：①谷粒心白，②谷粒腹白，③乳白色，④不透明。谷粒心白是指在谷粒中心有垩白物质的谷粒，而谷粒腹白是在腹侧（胚芽侧）有垩白物质的谷粒。垩白的面积可能从非常小（一个小斑点）到非常大（覆盖75%或更多的区域）。乳白色颗粒中的垩白物质遍布整个谷粒，除了边缘部分。不透明区域主要是未成熟的颗粒，它们要么是因为成熟得太晚，要么是由于某种原因中断了颗粒的最终填充而形成。我们通常更关注前两种类型。谷粒垩白通常通过分配分数（0～9）来划分，具体取决于垩白面积占谷粒的比例：例如，0 代表无；1 代表小，<10%；5 代表中等，10%～20%；9 代表大，>20%。心白与腹白的起源有着明显的区别。心白可能是基因控制的，因为一些品种有白色的核心颗粒，而其他品种则没有。例如，印度香米及其衍生物通常有一个白色的核心，这也是印度香米的特征之一（Kamah et al.，2008）。

4.1.3.2　腹白

与上面的心白相比，腹白似乎完全取决于粒宽（宽度）。这一结论自 20 世纪 80 年代以来被印度迈索尔中央食品技术研究所（CFTRI）反复证明（Raju and Srinivas, 1991）。CFTRI 的科学家表明，腹白，即腹侧的垩白质区域，完全依赖于谷粒宽度，宽度超过 2.8mm 的谷物均有白色的腹部。但在宽度为 2.0～2.8mm 的谷粒中，有些有，有些没有。宽度小于 2.0mm 的品种从未有过腹白。Srinivas 等（1985）推测，由于营养物质通过背侧的色素束，进入颖果中以沉积谷物物质，营养物质必须穿过整个粒宽，才能将谷物物质沉积在腹侧。因此，在谷粒较宽的地方，营养物质在到达腹壁边界时就被阻断或耗尽，从而产生腹白，说明腹白性状与稻谷宽度相关。Raju 和 Srinivas（1991）在'Jaya'品种中观察到，因其巨大的腹白而"声名狼藉"，当穗部一部分的颖果被铝环限制，将粒宽从通常的 2.7mm 减小到 2.2mm 时，这些籽粒中没有腹白。关于稻米腹白与谷粒宽度有关的结论在 Murugesan 和 Bhattacharya（1994）的研究中也得到证实。他们观察到，水稻的腹白不利于爆裂。有趣的是，将不同品种间腹白的发生率与其粒宽作比较时，谷粒的宽度为 2.35mm 是一条明显的分界线，宽度>2.35mm 的谷粒有较高的腹白发生率，而宽度<2.35mm 的谷粒腹白发生率几乎为零。

4.1.3.3　影响垩白度的因素

研究表明，籽粒垩白与淀粉颗粒的松散堆积有关。松散堆积的淀粉颗粒散射光线，导致不透明的外观，即垩白。因此，垩白粒明显比半透明颗粒柔软。此外，人们发现具有明显垩白度的谷粒密度低于透明谷粒。垩白粒还具有其他特征，即直链淀粉含量略低（Kim et al., 2000）及室温下吸水率更高（Bhattacharya et al., 1979）。Kim 等（2000）也研究了稻米的垩白核和透明核，发现前者除直链淀粉含量略低、吸水指数（WAI）略高外，各指标均略小于后者。

Patindol 和 Wang（2003）研究了不同品种稻米的垩白度与淀粉的精细结构和理化性质的关系。研究表明，垩白粒稻米的直链淀粉含量较低，支链淀粉中的短链支链更多而长链支链较少，结晶度较高，在糊化体系中显示更高的崩解值和较低的回生值，稍高的凝胶化温度和焓。Lisle 等（2000）的研究也表明垩白和半透明的谷粒在淀粉组成和结构及蒸煮特性上都是不同的。如前所述，Sandhyarani 和 Bhattacharya（2010）也发现了垩白粒和半透明籽粒之间的直链淀粉含量、米糊黏度和其他一些特性的差异。

4.1.3.4　垩白度的测定方法

垩白度的检测一般有两种方法，即人工目测法和图像分析法。

人工目测法（简称人工法）：从被检试样中随机数取整精米 100 粒，拣出有垩白的米粒，重复一次，取两次测定的平均值即为垩白粒率。在拣出的垩白米粒中随机取 10 粒（不足粒者按实有数取）将米粒平放，正视观察，逐粒目测垩白面积占整个籽粒投影面积的百分率，求出垩白面积的平均值，重复一次，两次测定结果平均值为垩白大小，垩白大小乘以垩白粒率即为垩白度（丁华等，2015）。

图像分析法（简称图像法）：从扫描图中自动随机选取不少于 100 粒完整精米试样图像，辅以人工剔除误将试样留皮或胚判为垩白的米粒图像，最后由稻米外观品质分析软件计算出垩白粒率及垩白度。由于垩白在稻米胚乳中所处的位置分为腹白、心白和背白，而图像法扫描采集的是稻米的平面图片，软件自动分析时，较小的腹白和背白极易被漏选；试样留皮及胚在扫描的图片上呈现亮白色，所以垩白粒率及垩白度必须辅以人工筛选，增加漏选的垩白米粒，剔除误将试样留皮或胚判为垩白的米粒图像，最后还需用软件对米粒进行垩白面积精确测定。采用图像法可以快速对稻米的外观品质粒型、透明度、垩白粒率及垩白度等进行分析，检测结果与国家标准方法一致，且测量结果准确、稳定、操作便捷，能应用到水稻外观品质检测及水稻的育种工作中。

人工法与图像法这两种检测方法差异不显著，图像法检测垩白粒率及垩白度的结果也能很好地应用到优质稻米的分级，可以用图像法准确进行稻米垩白粒率及垩白度的测定。

萧浪涛等（2001）基于工业相机和图像处理方法研制了稻米垩白粒识别的程序，先采集稻米图像，再由垩白粒检测程序得到检测结果。曾大力等（2002）通过获取稻米三维切面，利用图像分析技术和食品显微扫描技术可直接检测单粒稻米的垩白大小。但这两种检测均为有损检测，且三维图像信息构筑较为复杂，软件价格昂贵。孙明等（2002）借助 Matlab 图像处理工具箱，开发了稻米垩白无损检测算法，通过 CCD 摄像机获取真彩色位图图像，借助 Matlab 进行灰度化处理，统计灰度直方图，分离稻米区域，计算垩白度及垩白粒率。稻米垩白检测计算机视觉系统由图像采集部件、主机和图像输出部件三大部分组成（图 4-2）。

孙翠霞等（2010）通过测试具有不同垩白度、籽粒连接情况的稻米，发现计算机视觉技术对于检测垩白粒具有较高的准确率。方长云等（2011）使用稻米精白度计检测了 132 份稻米样品的垩白度，并验证了其准确性。Sun 等（2014）使用凸点匹配方法对粘连稻米进行分割，再根据稻米颗粒垩白区域与正常区域之间的灰度级差异性，结合支持向量机（SVM）对垩白米粒和正常稻米进行分类，实验结果表明，采用该方法能够在分割粘连稻米的同时提取出垩白粒。Chen 等（2019）通过采集近红外图像，先用颗粒长轴作为特征，用 SVM 进行分类筛选出其中的碎米粒，再用 SVM 进行灰度分割，同时利用质心距离约束和像素搜索定

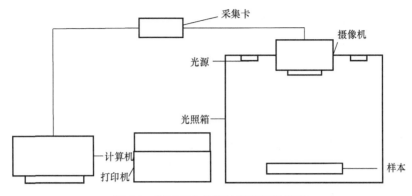

图 4-2 稻米垩白检测计算机视觉系统

位方法对分割区域进行双重检查，准确提取垩白区域，最后通过边缘检测和形态学方法对水稻籽粒的损伤部位和斑点部位进行检测，实验表明该算法能够同时检测出 4 种类型的缺陷。房国志等（2010）根据垩白米的外形特征，基于形态学分水岭算法对米粒中的垩白部分进行分割识别，该算法将米粒图像分为背景、正常米粒及垩白部分三个标记区域，再利用分水岭算法对其进行垩白区域提取。徐建东等（2012）利用灰度图像的像素值分布具有多峰分布这一特点，通过最大类间方差法实现了垩白米粒的检测。

4.2 垩白度对稻米品质的影响

4.2.1 垩白度对碾磨品质的影响

稻米垩白部分的硬度较低，碾磨过程中更容易断裂，导致整精米率下降，碎米率上升（黄清龙等，2006；杨帆，2021；周立军等，2009）。稻米的碾磨品质包括出糙率、精米率和整精米率。稻米垩白对稻米碾磨品质有较大影响，李成荃等（1988）发现，稻米籽粒的垩白度大小与出糙率呈正相关，与精米率呈负相关，垩白粒率与出糙率及精米率均呈负相关，因此提高稻米的出糙率、降低其垩白粒率是提高稻米精米率的有效途径。康海岐和曾宪平（2001）认为稻米的整精米率主要受籽粒粒型特征和垩白状况的影响，减少籽粒的垩白度能够提高整精米率，故而可通过培育无垩白的水稻品种，或者籽粒含垩白少的水稻品种，提高稻米的整精米率。

4.2.2 垩白度对食味品质的影响

稻米的蒸煮食味品质主要是指用稻米加工成米饭的适口性，及其在蒸煮加工过程中呈现的理化特性。米饭的适口性主要是指用稻米加工成米饭后所呈现出来的香味、黏性、弹性、柔软性、硬度和综合口感等。影响米饭烹饪特性的稻米品质特征值，包括稻米的直链淀粉含量、糊化温度、胶稠度、淀粉黏度谱特征及米粒的延伸特性等。

刘奇华等（2007）发现随着籼稻的垩白度提高，其直链淀粉的含量也升高，而其胶稠度则变低；垩白米中谷蛋白的含量显著低于非垩白米，在不同基因型稻米中，粗蛋白含量与垩白的相关性程度不同。Singh 等（2003）研究发现，垩白米的直链淀粉含量、黏性、弹性、柔软性、硬度和综合口感均较低；糊化温度随垩白粒率的提高而提高。施利利等（2016）研究了垩白米含量与稻米品质的关系，结果表明：随着垩白米含量的增加，最高黏度、直链淀粉含量、崩解值、碘蓝值及食味值显著降低，而米饭膨胀率与透光率随着垩白米含量的增加而增加。稻米垩白度对米饭的硬度具有显著影响（涂晓丽等，2017），这可能是由于稻米垩白部分淀粉粒的疏松结构在加水加热糊化之后，米饭在一定压力条件下更容易变形，应力性较差，因而硬度较低。稻米垩白度与米饭形态呈极显著负相关，与口感呈显著负相关，与色泽、滋味、香气均有一定相关性。推测可能是因为垩白度高的淀粉分子之间排列疏松，在加工过程中容易破碎产生碎米，整精米率下降，影响米饭的完整性，所以蒸煮后整体形态较差，同时垩白部位较其他部位更容易糊化，影响米饭的口感。

马会珍等（2021）研究发现北方粳稻外观晶莹剔透，垩白度在 0.50%～3.50%，米饭直链淀粉含量高，蛋白质含量低，食味值在 56.00～74.00 分；而南方粳稻外观相对浑浊，垩白度 1.86%～11.21%，口感上虽然蛋白质含量高，但直链淀粉含量较低，米饭软而黏，食味值在 54.00～82.00 分。李丹丹等（2015）认为高垩白品种的整精米率平均值低于低垩白品种。垩白还会影响稻米的食味品质，导致稻米的食味品质下降，垩白是由于水稻籽粒灌浆时"源"不足而形成，由于灌浆物质不足，米粒垩白部位存在中空结构，垩白米蒸煮后米粒容易爆裂，米饭的适口性和外观下降。周治宝等（2012）研究表明，长粒型、垩白度较小的品种具有较好的食味品质。可见，垩白米对稻米加工品质有着极其重要的影响，直接关系着米饭的食味值，因此生产上要尽可能降低垩白粒率，提高稻米品质。

第5章　稻米的蒸煮食味品质

5.1　蒸煮食味指标

稻米的食味品质是指稻米在蒸制和食用过程中所表现出来的各种感官特性和理化特性；构成米饭食味品质的主要因素有香味、滋味、口感、光泽、硬度、黏度、弹性等，其中最主要的是香味、滋味和口感（田瑞，2006），米饭的硬度和黏度也常作为评价米饭品质的指标。稻米的蒸煮品质是评价稻米品质的一个重要方面，通过测定稻米在蒸煮过程中的吸水率、膨胀率、米汤 pH 值、米汤碘蓝值、米汤干物质等，能够较为客观地评价稻米的蒸煮品质。在蒸煮特性实验中，吸水率反映稻米在蒸煮结束后吸收的水分含量，膨胀率反映蒸煮前后稻米体积的变化，而米汤的干物质反映米汤的浓度，米汤的碘蓝值反映蒸煮过程中直链淀粉的溶出程度。与此同时，米饭的食味品质与稻米在蒸煮过程中的吸水率、膨胀率、延伸性、糊化特性等都有着密切的关系。王惠（2017）研究发现，米饭的膨胀率为 140%～160%、吸水率为 100%～120%、米汤碘蓝值大于 0.5 时，淀粉糊化程度好，米饭软硬度和黏弹性适中，米饭的食味品质最好。

5.1.1　胶稠度

胶稠度（gel consistency，GC）是评价稻米食味品质和贮藏品质的一项重要指标，可以体现稻谷口感和食味品质。稻米淀粉经稀碱热糊化成为米糊胶，冷却后在水平放置的试管中会有一定程度的延伸。胶稠度是指在规定条件下，一定量米粉糊化、回生后的胶体在水平状态流动的长度（mm）[《粮油检验 大米胶稠度的测定》（GB/T 22294—2008）]。胶稠度可以衡量米胶的流动能力，显示米胶的延展性和柔软性。在一定范围内，胶稠度越大，米饭越柔软，稻米品质也就越好。胶稠度是稻米中直链淀粉及支链淀粉两类分子综合作用的反映（李霞辉等，2007），与米饭的柔软性、黏滞性有关。根据胶稠度的长短，大致可以分为三类：软胶稠度，米胶长度在 60mm 以上；中等胶稠度，米胶长度为 40～60mm；硬胶稠度，米胶长度为 40mm 及以下。硬胶稠度的米饭干燥易裂，冷却后变硬，食味不佳；软胶稠度的米饭柔软、可口，冷却后不成团、不变硬，食味品质好（刘锦伟，2012）。糯米的胶稠度一般在 90mm 以上；大多数粳米属于软胶稠度米，少数为中胶稠度米；籼米品种间的胶稠度差异较大，软、中、硬 3 种类型兼有。

稻米淀粉由直链淀粉和支链淀粉组成，直链淀粉在冷水中能溶解，但不能与热水形成糊状；支链淀粉在冷水中不溶解，与热水作用则膨胀成糊状。淀粉在 60～70℃时可糊化，在室温下放置会凝胶化。刘光亚（2005）研究认为胶稠度与直链淀粉含量有相关性，直链淀粉含量越高，胶稠度越小，且中等直链淀粉含量的稻米食味最好，黏而不粘，受到人们的喜爱。但有研究发现，直链淀粉含量并不对胶稠度起决定性作用，直链淀粉含量相同的不同样品，胶稠度也会有很大差别。中等直链淀粉含量相似的不同品种间米饭的食味和质地也可能存在较大差异（舒庆尧等，1998），如直链淀粉含量相同的早籼和晚籼品种。

目前我国稻米胶稠度的测定方法采用的是《粮油检验 大米胶稠度的测定》（GB/T 22294—2008）。胶稠度的测定过程看起来较为简单，但在实际操作过程中容易受外界因素的影响，造成数据的误差。曹萍等（2002）认为胶稠度的准确测定应该是诸项米质指标中最难的，影响测定准确性的因素主要有米粉的精细度、加入碱液和甲基酚蓝溶液的量、每次振荡与沸水浴的时间、米粉样液沸腾的高度、米胶流动平面的水平性等。李辉等（2007）研究了样品粉粒大小、放置温度、溶液浓度、加热时间等因素对胶稠度测定的影响，结果表明至少过 80 目的样品筛、放置温度 25℃、KOH 浓度为 0.200mol/L、加热时间 8min 是确保样品测定数据准确一致的必要条件。影响胶稠度测定的最主要因素为 KOH 浓度，其次为粉粒大小、加热时间、放置温度。由于胶稠度与其他一些食味品质指标如米饭感官试验，淀粉糊化特征曲线，以及米饭的硬度、口感等有直接关系，因此胶稠度指标对于快速评价稻米食味品质具有重要意义。

5.1.2 糊化温度

糊化温度（gelatinization temperature，GT）是重要的稻米蒸煮品质性状之一，也是衡量淀粉品质的重要指标。在稻米加工和烹饪过程中，淀粉颗粒吸水膨胀，在一定的温度范围内，淀粉颗粒会经历糊化的不可逆过程，其特征是结晶熔化（失去双折射）和淀粉溶解。淀粉颗粒产生双折射时，用偏振光在显微镜下观察发现，淀粉颗粒中晶体区域的双折射导致了典型的"马耳他十字"图案，在加热淀粉悬浮液时，90%～95%的双折射现象消失被用来确定终点糊化温度。淀粉的糊化温度是指淀粉颗粒发生不可逆膨胀，丧失其双折射性和结晶性的临界温度（刘长姣等，2017）；其本质是高能量破坏了淀粉分子内部彼此之间的氢键结合，使分子的混乱度增大，最终使混合溶液的黏度增大；其过程是一级化学反应，分为可逆吸水、不可逆吸水和颗粒解体三个阶段（张敬，2012）。

GT 是评价水稻蒸煮食味品质的三大重要指标之一，高糊化温度的水稻品种比低糊化温度的水稻品种需要更多的水和更长的蒸煮时间（肖鹏等，2010）。GT 主要反映的是支链淀粉的特性，支链淀粉的链长及链长分布，平均链长及中心链长分布决定着淀粉的 GT 和熔变，分支链越长，则 GT 越高（张敏，2012），GT 高的稻米不易煮熟（包劲松，2007）。根据淀粉 GT 的不同，一般将水稻品种分为高 GT（>74℃）、中 GT（70~74℃）和低 GT（<70℃）三档。

糊化温度一般是通过测定双折射损失（双折射终点温度）或利用差示扫描量热仪（DSC）研究淀粉微晶熔融模式和位置来确定。在实际应用中测定淀粉糊化温度的方法较多，如偏光十字法、动态流仪法、核磁共振技术、碱消值法（ASV）、DSC 和黏度速测仪（RVA）测定法（Singh，2006）等；目前国内测定稻米淀粉糊化温度的国标法是碱消值法，此方法操作简便，主要用于水稻育种项目，但人为误差大，结果也仅以高、中、低分类，影响淀粉糊化品质的准确评价；目前最准确的方法是利用 DSC 测定；此外，RVA 谱图也常被用来鉴定水稻的糊化品质。

5.1.3 米汤碘蓝值

随着对稻米品质研究的不断深入，人们普遍认为米汤碘蓝值与稻米食味品质显著相关，可以作为评价稻米食味品质的指标（阮少兰和毛广卿，2004）。稻米品质的劣变包括淀粉结构的变化，表现为米汤碘蓝值的下降（张萃明，2001）。测量米汤碘蓝值的原理是直链淀粉遇碘呈蓝色，支链淀粉遇碘呈紫红色。碘蓝值测试方法简单，测试速度快，而且省工省时，但目前碘蓝值的测定尚无国家标准，没有形成统一的测定方法。张萃明和刘建伟（2003）在研究光透差作为判别稻米贮藏品质劣变主要指标时，测定米汤碘蓝值的方法是不加酸静置 1h，在波长 600nm 条件下测其吸光度。郭维荣（2001）在研究米汤碘蓝值作为稻米食味品质代用指标时，采取的测定条件是加酸以 2500r/min 离心 6min，在波长 660nm 条件下测定碘蓝值。王肇慈等（1994）在稻米蒸煮特性试验中采用的测定条件是，米汤离心后加酸，在 660nm 波长下测定碘蓝值。杨科等（2003）在光透差作为稻米贮藏品质劣变指标的研究中，不加酸静置 2h，在 600nm 波长下测定吸光值。碘蓝值的测定过程有许多影响因素，样品的淘洗蒸煮时间、蒸煮后的处理都会影响样品的测定值（叶敏等，2007）。李少寅和舒在习（2014）对米汤碘蓝值测定条件进行探讨，结果表明，在不加酸的条件下，1500r/min 对米汤进行离心处理 5min 后，在 600nm 的波长下测定吸光值，能使不同样品间碘蓝值的区分度更大。

5.1.4 米汤固形物含量

稻米在蒸煮过程中，随着温度不断提高，水分通过稻米表层间隙进入米粒内部，引起直链淀粉、支链淀粉及其他稻米组分的溶出，即溶出固形物（麻荣荣等，2021）。许多研究已经证实，稻米蒸煮过程中溶出的物质与米饭的质构特性及食味品质有一定的关系。

Ong 和 Blanshard（1995a）早在 1995 年就证实米饭蒸煮时溶出的直链淀粉及短链支链淀粉决定了米饭的硬度及黏性。Mestres 等（2011）认为稻米蒸煮过程中淀粉溶出量与米饭的黏聚性和黏性呈负相关。Patindol 等（2010）的研究结果也表明了在稻米蒸煮过程中溶出物的直链淀粉/支链淀粉与米饭的硬度及黏性密切相关。Han 和 Lim（2009）的研究表明，米饭蒸煮过程中溶出的直链淀粉与米饭的硬度呈正相关关系。当稻米在水中蒸煮时，米粒吸水、溶胀、糊化。当溶胀到一定程度时，米粒细胞壁破裂，导致米粒中的一些物质游离到米汤中，且游离到米汤中的物质 90%以上为直链淀粉及短链支链淀粉（Hanashiro et al.，2005）。这些游离出的淀粉颗粒相互交联，阻止淀粉吸水糊化和多糖游离析出，影响稻米的质构特性。

5.1.5 质构特性

米饭的质构是稻米的物理属性，是稻米质量的重要评价指标，被广泛用来表征米饭的组织状态、口感等。衡量稻米品质的优劣是根据稻米在蒸煮和食用过程中表现出的各种理化及感官特性，如吸水性、溶解性、糊化性、膨胀性及热饭和冷饭的柔软性、弹性、气味、色泽等。而这些理化及感官特性是由稻米的质构参数决定的，即黏度、硬度、弹性等。

米饭质构特性与稻米的直链淀粉含量密切相关。直链淀粉含量高的稻米在蒸煮时需要较多水，胀性较好，但黏性差，柔软性差，光泽度差且质地蓬松，冷饭质地较硬。而直链淀粉含量较低的稻米，蒸煮后饭较黏且湿润，光泽度好。稻米的支链淀粉的分子链较为松散，具有较高的黏度，支链淀粉的链长与稻米的黏度有密切的关系，链长越长，黏度越大。稻米的蛋白质含量越高，米粒的透明度和硬度就越大，而硬度是检验稻米品质的一个重要方面。米粒延伸度为稻米蒸煮时的长度延伸率，优质稻米在蒸煮后米粒长度明显延长，但周长不增加。

一方面，流变学特性可反映米饭的硬度、黏着性、弹性及形变等，与米饭的口感有很高的相关性；另一方面，质构分析方法可通过模拟人口腔的咀嚼运动，测定米饭的各项质构特性，评价米饭的品质，作为感官评价和食品分析的桥梁。质构仪也称为食品物性测定仪（TPA），是近年来用于测定食品质构特性的一种仪器，可以测定黏度、硬度、弹性、最大负载、回复能量等指标（战旭梅等，2007）。陈天鹏等（2006）发现可以采用 TPA 模拟感官评价对米饭品质进行评价。研究表明，利用 TPA 测定的硬度与感官评价中的硬度有着极显著的相关性。

5.1.6　香气

香气被认为是米饭中与滋味和口感同等重要的指标，对米饭的食味品质有重要的影响。人们在品尝米饭时，最先通过鼻子嗅到米饭的香气，香气能够刺激人们的食欲，带来愉悦的享受。米饭中的气味成分众多，目前已被鉴定出的挥发性香气成分有上百种（Verma and Srivastav, 2020），主要是一些醛、酮、有机酸、醇、酯、碳氢化合物、酚、吡嗪、吡啶和其他化合物。米饭的常见风味描述词有：平淡无味、麸皮味、焦香味、黄油味、面包味、玉米味、花香味、汽油味、坚果味、塑料味、发酵酸味、爆米花味、生面团味、奶香味、硫黄味、蔬菜味、饼干味、土豆味等（Limpawattana and Shewfelt, 2010）。

米饭中最常见的挥发性有机化合物是 2-乙酰基-1-吡咯啉（2-AP）、己醛、辛醛、吲哚、反式-2-壬醛、4-乙烯基-2-甲氧基苯酚和反式-2, 4-壬二烯醛。1982 年，研究者发现了第一种挥发性芳香化合物 2-AP，其被认为是稻米香气的主要贡献者，其气味类似爆米花。醛类、酚类和基于氮（N）和硫（S）的挥发性有机化合物则是蒸煮过程中米饭香气的主要来源。

挥发性芳香成分在稻米生长过程及稻米贮藏与蒸煮过程中产生。由于游离脂肪酸的合成和脂质氧化，从而形成羰基化合物，稻米在高温下贮存后，在蒸煮过程中会检测到陈味。米饭香气的影响因素，一个是遗传因素，另一个是收获前后的条件，包括干燥、碾磨和贮存条件等。米饭在蒸煮过程中的气味主要来源于两个化学反应：脂肪氧化和美拉德反应（表 5-1）。

表 5-1　米饭气味主要形成途径

气味形成途径	底物	风味物质类别	代表性风味物质
脂肪氧化	脂肪	醛类	己醛、壬醛
美拉德反应	还原糖、氨基酸	杂环类、醛类	吡嗪、噻唑、糠醛、乙酰吡咯啉

资料来源：邵帅臻，2021

稻米中的主要成分为淀粉、蛋白质、脂肪等，脂肪含量仅占总质量的 2% 左右，却是米饭清香中最重要的气味来源——醛类物质的底物。稻米中的脂肪与脂肪酶在通常条件下不直接接触，而在蒸煮过程中，米粒的物理结构受到破坏，脂肪与脂肪氧化酶结合发生反应，生成亚油酸、油酸、亚麻酸等脂肪酸（白栋强和王若兰，2003）。美拉德反应是米饭气味形成的另外一条重要途径，其底物主要是米饭中的还原糖与游离氨基酸。不同风味的底物及生成路径有所不同。呋喃及其衍生物是美拉德反应产物中含量最高的一类风味物质，同时也是其他风味物质如噻唑的前体物质，其中糠醛、麦芽酚等物质具有浓郁的焦甜香和果香。

生米香气很弱，与熟米饭的香气截然不同。电饭煲蒸煮米饭的过程通常分为浸泡、升温、沸腾、焖饭 4 个主要阶段。米饭香气按照香气类型可以大致分为清香型与焦香型，清香型是指焖饭温度在 100℃ 以下的米饭香气类型；焦香型是指焖饭温度在 100℃ 以上的米饭香气类型。不同烹饪方式对稻米的香气影响很大，高压锅、电饭煲、柴火灶、烘箱烘烤等不同处理可导致不同种类和含量的风味成分的生成，浸泡、高压处理、焙烤等都是提高米饭风味的有效方法（Hu et al., 2020）。

浸泡过程被分为常温常压浸泡、高温浸泡、高静液压浸泡、真空浸泡等。高温浸泡可以显著提高米饭中水分的迁移速率，这可能是由于水稻内部和表面分布不均匀的大分子结构形成了渗透通道（Zhu et al., 2019），而米饭风味成分也可从渗透通道中挥发出来，从而加强风味的释放。经过高静液压处理后，米饭中的醇类、醛类、酮类等挥发性成分的含量均增加，提升了熟米饭的香气（Meng et al., 2020）。对于清香型米饭，未经过浸泡蒸煮的米饭在感官上比浸泡 60 min 的米饭香气更浓（陈光耀等，2010），这表明米饭的清香特征性风味成分在较长的浸泡时间下会部分损失。

焖饭是米饭经电饭煲蒸煮过程中的最后一个阶段，对米饭风味的形成具有重要的作用。焖饭温度在 100℃ 以下时，稻米中原本的风味物质会通过米粒的裂纹缓慢地向外释放，因此焖饭会使米饭中大部分风味物质含量逐渐下降（杨雅静，2018），即风味物质含量在沸腾阶段末期达到最高。焖饭温度为 100℃ 以上时，美拉德反应速度会加快，水分含量下降，颜色逐渐加深（Hwang et al., 2020）。焖饭过程与稻米的烘烤过程类似，会生成大量新的美拉德风味产物，如吡嗪、糠醛、噻唑等。这些风味物质往往原本并不存在于稻米中，然而这些风味物质的生成，赋予了米饭独特的焦香风味。

5.1.7　米饭光泽度

米饭光泽度是指米饭表面反射光的量。米饭光泽度与食味综合评价值之间呈极显著正相关，即米饭的光泽度好，食味也佳。所以，鉴定米饭的光泽度是间接评价稻米食味值的一种有效方法。

5.1.8　米饭滋味

在质地、香味和滋味三类感官属性中，人们很少关注滋味。煮熟的米饭滋味平淡，Limpawattana 和 Shewfelt（2010）的研究表明在 36 个白米样品中（包括精米、半煮米和糙米），未发现口感属性（甜、咸、苦）有任何差异。有研究发现，在 8 个生米样品、10 个煮熟稻米样品和 2 个罐头样品中，咸味和苦味最不明显（Rousset et al., 1999）。Park 和 Kim（2001）研究表明，随着碾磨程度的增加，甜味显著增加。Bett-Garber 等（2007）研究了 4 种精米样品在涩味、甜味和芳香味方面的细微差别；糯米样品的涩味明显高于普通品种，但甜味和芳香味较淡。

5.1.9　米饭保水膜

当水分不断蒸发，溶出固形物附着在饭粒表面，形成保水膜。这层保水膜可以掩盖饭粒表面的凹凸感，使饭粒更加柔软光滑。随后有不少学者对溶出固形物形成的米饭保水膜进行了研究，发现保水膜越厚，米饭黏弹性越好，食味品质越好（杨柳，2017），且黏度与米汤中的直链淀粉与支链淀粉的比值呈负相关关系（Patindol et al., 2010）。

米粒煮沸过程中，米汤中游离出的直链淀粉及支链淀粉形成凝胶并包裹在米饭表面形成米饭的保水膜（Tamura and Ogawa, 2012）。有研究者认为饭粒主体表面是凹凸的，口感为一种粗糙的触感。但当一层薄薄的糊状保水膜覆盖在饭粒主体表面时，就将饭粒主体的凹凸掩盖起来，饭粒变得既光滑又柔软，口感好。奥田玲子等（2009）认为随着米饭蒸煮时间增加，米汤中固体物含量逐渐降低，而米粒表面的黏附层增加；米粒黏附层主要由米汤中的固形物构成，黏附层厚度可通过扫描电子显微镜及光学显微镜进行观察。黏附层决定米饭质构特性，黏附层越厚越光滑，稻米食味品质越好。笹原健夫等（1980）将米饭粒固定于液态空气中，冷冻干燥，然后利用扫描电子显微镜观察其表面和横截面结构发现：饭粒表面分为光滑区域及粗糙区域，光滑区域与粗糙区域的比值越大，则米饭光泽度越高，适口性越好。Tamura 和 Ogawa（2012）通过对米饭颗粒的简单切割，再应用具有荧光和透射模式的立体显微镜对带有黏附层的米饭进行图像采集和数字处理，实现了对米粒表面黏附层厚度的可视化，精确地测定了黏附层的厚度。

5.2　蒸煮过程及蒸煮方法

5.2.1　蒸煮方法

稻米蒸煮是指将水分含量 12%～14% 的稻米，按照适当的水米比加热蒸煮制成水分含量约 60% 的米饭的过程，本质就是通过对米水进行加热，使稻米胚乳中的淀粉由外及内逐渐糊化。目前最流行的米饭蒸煮方法主要有两种：一种是在高于品种凝胶化温度的条件下用过量水蒸煮,即过量水法;另一种是用预定量的水吸收蒸煮,即吸收法。

食品工业通常使用过量水方法烹饪稻米,因为它可以作为一个连续的过程进行,并使水分在米粒中均匀分布。过量水法的水米比(W/R)介于 10∶1 和 20∶1 之间(Chakkaravarthi et al., 2008)。在蒸煮过程中定期对米粒进行取样,并将其压在两个平行的玻璃板之间。当谷物中心没有淀粉核心时,样品被视为完全煮熟(Billiris et al., 2012)。虽然稻米被完全煮熟,但并不一定代表此时稻米的质地是最理想的。用过量的水烹饪不会限制水分的扩散,稻米煮熟后,多余的水连同所有浸出成分一起被丢弃。

吸收法是指用预定量的水煮饭,直到水被完全吸收。菲律宾国际水稻研究所根据稻米的直链淀粉含量给出了最佳水米比的建议:每单位糯米添加 1.3 倍的水,低直链淀粉(12%~20%)稻米添加 1.7 倍的水,中等直链淀粉(21%~25%)稻米添加 1.9 倍的水,高直链淀粉(>25%)稻米添加 2.1 倍的水,以确保稻米煮熟(Perez and Juliano, 1979),即最佳米水比取决于直链淀粉含量。与过量水蒸煮法相比,吸收法不能确保对整批样品均匀处理,由于热量分布不均匀,单个米粒的含水量随位置而变化(Das et al., 2006)。水分首先通过稻谷外层扩散,直到完全吸收。随着煮沸的继续,吸收的水与未糊化的淀粉相互作用,直到水分均匀分布在整个稻米中(Kasai et al., 2005),前提是有足够的水来完成凝胶化。因此,低米水比可能会在谷物表面形成凝胶化淀粉涂层,而不会留下足够的水使谷物中心的淀粉凝胶化,从而形成硬核。在蒸煮前浸泡稻米可以防止这种现象出现。

电饭煲蒸煮作为目前最普遍的米饭蒸煮方式,主要通过改变浸泡吸水、加热升温、沸腾和焖饭等不同烹饪阶段的参数来影响米饭的食味品质。采用电饭煲不同蒸煮参数蒸煮的米饭,其食味品质存在较大差异,合理控制蒸煮参数,可以显著提升米饭品质。蒸煮初始,电饭煲内温度较低,水分缓慢渗透进入米粒内部。浸泡和吸水阶段的存在是为了使水分充分浸入米粒内部,为后续烹饪中米粒由内而外充分糊化提供条件。升温阶段,电饭煲开始加热,煲内温度逐渐上升,至米水混合物开始沸腾,然后转入沸腾阶段。当米饭处于持续沸腾状态时,水分能够更快速地由表及里地扩散,提高米饭的膨胀率(Briffaz et al., 2014;Leelayuthsoontorn and Thipayarat, 2006)。市面上大多数电饭煲采用底盘加热,即热量由电饭煲底部逐渐传到煲内的米水混合物,过程中存在热量损失,米饭温度的升高也存在延迟,合理控制升温阶段的升温速率和加热时间非常重要。在焖制阶段,米饭间的水分逐渐达到平衡,米粒间的对流逐渐停止,米粒吸收剩余水分后由内而外逐渐膨胀糊化,同时有助于米饭香气的形成(Zeng et al., 2009)。焖制时间适宜的米饭黏性较大、柔软性较好(Ahromrit et al., 2006)。电压力锅结合了压力锅和电饭锅的优点，采用弹性压力控制、动态密封、外旋盖、位移可调控电开关等新技术、新结构，全密封烹调、压力连续可调，解决了压力锅的安全问题，解除了普通压力锅的安全隐患。电压力锅热效率大于 80%，省时省电（比普通电饭锅节电 30% 以上），能快速、安全、自动实现多种烹调方式（庞乾林等，2015）。

稻米在蒸煮过程中发生了多种变化，总结如下：①水合作用，谷物吸收超过其自身重量 2 倍的水。②淀粉颗粒发生糊化。③硬度变化，稻米在蒸煮时变软，变得可食用且易消化。④米粒发生膨胀，长度、宽度和厚度均会增大，米粒体积增加。⑤蒸煮过程中米粒从透明或半透明变为不透明。⑥米粒破裂，固形物渗出。⑦米粒沿着腹侧或背侧边缘纵向破裂。⑧有些米粒会卷曲成"C"形。⑨部分米粒的边缘可能有磨损。

米饭蒸煮过程包括升温、沸腾和焖饭 3 个阶段：升温阶段是采用较强的热量对稻米和水进行加热，米粒吸热，水温快速升至沸点，为米饭蒸煮糊化提供基础；沸腾阶段是在水温达到沸点后，采用适当加热强度来保沸，水分不断被稻米吸收；焖饭阶段是利用余热对米饭保温一段时间，使米粒上的多余水分得到蒸发，从而使米饭完全糊化（唐伟强和周宇英，2006）。稻米的浸泡时间、蒸制时间、加水量及焖饭时间都会对米饭的食味品质产生重要的影响。因此，对于米饭的食味品质而言，蒸煮过程也是一个重要的影响因素。

5.2.2　蒸煮过程中稻米对水的吸收

水合作用是稻米蒸煮过程中最重要的反应。因此，研究人员很早就对稻米的蒸煮过程提出了许多问题。其中一些问题如下：①一份稻米样品在蒸煮后能吸收多少水分？②不同品种的稻米吸收的水分是否相同，吸水量是否因不同稻米品种、谷物类型、品质类型而不同？③不同品种的稻米是否在相同的时间段内被煮熟？④不同品种的稻米吸收水分的速度是否一样？

印度科学家首次研究了稻米在蒸煮过程中的水合作用，测定了定量的稻米在特定标准条件下被水加热时，在给定的时间间隔（如 20min 或 30min）内的吸水量。这些参数被称为"吸水率"（给定时间内每克稻米或 100g 稻米蒸煮后吸收水分后质量变化）、"膨胀率"（每克稻米或 100g 蒸煮后稻米容积变化）或"体积膨胀率"（体积膨胀，通过水或煤油的置换测量）。

5.2.2.1　水分吸收过程

人们所定义的"吸水量"或"膨胀率"在不同品种间存在较大差异，且随着稻米贮藏时间的延长而发生变化，其他外部因素也会对其产生影响。水分吸收情况在某种程度上反映了稻米的内在特性，并作为稻米品质的评价指标之一。"在给定时间内，每克稻米的吸水量"参数仅反映了样品的水合速率，表示了样品水合能力大小。因此，较高的吸水量通常意味着稻米本身吸收了更多的水分，而与时间无关。研究发现高直链淀粉含量在蒸煮过程中需要吸收更多的水，反之亦然，即随着直链淀粉含量的增加，水米比应增加。

糊化时间是米饭的蒸煮时间，即记录压在两个玻璃片间的不透明核心消失的时间。有的研究者认为该值只是蒸煮时间，但有的研究者却认为它反映了样品的某些基本特性。

有研究者用自动电饭锅煮米饭，其中，米和水以预定比例（200g∶280ml）放入内锅中，发现稻米在蒸煮过程中的吸水率与蛋白质含量及糊化温度（GT）成反比。因此，他们认为高蛋白质或高 GT 的稻米需要更长的蒸煮时间和更多的水，才能达到令人满意的蒸煮效果。实际上，不同品种的蒸煮时间和水分吸收值的变异系数极小。直链淀粉虽然不是影响蒸煮时间的主要因素，但如果独立于蛋白质计算，则确实会对蒸煮时间产生正相关影响。

稻米在蒸煮过程中的吸水率和体积膨胀率与直链淀粉含量呈正相关，为了获得最佳的质地，蒸煮高直链淀粉含量的稻米需要更多的水。即使没有定义"最佳质地"，但这并不意味着在给定的时间内，在其他条件相同的情况下，高直链淀粉含量稻米比低直链淀粉含量稻米吸收更多的水分。将稻米（未指定大小和形状）放入含有过量水的试管中，与低 GT 稻米的蒸煮时间相比，高 GT 稻米的蒸煮时间至少需要延长 1min。但 GT 被认为与吸水率或体积膨胀率无关。

5.2.2.2　水合作用的研究

稻米水合现象本身的研究较少，煮饭时间的差异虽然是解释水合作用现象的关键因素，却不是单一的因素。研究人员发现，当 2.0g 稻米吸收了 4.5g 水（水分的吸收值为 2.25）时，稻米蒸煮达到最佳状态（在手指之间按压时没有坚硬的中心）。在预定的时间内，用过量的沸水将稻米煮熟后，长粒稻米会比短粒和中粒稻米吸收更多的水分。但是同一种谷粒类型，其吸水量实际上是恒定的，无论它们的特性有何差异（在直链淀粉含量和 GT 上的差异）。然而有研究发现，70～80℃时的吸水量刚好相反，即短粒和中粒稻米吸水量比长粒稻米多。此外，针对同一种谷粒类型，具有不同直链淀粉含量和 GT 的样品，在 70～80℃的吸水量存在差异。这表明在高温下，水分吸收可能与胚乳大小和形状存在函数关系，掩盖了稻米的品种差异。

20 世纪 60 年代，研究者对稻米在蒸煮过程中的吸水现象进行了深入研究。首先确定了 20 个水稻品种的吸水量，即样品在沸水浴中蒸煮 20min 后的吸水量（W_{20}）（水浴温度 98℃，蒸煮温度 96℃），该值是蒸煮过程中未校正固体损失的表观吸水量[（熟米重量/生米重量）–1.0]。修正后的值（W'_{20}）大约会增加 5%。据观察，20 个品种中 W'_{20} 值差别很大。水稻品种的颗粒大小存在明显的差异，实验表明 W'_{20} 值与颗粒大小成反比。测量结果显示，W'_{20} 值与不同品种的晶粒厚度呈负相关。在家庭烹饪中，米饭一般不会在过量的水中蒸煮，而是在硬核消失时完成蒸煮，所以在预定的时间内煮米饭是不合理的。在蒸煮每一个品种后，应该比较其最佳蒸煮时间，即当谷物被挤压在两个玻片之间时，不透明的中央硬心消失的时间。数据表明最佳蒸煮时间与颗粒厚度成正比。因此，W'_{20} 与最佳蒸煮时间呈负相关。

这些数据进一步表明，如果不同品种在各自的最佳时间被煮熟，稻米的吸水量可能是一个常数。通过测定发现，所有样品在最佳吸水时间的吸水量（W'_{ot}）值都在一个狭窄的范围内，平均值为 2.35g/g。在这一阶段，所有的米饭含水量达到 73%～74%（湿基）。说明所有水稻品种，不管其他属性如何，在达到谷粒中心的沸腾温度或接近沸腾温度的水中蒸煮时，吸水量大约是其重量的 2.35 倍。显然，定义的"吸水率"参数只是样品水合速率的表达式，而不能表示其水合能力和亲水性。此外，有报道称，在过量的沸水中蒸煮稻米，直到达到各自的最佳蒸煮时间，所有蒸煮样品的水分含量一般稳定在 74%左右（湿基），无论蒸煮时间、直链淀粉含量、蛋白质和总糖含量是否具有差异。这说明了从完全煮熟时的亲水力来看，稻米的实际吸水率是一个常数。

有研究者通过测量米粒的表面积与吸水量的关系，推测出稻米单位重量的表面积是吸水量的决定因素。这可以解释为什么吸水量与颗粒尺寸，特别是颗粒厚度成反比。使用如下公式可以近似计算样品单位重量的表面积：

$$S=\frac{3}{4}\pi L\sqrt{\frac{1}{2}\left(B^2+T^2\right)}\times\frac{10}{w} \tag{5.1}$$

式中，L、B、T 分别表示颗粒平均长度、宽度和厚度，单位为 mm；w 表示平均重量，单位为 mg。

美国长粒水稻是长（长度>6.6mm）和细长（长度/宽度>3）的，而短粒和中粒水稻更短、更圆也更重，这种尺寸和形状的差异意味着前者比后者的单位重量表面积更大。长粒水稻（高 GT）的吸水量始终高于中粒和短粒水稻（低 GT）的吸水量。显然，尺寸和形状（表面积）是吸水率决定因素，GT 却不是决定因素。

在对日本早季稻和晚季稻的研究中发现，晚季稻（GT 较低）在一定时间内用过量的水煮熟后，与相同处理的早季栽培品种（GT 较高）相比，吸水量较少。这些结果与推测的 GT 与吸水量呈负相关的结论矛盾。当发现晚季的样品比早季的更大、更重，因此单位重量表面积更小时，可以解释上述现象。与此同时，同一样品的碎米吸水速率比全粒快得多，这也排除了 GT 的影响，这表明其与谷物表面积有关。如果决定因素是 GT 而不是表面积，那么碎粒就没有理由比全粒有更高的吸水率。因此，可以得出结论，在一定时间内，稻米的吸水率主要与谷物单位重量的表面积有关，可能与蛋白质和 GT 略呈负相关。

因此，有三种规律是普遍适用的：①稻米单位重量的表面积，即颗粒的大小和形状，对水合速率有影响。②稻米的尺寸和形状是影响其在沸点（或接近沸点）蒸煮时水合速率的主要因素。③在沸水下完全煮熟的所有稻米，吸收约其自身重量 2.35 倍的水，并达到约 74% 的水分含量（湿基）。

Sinelli 等（2006）利用傅里叶变换近红外（FT-NIR）光谱和电子鼻来评估稻米的最佳蒸煮时间，利用近红外、中红外和拉曼光谱研究了水稻蒸煮过程中成分（水与淀粉和蛋白质的相互作用）的迁移和变化。有研究发现，扩散是低温下控制水分吸收的主要过程，而糊化在高温下占主导地位。高温下的物理化学性质与反应参数之间几乎没有相关性。Takeuchi 等（1997）利用核磁共振（NMR）成像技术研究了蒸煮过程中稻米水分分布的变化，认为细胞壁对水分的扩散几乎没有阻碍作用。

5.2.2.3 水合动力学与能量转化关系

许多研究人员发现在 80~100℃的水中煮饭，吸收一定量的水（1.5g/g、2.5g/g、3.5g/g、4.5g/g）所需的时间随温度呈指数变化。研究发现，在 80~100℃，活化能约为 13kcal/mol，在不同的蒸煮时间内，活化能保持不变，80℃是蒸煮稻米的最低温度。

研究者对 75~150℃稻米蒸煮动力学进行了详细研究。Suzuki 等（1976）使用平行板塑性计测量煮熟的米饭的软化程度，估计烹饪的程度和终点。将稻米在水中预浸泡 30min 后进行蒸煮，蒸煮速率遵循一级动力学方程，比例常数为蒸煮速率常数。从蒸煮速率常数与绝对温度倒数的 Arrhenius 图上，观察到两条相交于102℃左右的直线。蒸煮的活化能在低于此温度时是 19kcal/mol，高于此温度时是9kcal/mol。水合速率在 50℃时是指水扩散的速率，在 80~100℃是指水与淀粉的反应速率，在 100℃以上时是指淀粉糊化后水的扩散速率。在研究整粒和碎米的水合热时发现，该值与总表面积大致成正比。

由于上述研究对象是粳稻，有研究者研究了 80~120℃热带水稻的水合现象，使用 4 种不同品种的稻米，且都处于最佳加水量。样品在 80~120℃条件下蒸煮不同的时间，使用 Instron 测量米饭软化程度和蒸煮终点。他们得出了类似的结论，并且注意到 Arrhenius 图在 90℃时出现断裂，90℃以下的斜率更高（活化能更高）。在 90℃以下时，4 个品种的活化能在 76~121kJ/mol 变化，在 90℃以上时，4 个品种活化能在 32~57kJ/mol 变化。

稻米在 70~80℃条件下的水合作用已经有了一些研究。在沸腾温度时，长粒稻米比中粒和短粒稻米水合更快，而在 70~80℃时，水合模式则相反。在这一温度下，由于中粒和短粒稻米的 GT 值低于长粒稻米，所以中粒和短粒稻米水合速率较快。因此，与长粒稻米相比，中粒和短粒稻米在 70～80℃ 时开始了快速糊化，所以水合速率快。70～80℃ 时的水合速率可以区分水稻类型中的非典型品种，但煮沸温度不能区分。这是因为蒸煮温度远高于 GT，所以水合速率主要取决于表面积等物理性质，而不是化学性质。

直到今天，稻米在 77℃ 蒸煮时的水分吸收和固形物损失也被包括在常规测试中，通过测试能立即选出低 GT 稻米。还有研究发现水稻的水合作用程度与该品种的 GT 呈负相关，且该值可用于反映 GT。但研究认为谷物表面积也会对吸水量产生很大的影响，因此正确估算 GT 最好是通过 80℃ 时的 GT 值与 100℃ 时的 GT 值的百分比来计算，这样表面积的影响将被抵消。

不同品种水稻在室温中的水合速率存在差异，日本水稻含水量比泰国长粒水稻或缅甸稻多，新米含水量比陈米多。糙米浸泡后的含水量与直链淀粉含量成反比，但与 GT 无关。稻米在室温浸泡时达到的平衡水分含量（EMC-S）是直链淀粉含量和 GT 的反函数，是垩白度的正函数。平均 EMC-S 值在不同品种之间有所不同，非垩白粒、中等 GT、高直链淀粉含量稻米（南亚典型籼米）的水分含量低，约为 27.5%（湿基），典型粳米的水分含量约为 32%（低直链淀粉含量，低 GT，低垩白度），低 GT 糯稻中的水分含量高达 36%。

5.2.3　蒸煮温度对米饭品质的影响

世界上不同地区在蒸煮米饭时采用不同的温度，如西方国家通常为 100℃，但在日本和韩国则通常在 105～120℃ 加压蒸煮（Son et al., 2013）。有研究证明，高压蒸煮稻米会产生更柔软、更黏性的米粒质地，以及更白的颜色。随着碾磨程度的增加，稻米甜味会显著增加。就糙米而言，中温浸泡（57℃，25min），高压蒸煮（1.7～1.9bar，1bar=10^5 Pa）条件下，煮熟的糙米硬度较低，光泽度、黏性、香气和味觉得分较高。另外，还有一些非传统的蒸煮方法，包括家用微波蒸煮（Khatoon and Prakash, 2008）、超声波酶处理（Zhang et al., 2015）和工业加工中的高压处理（100～1000MPa，25℃，2～20min）（Yu et al., 2017）。在亚洲，煮饭后，使用电饭煲的"保温"选项，可在食用前将稻米贮存在中温下（Das et al., 2006）。

5.2.4　蒸煮过程中固形物损失

煮饭时要考虑的另外一个重要因素是流失到米汤中的固形物量。这类固形物有两种：溶解的和未溶解的（悬浮颗粒）。理论上，稻米在蒸煮过程中固形物损失量可能与以下几个因素有关：①吸水量；②样品颗粒的单位重量表面积；③水稻的化学成分，如直链淀粉含量、蛋白质含量；④糊化温度。

研究表明，刚收获后，固形物损失得很快，并随着贮藏时间的延长逐渐减慢。另外，蒸煮时间也是影响固形物含量的重要因素。随着蒸煮时间的增加，固形物损失量也会增加，在一段时间后速度减慢。但在固定的蒸煮时间里所测量的固形物损失与品种无关，固形物损失量可能与直链淀粉的含量成反比，固形物损失量也不一定会受到 GT 或单位重量的表面积影响。据报道，在 85℃ 的浸泡条件下，稻米中损失的淀粉量在 1.9%～3.7%。较短的碾磨时间和较低的蒸煮水米比与固形物损失减少有关，但这些结果取决于品种。一般来说，当稻米在最佳蒸煮时间内煮熟时，直链淀粉含量与固形物损失呈负相关。

5.3 食味品质的测定方法

关于米饭品质评价的研究主要集中在感官与仪器评价，这些研究可以用来回答各种各样的问题。例如，某一特定消费者群体更喜欢哪一种稻米，与稻米感官特征相关的首选特征，哪些仪器能够测量或预测这些首选特征，以及哪些淀粉特性可以解释煮熟的稻米质地的变化？

感官评价虽然最直观，但人为因素较大，个人喜好的差异会使评价结果产生一定的偏差。仪器评价是指通过仪器进行科学测定，根据结果进行产品的品质分析的方法，如质构特性、糊化特性、回生特性、体外淀粉消化特性等作为米饭的评价指标。因此将主观评分与客观仪器数据相结合，且更大程度采用客观的仪器物性指标替代传统的米饭感官评价方法是今后发展的必然趋势。

5.3.1 感官评价法

5.3.1.1 感官评价指标

感官品质是米饭的重要品质之一，感官评价是评价米饭食味品质的主要方法。感官评价是指通过视觉、触觉、嗅觉等多方面对米饭外观、香味、口感、滋味和冷饭质地等作出综合评价以反映米饭食味品质优劣的方法，其中最主要的感官品质指标是口感、香味和滋味。国内对米饭感官评价的研究主要依据国家标准《粮油检验 稻谷、大米蒸煮食品品质感官评价方法》（GB/T 15682—2008）测定，评定的指标包括气味（20 分）、外观结构（20 分）、适口性（30 分）、滋味（25 分）和冷饭质地（5 分）5 个指标，其中，外观结构包括颜色、光泽和完整性，适口性包括黏性、弹性和软硬度；国外的评价方法中多采用描述性感官评价，对米饭的各个属性进行定义和语言描述。日本学者多采用十分法对米饭进行感官评价，即以基准样品为参照，对待测样品从 –3 到 +3 这 7 个阶段进行打分评价；描述性感官评价方法是针对米饭的不同属性进行语言描述，在国内外均有应用（Li et al., 2016）。

5.3.1.2　评价方法

在品尝之前，应先通过培训挑选感官灵敏度较高的人员组成 10 人左右的感官评价小组。为保证结果较客观，品评人员应包括不同性别及不同年龄档次。品尝时，先根据米饭的气味、外观结构、适口性、滋味和冷饭质地 5 个指标的评分，挑选出色、香、味正常，综合评分在 75 分左右的样品，作为每次品评的参照样品。感官评价法的具体程序：稻米中加入一定量的水，按一定的方法蒸煮成米饭，分发给品尝人员。对米饭的气味进行感官评价时，将样品装于感官杯中，趁热将其置于评价员的鼻腔下方，吸气嗅闻米饭的气味，并判断其是否有异味、米饭的清香是否浓郁等。对米饭适口性的感官评价，是由评价员直接品尝，通过牙齿和口腔来感知米饭的质地（杨雅静，2018）。最后评价员根据自己的喜好对米饭的优劣作出综合评定。其他样品应比对参照样品进行评分，然后根据每个评分结果计算平均值。适口性较好的米饭应该具有软硬度适中、弹性高、爽滑、有黏性但不粘牙等特性。

5.2.1.3　影响感官评价的因素

感官评价方法虽能直接反映出消费者对某种米饭的接受程度，但仍存在诸多缺点，如米饭在被品评的过程中会逐渐冷却从而影响其风味和口感，评价易受样品的制备与呈送，以及评价员年龄、性别、饮食习惯、个人偏好等的影响。毕莹等（2007）研究了评价员的不同条件对最终结果的影响，结果表明，评价员的年龄、性别和出生地等均会对结果造成显著性影响。严松等（2017）和楠谷彰人等（2016）对中国和日本的感官评价方法进行了对比，结果表明中日评价员对米饭性质的关注侧重点有所不同，因此综合评价结果并不能完全反映各国消费者的食味偏好性。此外，感官评价同样对评价样品时所处的环境有较高的要求，在保证环境干净、整洁、舒适的前提下，尽量模拟真实的食用环境，从而反映评价员对样品的真实感受，因此存在操作烦琐和耗时长的缺点。而且感官评价过程耗时耗力，难以对大量样品作出快速有效准确的评鉴。

将《粮油检验 稻谷、大米蒸煮食用品质感官评价方法》（GB/T 15682—2008）与日本农林水产省食品综合研究所制订的稻米食味品质评价方法（四点试验法）加以比较，就可发现许多不足之处：在我国的国标中，参评人员的数量少，主观误差较大；忽略了浸泡这一重要程序；蒸煮过程与日常实际蒸煮模式不符，造成品评人员难以适应；评价过程中未提供指定得分为满分的标准稻米品种名称，缺乏可操作性。因此为减少主观性误差，米饭感官品评人员需达到一定数量，并按日常模式蒸煮，在提供参照品的前提下，从各方面反映米饭的食味品质。各国研究人员一直在寻求建立仪器分析与感官评价的相关因子，以期用更精确的方式来评价米饭的食味品质。

5.3.2 仪器测定法

稻米评价指标中最主要的是蒸煮品质。在蒸煮过程中，通常测定稻米的膨胀率、吸水率、米汤吸光度、米汤干物质、米汤碘蓝值等指标，能够较为客观地评价稻米的食味品质。为了避免感官评价的主观性，目前研究了利用液相色谱-质谱（GC-MS）、液相色谱-质谱法（LC-MS）、质构仪、色度仪等仪器来评价食品的香气、滋味、质地、色度等感官品质指标。

5.3.2.1 快速黏度分析仪（RVA）

RVA 已在世界范围内广泛应用，适用于测定稻米、玉米等各种粮食及含淀粉试样的糊化特性，其主要原理是依据淀粉在加热、冷却过程中黏度的变化来表征样品的糊化特性。RVA 需要在通过桨叶施加的恒定剪切下加热和冷却淀粉水悬浮液，同时测量黏度的变化并向系统传回桨叶上的扭矩。淀粉的糊化特性通过淀粉悬浮液的黏度随温度和时间的变化来表示。研究表明，RVA 分析得出的淀粉糊化参数，与食品（如淀粉和小麦面条）的质地特性和感官质量之间存在很强的相关性。RVA 是评价和预测淀粉成分在食品系统中性能的有用工具，具有测定效率高、结果准确、客观性强和易于掌握等优点。

利用 RVA 测定稻米糊化特性是评判稻米蒸煮、食用、加工品质优劣的重要方法之一（Liu et al., 2019）。RVA 谱特征值中的峰值黏度、崩解值、消减值和糊化温度与米饭食味品质相关性较强。RVA 谱中的崩解值直接反映米饭硬度，消减值与米饭冷却后质地相关，与黏性呈负相关，回复值与米饭黏性呈显著负相关。通常峰值黏度越高，米饭的质地越柔软；消减值越小，米饭在冷却后越不易回生（贾良等，2008）。

5.3.2.2 米饭食味计

食味计主要用于稻米食味品质评价，最早由日本研制。日本佐竹公司的米饭食味计是利用近红外微光投射方式测定稻米中各种有效成分（蛋白质、淀粉、脂肪等），然后由仪器内置的多变量回归方程推导出稻米的综合食味值（张巧凤等，2007）。

赖穗春等（2011）利用 SAT1A 米饭食味计和感官评价相结合对 133 份籼稻米样品进行了食味评价，建立了可见光和近红外光谱值与籼稻米饭食味综合分的回归方程，证明米饭食味计可以方便、快速、准确地测定籼稻食味品质。有研究者利用近红外食味分析仪测定不同含水量的稻米食味值,研究稻米含水量与食味值的关系。结果表明,随着含水量下降,食味值总体上呈下降趋势,但下降趋势不明显。

利用食味计测定米饭方法具有样品用量少,样品无须处理和无损耗、多成分同步分析、无试验污染、操作简单、检测效率高等特点,而且采用数学模型量化处理的结果重现性好,与常规感官评价结果的一致性和相关性好。因此,利用食味计评价稻米的食味值,方法简便可靠。但是,食味计受碎米率、温度、湿度等条件制约,也影响到结果的精确度(袁隆平,2019)。

5.3.2.3　电子鼻和电子舌

为了对米饭的风味特性进行准确的评价,研究人员开发了电子鼻(electric nose)、GC-MS、气相色谱-嗅闻(GC-O)等新型评价技术,分别对米饭风味的整体轮廓和米饭中风味物质的种类及含量进行了细致的研究。

电子鼻是在 20 世纪 90 年代发展起来的一种气味扫描仪,能够模拟人和哺乳动物的嗅觉系统,其传感器阵列中的每个传感器对气体具有不同的灵敏度,因此可以根据香味物质分子接触引起的电位微小变化,来判断香味有无及强弱。电子鼻技术不需要对样品进行预处理,可以灵敏地检测到样品之间的差异程度,具有较高的分析速度和稳定的重复性(Han et al., 2016),目前已广泛应用于识别米饭整体风味轮廓,探索不同米饭的气味差异。此外,电子鼻同样可以用于稻米样品的掺假检测(Timsorn et al., 2017)和品种区分(孔政和赵德刚,2014;徐赛等,2014)。但电子鼻对样品的分析只能呈现整体风味的差别,无法对包含的风味物质进行定性分析。为进一步提高电子鼻的分析速度,并对样品中含有的风味物质进行定性分析,出现了 Heracles II 型快速气相色谱电子鼻,但用此方法分析米饭风味的研究还少有报道。

电子舌是以人类味觉感受机理为基础,用仿生材料做成的一种新型现代化分析检测仪器。通过传感器阵列代替生物味觉味蕾细胞感测检测对象,经系统的模式识别得到结果。电子舌中的味觉传感器阵列能够感受被测溶液中的不同成分。信号采集器就像是神经感觉系统,采集被激发的信号传输到计算机。计算机对数据进行处理分析,得出不同物质的感官信息。

胡桂仙等(2011)采用商用 PEN2 型电子鼻对 5 个不同水稻品种进行了区分与识别研究,验证了电子鼻可以检测到稻米中的挥发性物质,是对气味整体信息的综合反映,从而为基于电子鼻技术的稻米气味检测探索了一条新的途径。梁爱华等(2010)采用电子鼻对 3 种不同方便米饭(鸡米芽菜方便米饭、榨菜肉末方便米饭、素什锦方便米饭)的新鲜产品和真空冷冻贮藏产品进行了比较分析,结果证明电子鼻不但能将不同的方便米饭区分开,而且还可以很好地区分新鲜品与冷冻品。Zheng 等（2009）研究利用电子鼻对不同稻米样品的区分检测，对电子鼻的参数优化及气敏传感器的选择进行了初步研究，指出 Cyranose-320 电子鼻可以将不同品种的稻米样品区分开。

米饭的香气中含有大量的挥发性物质。米饭中的挥发性化合物一般通过固相微萃取（SPME）收集，并通过 GC-MS 技术进行检测和分析。SPME 和 GC-MS 联用是集采样、吸附富集、进样和解析测定于一体的简便且灵敏度高的风味成分分析技术（Bryant and McClung, 2011）。Zeng 等（2009）采用 SPME-GC-MS 方法测定了三种糯米在烹饪过程中的香味挥发物，并从其中发现了 33 种不同的风味物质。刘敏等（2017）在分析不同品种稻米挥发性物质时同样采用了 SPME-GC-MS 技术，并结合主成分分析，说明稻米风味物质对稻米香气品质存在较大影响。气质-嗅闻技术（GC-O）常与质谱相结合，即 GC-O-MS，能够在测定挥发性化合物种类和含量的基础上，得到各物质的香气特征（田怀香等，2016）。

5.3.2.4　近红外光谱仪

近红外光谱技术利用光电传感器测定米粒的白度与光泽。红外光谱技术越来越多地被用于研究淀粉的结晶、螺旋结构和分子构象（Smits et al., 2010）。从 $1300\sim800cm^{-1}$ 区域的谱带变窄过程和强度变化，可以得出米饭构象的变化情况。在最初的糊化状态下，聚合物呈现出一种伸展的构象。随着老化的进行，整个体系越来越有序，构象的种类也越来越少，与初始状态相比，键能的分布范围减小，可观测到谱带变窄。位于 $1047cm^{-1}$ 和 $1022cm^{-1}$ 左右的峰，分别代表结晶区和无定形区，在老化时可以看到两峰强度比值的增大，表明结晶结构的增多或者无定形区结构的减少。

Lu 等（2007）建立了基于可见光-近红外光谱的食味品质的模型，其中自变量包括米饭气味、外观、硬度、黏度、透明度和品尝评分等。Srisawas 等（2007）用近红外光谱技术成功预测了米饭的硬度和黏度，证实近红外光谱技术可用来预测米饭质构，是一种快速有效的技术。Champagne 等（2001）用近红外光谱技术获得参数，采用偏最小二乘法分析了获得的参数与米饭感官质构之间的关系，结果表明米饭的硬度、黏性、黏附性等指标与这些参数有着很好的相关性（R^2=0.71～0.96）。

5.3.2.5　质构仪

质构仪（texture analyzers）也称为食品质构特性测定仪，是近年来用于测定食品质构特性的一种仪器。通过对被测物体进行"压—静止—拉"的循环来模拟口腔咀嚼时的机械运动，测定出样品的反作用力参数，量化表示米饭质地的各项物理性质，如硬度、弹性、黏性、黏聚性、内聚性、适口性等，通过比较这些特征值之间的关系，对米饭食味品质的优劣进行比较，具有客观性强、操作性强等特点。一般认为，硬度小、黏度大、硬度/黏度值小的米饭适口性佳（周显青等，2013）。

全质构分析（TPA）是质构仪应用最广泛的一种测试模式，也称为两次咀嚼测试。该模式是模拟人体口腔的咀嚼运动，对样品进行两次压缩（杨勇，2014），通过计算机记录咀嚼时米饭受应力的变化情况，输出质构特性曲线。近年来，人们对米饭口感的评价主要通过质构仪进行，可以快速简捷地测定出硬度、咀嚼性、黏性、黏着性、黏聚性、弹性、弹力等指标，间接地反映出米饭的品质。邓灵珠（2012）系统研究了米饭质构仪测试过程中米饭取样粒数、摆放方式、压缩探头、压缩比、压缩速率等条件对测试结果的影响，发现采用 3 粒米饭、辐射状摆放、圆柱形压缩探头、在 70%的压缩比和 0.5mm/s 的压缩速率下，米饭物性测定结果重现性较好。

第6章 稻米的营养品质

6.1 营 养 指 标

稻米是地球上最主要的粮食作物之一，是世界上约一半人口的主要食粮，在亚洲人的食物组成中约占 49%。同时，稻米有很高的营养价值，可提供人体全部摄取能量的 35%、摄入蛋白质的 28%。因此，稻米的营养品质直接关系到人体营养的有效供给水平。中国是世界上 100 多个水稻生产国中的"稻米王国"。中国的稻谷年产量占世界稻谷年总产量的 34%左右，居世界首位。因此，研究稻米的营养品质具有重要的现实意义（李天真，2006）。稻米的主要成分是淀粉和蛋白质，其品质受二者的影响最大。稻米中淀粉占85%～90%，蛋白质占 7%～12%，脂类化合物占 0.3%～0.6%（孙强等，2009）。除此之外，矿物质和维生素也是稻米中的重要营养素。

6.1.1 稻米蛋白质和必需氨基酸

6.1.1.1 稻米蛋白质

蛋白质是稻米的第二大组分，稻米蛋白质不仅对稻米的外观品质、加工品质和食味品质等都有着较大的影响，而且是决定稻米营养品质的重要指标。蛋白质主要贮存在细胞的蛋白酶体中，其中，80%在胚乳中，20%在胚胎和糊粉层中，精米通常含有 5%～17%的蛋白质（以干重计），是以稻米为主食的人群的重要蛋白质来源（Zhao et al., 2020）。

稻米蛋白质根据功能特性可分为结构蛋白和贮藏蛋白。稻米中的蛋白质多以贮藏蛋白的形式存在，结构蛋白的含量较少。根据溶解性的不同，稻米蛋白可分为碱溶性的谷蛋白、醇溶性的醇溶蛋白、水溶性的清蛋白和盐溶性的球蛋白，在碾米过程中大量的清蛋白和球蛋白被除去，因此精米中谷蛋白和醇溶蛋白的含量较多。

虽然稻米中的蛋白质含量在谷类作物中较少，但稻米蛋白质的赖氨酸含量比其他谷物高，氨基酸组成配比也较合理，生物体中的利用率比其他谷物优越。蛋白质含量因水稻品种而异，籼稻为 4.9%～19.3%，粳稻为 5.9%～16.5%（Zhou et al., 2016）。韦朝领等（2001）研究发现早籼稻的食味品质与蛋白质含量显著相关，粳稻的蛋白质含量与外观品质、加工品质和食味品质达到极显著相关，而籼稻的蛋白质含量与其他 3 种品质性状的典型相关程度皆未达到显著水平。

　　稻米的蛋白质含量越高,往往使稻米食味变差。填充在淀粉颗粒间的蛋白质对淀粉粒的糊化和膨胀起抑制作用,且稻米淀粉的糊化温度随着蛋白质含量的增高而升高。蛋白质含量直接影响米粒的吸水性,蛋白质含量越高,米粒结构越紧密,淀粉粒之间的空隙变小,吸水速度慢,吸水量少,导致稻米蒸煮时间长,淀粉不能充分糊化,米饭黏度低、较松散。因此,蛋白质含量高的稻米,其米饭黏性小、硬度大,具有较高的咀嚼性。除此之外,蛋白质对膨化食品的加工和品质也有很大影响。在加工米制挤压膨化食品时,如果稻米蛋白质含量高且蛋白质分子量较大,挤压时米制成型物无法充分糊化至芯部,不利于得到均匀多孔的膨化食品,有"夹生"的口感。因此制作米制食品时,应选择蛋白质与淀粉具有较为合适比例和品质的稻米品种(刘奕和程方民,2006)。

6.1.1.2　稻米必需氨基酸

　　蛋白质是由许多氨基酸以肽键连接在一起,并形成一定空间结构的大分子。构成人体蛋白质的氨基酸有20种,其中9种是必需氨基酸,分别是:异亮氨酸(Ile)、亮氨酸(Leu)、赖氨酸(Lys)、甲硫氨酸(Met)、苯丙氨酸(Phe)、苏氨酸(Thr)、色氨酸(Trp)、缬氨酸(Val)、组氨酸(His)。除蛋白质含量外,氨基酸的种类和必需氨基酸的比例决定了稻米的营养品质。蛋白质的营养价值,取决于各种氨基酸含量及其相互平衡,尤其是9种人体不能合成的必需氨基酸含量。稻米蛋白质中的氨基酸组成及它们所占的比例如表6-1所示。

表 6-1　稻米蛋白质中的氨基酸组成及所占比例　　　　　(%)

氨基酸	清蛋白	球蛋白	醇溶蛋白	谷蛋白	总蛋白质
Asp	9.6	8.2	8.3	9.7	9.1
Thr	5.1	2.7	1.3	3	3.5
Ser	4.7	7.1	5.1	5.4	4.8
Glu	12	16.4	19.9	16.9	16.9
Pro	5.9	4.2	5.5	6	5.4
Gly	13	9.8	6.5	8.9	8.9
Ala	11.1	8.1	9.5	7.9	8.6
Cys	2.2	0.9	痕量	1.7	0.9
Val	6.8	7.1	7	6.8	6.7
Met	1.5	2.6	0.8	1.7	1.3
Leu	3.3	4	4.4	4.1	4.6
Ile	5.9	6.5	12.3	7	8.4
Tyr	2.8	2.4	6.4	3.7	3.7
Phe	2.6	3.7	4.4	4.1	4.6
Lys	5.1	3.2	1	2.3	3.4

续表

氨基酸	清蛋白	球蛋白	醇溶蛋白	谷蛋白	总蛋白质
His	2.2	2.2	1.7	2.1	2.2
Arg	5.3	10	4.6	7.8	6.6
Try	1	0.9	1.6	1	1.1
疏水性氨基酸	38.1	37.1	45.5	38.6	40.1
无电荷极性氨基酸	27.8	22.9	19	22.7	21.8
碱性氨基酸	12.6	15.4	7.3	12.2	12.2
酸性氨基酸	21.6	24.6	28.2	26.6	26

研究发现，与其他禾谷类作物的蛋白质含量相比，稻米蛋白质的氨基酸平衡相对较好，特别是赖氨酸的含量相对较高，一般水稻品种中平均为4.0g/16g（氮）左右，但与世界卫生组织推荐的5.5g/16g（氮）的指标仍相差较远（Roberts, 1987）。所以，与其他禾谷类作物一样，赖氨酸被认为是稻米蛋白质中的第一限制必需氨基酸。此外，苏氨酸的含量也相对较少，是第二限制因子；其次为蛋氨酸与色氨酸。因此，这4种必需氨基酸含量的高低在一定程度上决定了稻米所含蛋白质品质的优劣。

稻米蛋白质氨基酸含量由遗传基因控制，受品种特性的影响，不同水稻品种之间稻米蛋白质氨基酸含量的差异较大。王根庆（1991）认为低蛋白和高蛋白品种间赖氨酸和苏氨酸的含量是不相同的，这两种限制性氨基酸的相对含量具有随着蛋白质含量的提高而降低的趋势。前人的研究结果表明，糙米中8种必需氨基酸与12种非必需氨基酸的绝对含量与相对含量在品种（组合）间存在明显的差异，少数水稻品种缺乏苏氨酸、胱氨酸、蛋氨酸、异亮氨酸等氨基酸；籼黏稻米中的各氨基酸含量变化较小，而粳黏、糯稻稻米中的各种氨基酸含量变化较大（谢桂先等，2008）。

但有研究表明，高蛋白质品种的赖氨酸含量反而不高（蒋家焕，2005）。谷氨酸含量提高引起的稻米粗蛋白含量越高，蛋白质的品质可能越差。其原因在于稻米中谷蛋白富含谷氨酸，且醇溶蛋白的赖氨酸含量最低。因此在提高蛋白质含量的同时，还要提高赖氨酸的含量，以提高稻米的营养品质。

6.1.1.3 稻米蛋白质的贮藏特性

米粒中的蛋白质、淀粉和脂肪酸受温度和湿度的影响，在贮存过程中会发生物理和化学变化。稻米蛋白质结构的变化影响蛋白质和淀粉之间的相互作用，导致热性质和糊化性质的变化（Tananuwong and Malila, 2011）。在某种程度上，贮藏稻米的品质可以通过蛋白质结构的变化来反映。Chen等（2015）发现，在35℃贮藏15个月后，粳米的游离巯基含量开始下降。Guo等（2013）指出，陈化稻米

蛋白的 α 螺旋含量降低，球蛋白中的巯基被氧化成二硫键。选用 10 种稻米在 40℃贮藏 6 个月后，高分子量亚基增加，低分子量亚基减少。然而，当稻米在室温下贮藏时，则出现了相反的趋势（Wu et al., 2020）。因此，稻米在贮藏过程中的蛋白质结构特性可能会因贮藏条件的不同而不同。

巯基和二硫键在蛋白质的功能中起着重要作用，如蛋白质膜的形成和凝胶的形成，它们的相对丰度可以用来表征稻米蛋白质的氧化程度（Wang et al., 2020）。贮藏稻米中游离巯基的含量显著低于新鲜稻米巯基的含量，而二硫键的含量则较高。同样，Azizi 等（2019）发现，印度稻米在 37℃贮藏 6 个月后，游离巯基含量显著下降。

贮藏对稻米蛋白质结构特性的影响随着温度的升高而增加，且傅里叶变换红外光谱（FT-IR）结果表明贮藏导致蛋白质 α 螺旋和 β 折叠完整性丧失，并增加了 β 转角和无规卷曲结构的出现（Zhao et al., 2021）。稻米在贮藏前后的粗蛋白含量并无多大变化，但盐溶性的球蛋白含量随贮藏的延长而慢慢下降，氨基酸的含量也随之下降。清蛋白、球蛋白和谷蛋白在稻米陈化后均表现出高分子量亚基含量增多、低分子量亚基含量减少。Chrastil 和 Zarins（1992）发现稻米在贮藏过程中谷蛋白巯基含量减少，二硫键增多，分子量增大，谷蛋白与淀粉相互结合作用减弱，并认为这种变化与米饭的黏性下降有关。巯基减少，二硫键交联增多，致使蛋白质在淀粉周围形成坚固的网状结构，限制了淀粉粒的膨胀和柔润，使米饭不易糊化，因而米饭变硬、黏性降低。

6.1.2 脂质

脂类是膳食的必需营养素之一，为人类提供所需能源和必需脂肪酸。脂类是由脂肪酸和醇作用生成的酯及其衍生物的统称，从结构特性上可分为游离脂肪酸、脂肪、类脂。脂肪是由游离脂肪酸和甘油结合生成的甘油三酯，结构较简单；类脂包括磷脂、糖脂和甾醇类化合物，结构较复杂（Bidlack and Wayne, 2008）。脂肪酸多为优质不饱和脂肪酸，其中的花生烯酸、亚麻酸和亚油酸对防止动脉硬化及高胆固醇血症有一定效果。米糠油中饱和酸、单不饱和酸和多不饱和酸的比例最接近膳食推荐标准，并且富含谷维素、植物甾醇、维生素 E、角鲨烯等生理活性物质，具有明显的降低血清胆固醇、降低血脂、改善神经系统障碍、抗氧化、抗炎、抗癌等作用。

脂类作为稻米不可或缺的组成成分之一，对稻米的营养品质有着重要影响。稻米中的脂类含量及组成受水稻品种、成熟期、环境温度、加工精度等因素的影响，同时还与稻米中直链淀粉含量有一定的相关性。脂类在稻米籽粒中的分布不均匀，胚芽中含量最高，其次是种皮和糊粉层，内胚乳中含量极少。我国培育的稻米中脂类含量较高。

脂类在贮藏过程中被氧化降解导致稻米品质劣变，与淀粉作用形成的淀粉-脂类复合物则对稻米加工、蒸煮食味品质有较大影响。脂类在糊粉层、胚和胚乳中的含量分别为 19.4%～25.5%、34.1%～36.5% 和 0.41%～0.81%。稻米的脂类按分布情况可分为非淀粉脂和淀粉脂两大类。非淀粉脂主要包括圆球体、脂肪体的脂肪及与细胞膜、蛋白体结合的脂肪，而淀粉脂主要是与淀粉粒结合的脂肪。非淀粉脂主要分布在糙米的种皮和糊粉层中，淀粉脂主要存在于成熟稻米籽粒的胚乳中，非淀粉脂在稻米脱糠、精制的过程中被去除，因此内胚乳中主要是以淀粉-脂类复合物形式存在的淀粉脂（Zhang et al., 2022）。糯性稻米比非糯性稻米含非淀粉脂更多，而含淀粉脂则较少。稻米非淀粉脂中非极性脂所占比例较大，糖脂和磷脂所占比例较小；淀粉脂中非极性脂和磷脂所占比例较大，糖脂所占比例较少。稻米脂肪中的淀粉脂与稻米直链淀粉含量有关。淀粉脂的主要成分是磷脂，它能抑制淀粉水解酶及 Q 酶的作用，而对淀粉合成酶的影响较小，与淀粉脂结合的直链淀粉既能受到保护，免被淀粉水解酶或 Q 酶催化而分解或生成支链淀粉，又能继续在淀粉合成酶的作用下增加链长。非淀粉脂发生氧化酸败会影响稻米品质，淀粉脂则对稻米淀粉的晶体结构、溶胀性、糊化特性、黏度、回生等功能特性有较大影响。在食品加工方面，将脂类添加到淀粉中改良淀粉品质的研究已有大量报道。Ma 等（2010）通过向稻米淀粉中添加硬脂酸和亚麻酸，可增强淀粉分子的疏水性，使淀粉溶解性显著降低，从而抑制淀粉的溶胀性，进而抑制其糊化能力，其中饱和脂肪酸抑制作用更明显。

稻米脂类的含量直接影响稻米的食味品质。脂类含量高的稻米，具有更好的米饭适口性、光泽度和香气，并且提高脂肪含量能显著改善稻米的食味品质。吴长明等（2000）研究表明，稻米粗脂肪含量与米饭粒型完整性呈极显著正相关，与米饭的颜色、外观、食味和碱消值均表现出显著正相关，但与米饭光泽、胶稠度和冷饭质地之间无显著相关。贺萍等（2017）对 42 个早籼水稻品种的稻米脂类含量与鲜湿米粉的理化性质、感官品质和质构特性进行分析表明，脂类含量与鲜湿米粉的硬度、咀嚼性、口感、感官评分呈显著正相关，与内聚性、弹性、回复性呈显著负相关，对各项指标的作用大小依次为硬度>黏性>口感>总感官评分>弹性>内聚性>回复性。脂类含量不仅反映了稻米的营养价值，而且是影响米饭及米制品可口性的主要因素。

6.1.3 矿物质元素

矿物质元素与消费者的健康息息相关。矿物质元素在人体中的需求量较少，但对人的生命起着不可忽视的作用，是维持机体一些特殊生理功能的重要成分或是多种酶系的激活剂组成部分。

稻米是矿质营养元素的重要来源，稻米中所含的矿物质是人体所必需的，主要有磷、钾、镁、钙、钠、铁、硅、硫等，还有铝、碘、锰等微量元素。在稻米中，矿物质氮、硫、磷、钾、镁的含量较多，而铁、钙、锌等的含量较少。稻米中的矿物质与维生素一样存在中心分布少、外层分布多的现象；同时，不同地区的稻谷同一矿物质元素的含量相差较大（李天真，2006）。在水稻生长过程中，矿物质元素不仅对水稻生命活动具有重要影响，而且对水稻产量和稻米品质的形成也有重要作用。不同矿物质元素在稻米品质形成过程中作用不同，且不同矿物质元素之间存在一定的互作效应。矿物质又分为常量元素和微量元素两类。常量元素有钙、磷、钠、钾、镁、硫和氯等；微量元素包含 1995 年由 FAO/WHO 列入的铜、钴、铬、铁、氟、碘、锰、钼、硒和锌等，为人体的正常生命活动不可缺少的必需微量元素。

由于各种矿物质在食物中的分布及人体对其吸收、利用和需要的不同，目前，我国消费者比较容易缺乏的矿物质主要是钙、锌、铁、碘、硒等。黑米、红米等特种稻米的糙米中，矿物质微量元素含量明显高于普通糙米中的含量，而普通稻米的糙米中，矿物质微量元素含量又明显高于普通精米。

6.1.3.1　常量元素对稻米品质的影响

在所有矿物质元素中，氮元素是影响水稻生长发育最活跃的元素，也是对稻米品质作用最直接、影响最大的元素，合理的氮肥运筹对提高水稻产量及改善稻米品质具有重要作用。在施氮时期，水稻生长中氮肥后移可以延长叶片持绿时间，加强光合作用，提高千粒重；结实期追施氮肥可提高精米率和整精米率，降低垩白粒率和垩白度，提高加工品质和外观品质。穗肥氮与稻米品质和淀粉特性密切相关，可通过提高穗肥氮比例来改善稻米品质（李书先等，2019）。胡群等（2017）在研究基蘖肥氮与穗肥氮施用比例对钵苗机插优质食味水稻稻米品质的影响中得出，提高穗肥氮比例可显著改善稻米加工品质，提高穗肥比例可增加稻米蛋白质含量，降低直链淀粉含量可提高稻米的营养品质，但会降低蒸煮食味品质。这可能是因为氮肥对蛋白质的积累有促进作用，尤其在抽穗阶段可起到关键效果，稻米蛋白质含量随穗肥比例的增加而增加，进而提高了稻米营养品质。

磷元素是构成生物大分子及多种化合物的重要组分，在作物生长发育中十分重要，其参与植物体内各种代谢，是作物高产优质的基础，缺乏或过量供应都会对水稻生长产生重要影响（陈世平和陈金团，2019）。磷肥对稻米品质具有显著的调控作用，也是影响整精米率、垩白粒率和直链淀粉含量的主要因素，在一定范围内增施磷肥有利于提高稻米品质。磷元素对稻米中锌和植酸的合成与积累具有重要的调控作用，是稻米中植酸积累最直接的调控因子，也是影响稻米中锌含量的重要生态因子（Wei et al., 2017）。

钾元素是作物生长中重要的营养元素之一，是许多酶的活化剂，能促进植物体内多种代谢反应，促进光合作用，还能增强作物的抗逆性和抗病力，有利于植物的生长发育。钾可以调节水稻根系分泌物进而影响稻米品质，如缺乏钾，会导致水稻生长发育不良、抗性差、产量低、品质变劣（常二华等，2007）。钾对稻米品质的影响仅次于氮素，对稻米垩白、直链淀粉含量和稻米蛋白质含量均有显著影响，适量施用钾肥不仅可提高稻米的加工品质和外观品质，还可提高其营养品质和蒸煮食味品质。

钙元素在植物生长发育中具有重要的生理和结构功能，其作为第二信使调控多种生物过程，可降低膜脂过氧化程度，作为细胞壁组分，可维持细胞结构和功能的稳定性，能显著提高植物抵抗各种环境胁迫的能力（顾学花，2014）。钙元素是稻米籽粒中一种常量元素，也是稻米营养成分之一，其对植株的生长发育、新陈代谢及生理生化过程均有着举足轻重的作用。关于钙元素对稻米品质的影响，常二华等（2007）认为，结实期钙水平对稻米品质影响较大，钙通过调节根系分泌物导致稻米的垩白粒率、垩白度、直链淀粉含量和崩解值显著降低，胶稠度和消减值显著升高，从而提高稻米的外观品质和食味品质。而王文玉等（2019）研究表明，钙可显著提高稻米的出糙率、精米率、整精米率和蛋白质含量，对直链淀粉含量影响不明显，但降低了外观品质和食味品质。钙元素对稻米品质具有重要影响，水稻生长后期尤其是结实期使用含钙元素的肥料可显著提高稻米整体品质。

镁元素是作物生长的必需元素，是叶绿素的重要组成成分，对植物光合作用、能量代谢和蛋白质合成具有重要影响，与稻米品质有着密切关系。通常认为施镁有利于稻米品质的提升，并且镁元素能改善稻米的加工品质和外观品质。王永兵等（2020）认为，施镁总体能够改善稻米品质，但存在品种间差异，合理施镁可提高出糙率和精米率，改善米饭的外观、黏度、平衡度和食味值，对于直链淀粉含量低的品种，有助于提高蔗糖含量。聂录等（2017）认为，镁可提升稻米加工品质，且随镁肥用量的增加，稻米蛋白质含量呈上升趋势，直链淀粉含量呈下降趋势，食味值显著提高，但如果施镁过量会使蛋白质含量增加，米饭食味值下降，进而影响稻米品质（曾志等，2012）。

硫元素是水稻生长发育的重要元素之一，可以促进水稻光合作用和养分吸收，提高氮肥利用率和抗逆性，进而影响水稻产量和稻米品质。硫元素可提高水稻的出糙率、精米率、整精米率和碾磨品质，降低稻米碎米率和垩白粒率，提高水稻的加工品质和外观品质。李玉影（1999）指出，硫元素可增加水稻蛋白质含量，降低淀粉含量，对改善稻米品质具有重要意义。土壤有效硫含量与稻米精米率、蛋白质含量和整体品质呈显著正相关，但不同水稻品种之间存在差异。硫元素影响稻米加工品质和外观品质，但添加量的多少要根据土壤中硫含量的多少决定（汤海涛等，2009）。

硅元素是继氮、磷、钾之后的第四营养元素，硅可有效增加水稻光合作用，增强抗性，促进稻米的优质高产。与此同时，硅元素可改善稻米品质，主要是提高稻米的出糙率、精米率和整精米率，降低垩白度和垩白粒率，提高稻米的加工和外观品质。

6.1.3.2 微量元素对稻米品质的影响

微量元素在土壤中的含量较低，但对植物生长的作用较大，补充适量微量元素能协调平衡其他养分，形成优质的土壤环境，从而提高稻米整体品质。关于微量元素对稻米品质的影响，目前研究较多的是铁、锌和铜元素。

目前有关水稻中铁含量提高途径的研究主要有：基因工程技术在育种中的应用，高铁载体研究，铁还原酶和铁转运蛋白研究，以及转基因水稻研究等。向叶面喷施铁元素可显著增加精米中铁含量、蛋白质含量、必需氨基酸含量和氨基酸总量，但过量喷施会对水稻产生毒害作用，导致其他营养元素严重缺乏，影响水稻正常生长发育，进而影响稻米产量和品质（赵燕等，2018）。

锌元素能够通过提升香气、味道、口感等方面来提高稻米品质，适量施锌肥可以改善稻米品质，超量施用则降低稻米品质。锌可提高稻米加工品质、外观品质和蒸煮食味品质，但不同水稻品种之间存在较大差异。

铜处理对稻米加工品质、外观品质、蒸煮食味品质及卫生品质均无显著影响，但可使蛋白质含量显著增加，使稻米中铁、锌等的含量显著下降（袁玲花等，2008）。也有研究表明，铜处理对整精米率影响显著，随着铜含量增加，稻米出糙率和精米率明显降低（徐加宽，2005）。

6.1.4 维生素

维生素是维持人类正常生理功能所需、必须从日常饮食中获得的有机物质的统称。谷物类食品是人体摄取维生素的主要来源。稻米中的维生素含量及其配比的合理性决定了稻米营养品质的高低。稻米中所含的维生素类物质较少，多属于 B 族一类水溶性的维生素，主要有维生素 B_1（硫胺素）、维生素 B_2（核黄素）、维生素 B_3（尼克酸）、维生素 B_5（泛酸）、维生素 B_6（吡哆醇）等 B 族维生素，还有少量维生素 A 和维生素 E。稻米的不同部位维生素含量也不同，绝大部分在胚与种皮、珠心层、糊粉层、亚糊粉层中（熊善柏等，2001）。B 族维生素中的维生素 B_1、维生素 B_2 是人体许多辅酶的组成部分，并且可以增进食欲、促进生长。维生素 B_1 的功效之一是可以有效地防止脚气病的发生。维生素等营养成分主要存在于稻米的外层麸皮当中，所以在水稻加工成精米的过程中维生素会大量流失。糙米中维生素 B_1 和维生素 B_2 含量分别为 1.4690mg/kg 和 0.5637mg/kg，显著高于精米中（王小平，2009）。

6.1.5　膳食纤维

膳食纤维是被营养学界补充认定的与传统的六大营养素并列的第七类营养素。美国谷物化学家学会根据膳食纤维的生理功能将膳食纤维定义为：不能被小肠消化吸收，在大肠内全部或部分发酵的可食性植物组分或者类似的碳水化合物。膳食纤维来源于植物，由复杂的非淀粉碳水化合物和木质素组成。非淀粉多糖中含有肉桂酸、阿魏酸或二聚阿魏酸等有机酸，这些有机酸与阿拉伯糖残基以酯键相连。非淀粉多糖的存在会影响籽粒的加工、食味品质，并降低淀粉的消化速率。膳食纤维可根据纤维组成、分子结构特征、水溶特性及应用方式等进行分类，一般根据其是否溶解于水，分为水溶性膳食纤维和非水溶性膳食纤维。膳食纤维的来源丰富，组成较多样。谷物细胞壁是膳食纤维的主要来源，其中，木质素含量较低，纤维素、半纤维素和果胶含量较高，半纤维素含量一般高于果胶和纤维素。

稻米胚乳细胞壁仅占水稻籽粒胚乳干重的 0.3%～0.7%，不同品种间细胞壁成分与含量的变异会导致品质差异，食味品质较差的品种具有较高水平的葡甘露聚糖（Genkawa et al., 2013）。半纤维素是水稻胚乳细胞壁的主要成分，主要由葡糖酸阿木聚糖和阿木聚糖组成，占细胞壁总量的 20%～60%；纤维素的结构主要为 (1→3)-β-D-葡聚糖和 (1→4)-β-D-葡聚糖，两者无分支，通常比例约为 3∶7，其中 (1→3)键常单个出现，而(1→4)键往往以 2～3 个串联的形式出现（孙健，2017）。纤维素也占据较大比重，约占胚乳细胞壁的 20%（Buchanan et al., 2012）。稻米膳食纤维含量在不同种质间存在着很大差异，糯稻膳食纤维含量偏低（4.0%～5.9%），而普通水稻较高（8.4%～9.2%），膳食纤维的种类在不同的品种间也存在差异。

6.2　稻　米　营　养

6.2.1　糙米营养

稻米经过砻谷机脱壳后得到的即为糙米。糙米由果皮、种皮、糊粉层、胚和胚乳组成。其中，胚乳作为糙米最主要的组成部分约占 90%，米糠层占糙米总质量的 7%左右，胚占糙米总质量的 2%～3%（姚人勇等，2009）。然而稻谷中绝大部分的膳食纤维、生物素、维生素、矿物质等营养元素，都贮存于米糠层及胚芽中，因此，糙米相较于精米更好地保留了稻谷的全部营养成分。但同时糙米米糠层中含有的植酸盐、糠蜡及纤维素等物质，是导致其口感粗糙、蒸煮性差、不利于食物中其他矿物质消化吸收的主要原因（陈冰洁等，2018）。

在稻谷加工成米饭的过程中，营养物质会产生一定的流失，尤其是加工过程和淘洗过程。稻谷加工成稻米的程序一般是：稻谷清理后经砻谷脱壳得到糙米，糙米再碾去皮层成为精白米。糙米中富含蛋白质、淀粉、脂肪等营养成分，同时也含有 B 族维生素、维生素 A、维生素 E 及铁、钙、锌等微量营养元素。这些物质在糙米中分布不均匀，蛋白质大部分集中在胚及胚乳表面的糊粉层中；淀粉主要存在于胚乳中；脂类物质主要分布在胚部和米粒的外层；B 族维生素、矿物质元素主要存在于稻米的胚中。在碾磨过程中，这些物质均有不同程度的损失。通常，与精米相比，在糙米中发现的蛋白质、脂肪、维生素和矿物质等营养物质含量更高。此外，在糙米中，酚酸、黄酮类化合物、γ-氨基丁酸（GABA）、α-生育酚和生育三烯酚等生物活性化合物的含量更高，这是因为这些成分高度集中在米粒的外层麸皮层中（Sharif et al., 2014）。

一般来说，谷物是膳食碳水化合物的主要来源。人类饮食的大部分日常能量来自膳食碳水化合物，特别是在发展中国家。淀粉高度集中在米粒的内胚乳中（Zhou et al., 2002），稻米的高碳水化合物含量使其成为以稻米为主食的人们的重要能量来源。

碳水化合物是糙米的主要成分，包括淀粉、纤维素和可溶性糖等，占总质量的 75%左右（McKevith, 2004）。其中，淀粉的结构和含量会影响糙米的糊化特性、热力学特性、食味品质等（Kong et al., 2015b）。除此之外，糙米中还含有 14%左右的水分含量，10%左右的蛋白质和 1%左右的脂肪（王仲礼和赵晓红，2005）。糙米中的蛋白质主要集中在稻米籽粒的外围层，在亚糊粉层中含量最为丰富，抛光程度越高，稻米中蛋白质的含量越低。

糙米蛋白质营养价值高，易消化吸收，赖氨酸为糙米中第一限制性氨基酸。糙米蛋白质的氨基酸谱与大豆和乳清蛋白的氨基酸谱相当。叶玲旭等（2018）以不同品种糙米为研究对象，发现赖氨酸平均值可达 32.37mg/g 蛋白质。Douglas（2014）发现糙米蛋白质分离物和浓缩物的总氨基酸含量约为 78%，其中，必需氨基酸为 36%，支链氨基酸为 18%。因此，在人类饮食中用糙米代替精米，有望提供更多的蛋白质和氨基酸，对于提升人类健康水平具有重要作用。

糙米不仅含有宏量营养素，其米糠层和胚中还富含许多微量营养素和生物活性成分，如维生素、矿物质、酚类化合物、谷维素、植酸、不饱和脂肪酸，对人体代谢和减少氧化损伤有重要作用（Irakli et al., 2015）。因此经常食用糙米和碾磨提取率较低的白米或糙米对健康有益，可以降低患多种慢性疾病的风险。

与精米相比，糙米富含膳食纤维，这是因为膳食纤维高度集中在保留的麸皮外层。膳食纤维可以吸水膨胀，从而增加饱腹感，有利于控制体重。它是肠道菌群的主要能量来源，在改善肠道环境、保护肠黏膜屏障方面有重要作用（Laparra and Sanz, 2010），可溶性纤维还可以增加胆固醇和胆酸的排泄。

酚类物质是糙米中主要的抗氧化成分，以结合态和游离态两种形式存在，主要以结合态形式存在，包括酚酸、黄酮类化合物、花青素和原花青素（Butsat and Siriamornpun, 2010）。糙米中的酚类物质不仅有很好的抗氧化功能，还具有抗菌消炎等生物活性（Hudson et al., 2000）。米糠中的结合态多酚可以显著抑制人体结肠癌细胞的生长，减少癌细胞的克隆存活，增加细胞凋亡率（史江颖等，2015）。另外，从糙米中提取的酚类物质可抑制醛糖还原酶（糖尿病的关键酶）的活性，并且食用黑米和糙米有利于改善超重女性的抗氧化酶活性（Kim et al., 2008）。

γ-氨基丁酸（γ-aminobutyric acid，GABA）在糙米中含量丰富，是一种天然存在的非蛋白质氨基酸。有研究表明 GABA 在传递神经冲动中发挥重要作用，它能够舒缓和抑制过度兴奋的神经传导。GABA 可以由人体通过谷氨酸脱羧酶进行生物合成，或从天然食物中摄取，但往往不足；糙米中的 GABA 含量与精米相比较高，糙米发芽后，其 GABA 含量得到富集，是白米的 5 倍，较未发芽糙米高出 3 倍多（郑艺梅，2006）。富含 γ-氨基丁酸的发芽糙米不仅可以提高记忆力和学习能力，还可以降低一系列疾病发生的风险，如骨质疏松症、高血压（Wu et al., 2013）及动脉粥样硬化和血管炎症（Zhao et al., 2018）。

糙米中还含有多种维生素及矿物元素，特别是糙米中还含有丰富的不饱和脂肪酸——亚油酸，亚油酸是一种人体可合成，但合成量远不能满足需要的不饱和脂肪酸，它可以降低血液中胆固醇含量，进而预防动脉粥样硬化，是人体不可或缺的成分。有研究表明，将煮熟的糙米面粉应用于食品中，可以帮助预防糖尿病和肥胖症（Poquette et al., 2012）。此外，在人类受试者中进行的一项临床试验显示，与精米相比，无论直链淀粉含量和体外淀粉消化率如何变化，糙米的胃排空速率较慢，表明糙米的血糖反应可能较低，有助于预防 2 型糖尿病。植酸在糙米中不是独立存在的，它同二价、三价阳离子相结合，以复合物的形式存在，对于矿物质元素的吸收是不利的。但植酸不仅具有很强的抗氧化功能，还能够预防癌症、降胆固醇及降血脂。

6.2.2 精米营养

稻谷收获后通常要经过烘干、碾磨、包装等一系列加工步骤，以方便食用。碾磨过程的第一步是从整粒米粒或稻谷中去除稻壳，获得带有糠层的糙米粒，第二步是去除外层糠层获得精米或白米。糠层由果皮、糊粉层、亚糊粉层和胚芽组成，其中含有大量的营养物质和生物活性化合物（Kaur et al., 2016）。将外部的糠层碾磨后剩下的胚乳就是人们日常所食用的精白米。稻米抛光后，几乎所有的主要营养成分（蛋白质除外）都显著减少，包括脂肪、膳食纤维、维生素 B、铁、钙和 γ-氨基丁酸（GABA）等生物活性化合物。尽管部分有健康意识的人提倡吃糙米，且糙米的营养价值相对于精米较高，但消费者对糙米的接受度却因其质地相对较差而受限，可归因于糠层的酚类化合物、挥发物和膳食纤维引起的涩味和坚果味，并且富含纤维的糠层赋予糙米更耐嚼的质地和更深的颜色。

蛋白质和氨基酸是稻米的重要营养成分。稻米富含淀粉，贮藏蛋白易被消化吸收，因此稻米是能量及蛋白质的主要来源（周丽慧等，2009）。糙米富含维生素 B_1、维生素 B_6、维生素 E 和烟酸，然而糙米加工成精米的过程中，这些维生素大量流失，此外，与未加工稻米相比，人们所食用的精米饭中维生素 B_1 和维生素 B_2 损失可达 50%以上，损失量较严重（Steiger et al., 2014）。蔡沙等（2019）通过制备不同加工精度的稻米，探究精度对稻米营养品质的影响，结果表明，随着加工精度的提高，稻米中的蛋白质、灰分、脂肪含量降低。米胚中含有丰富的脂肪，但是胚与胚乳结合疏松，在稻米加工过程中易脱落，所得到的精白米主要由胚乳组成，其主要成分是淀粉。因此加工后的稻米中普遍缺乏维生素，尤其是维生素 B_1、维生素 B_{12}、维生素 E 和维生素 A 的缺乏较严重（樊琦等，2015）。王伯光（1994）对湖南的晚籼糙米及精米的营养损失情况进行测定，结果表明糙米加工成精米的过程中，蛋白质（尤其是赖氨酸）、B 族维生素和矿物质都有很大损失。其中，钙的损失量高达 50%，维生素 B_1 的损失量高达 52.5%。碾米过程中去除了约 80%的硫胺素和麸皮中的其他营养物质，如烟酸、铁和核黄素。抛光后，蛋白质损失 29%，脂肪损失 79%，铁元素损失 67%（孟倩楠等，2021）。基于稻米加工成精米的过程中存在营养成分流失的情况，对稻米进行营养强化从而改善其营养成分流失已成为一种改善国民健康状况的趋势。生物强化是一种通过传统育种或基因工程增加作物中微量营养素或植物营养素的可行且具有成本效益的方法，已被证明可大大提高作物的营养质量并有益于人类健康。

6.2.3　影响稻米营养品质的因素

人们生活水平的不断提高，促使水稻生产目标向优质为主兼顾高产的方向发展。稻米品质受遗传与环境因素共同影响。它不仅是决定稻米是否好吃的关键，也是决定消费者喜爱度及稻米市场价格的重要因素。稻米的营养品质既包含稻米中的有益营养元素，又包含对稻米中有害健康物质的限制。稻米营养成分包括淀粉、蛋白质、氨基酸、维生素和矿质元素等。稻米中不同营养成分的含量不同，从而造成稻米食感的不同。淀粉和蛋白质是水稻籽粒中两大内含物，二者的含量、生理生化特性决定着稻米品质和米饭的食味及米饭的质地。稻米的营养品质主要受环境、遗传及栽培水稻期间的管理措施等共同影响。

6.2.3.1　环境因素

稻米蛋白质和氨基酸含量受生育期环境温度的影响较大。蛋白质主要受温度和日温差影响，而人体必需氨基酸主要受温度和日照时数的影响。水稻结实前后需适宜的低温环境，但温度太低对提高蛋白质、氨基酸含量等营养品质也有影响，低温和高温都不利于提高蛋白质和氨基酸等含量（唐玮玮等，2008）。研究表明，灌浆结实期高温对直链淀粉的积累有促进作用；灌浆前期高温、后期低温有利于籽粒中蛋白质的积累（盛婧等，2007）。在水稻各生育期内，不同光照条件对水稻营养品质的影响不同。蛋白质主要受日照时数和最高温度的影响，氨基酸和人体必需氨基酸主要受日照时数和最低温度的影响。灌浆期光照不足，会导致水稻碳水化合物积累减少，同时，也会使蛋白质和直链淀粉含量增加，引起食味下降。结实期光照条件对蛋白质含量的影响较大，太阳辐射强时，蛋白质的含量较低（张立成和王忠华，2006）。稻米蛋白质含量受土壤类型的影响也较大，不同类型土壤产出的稻米，直链淀粉和蛋白质含量差异较大，其中蛋白质含量差异更为显著。其中，灰棕紫泥土、紫泥土、灰色冲积土、紫色冲积土和红紫泥土中产出的稻米的蛋白质含量较其他土壤中高（熊洪等，2004）。

6.2.3.2 遗传因素

在环境一定的情况下，遗传因素成为影响稻米品质的主要原因，且不同品质性状受到的遗传因素影响并不相同（Yun et al., 2016）。蛋白质是稻米中仅次于淀粉的第二大贮藏物质，可以分为清蛋白、球蛋白、醇溶蛋白和谷蛋白 4 种贮藏蛋白。Yang 等（2019）克隆了 *OsGluA2* 基因，该基因编码二型谷蛋白前体，也是 4 种贮藏蛋白的正调控因子。位于该基因启动子上的变异会影响其表达量，从而影响蛋白质的含量，并且该变异存在籼粳差异。抗性淀粉具有降低血糖的作用，在稻米中与直链淀粉的含量呈正相关。Zhou 等（2016）发现 *SSIIIa* 的突变体中直链淀粉含量和抗性淀粉含量显著提高，尤其是在强功能的 *Wx* 基因背景下，抗性淀粉含量能达到 6%。Bao 等（2017）通过对稻米抗性淀粉含量的全基因组关联分析，发现 *Wx*、*SSIIIa*、*ISA1* 和 *AGPS1* 4 个淀粉合成途径相关基因共同影响抗性淀粉的自然变异。

6.2.3.3 栽培方式

播期对稻米品质性状影响较大，且基因型和环境相互作用显著。推迟播期对早熟或中熟水稻的产量影响较小，但可明显改善稻米品质。随着播期推迟，稻米总蛋白质含量逐渐降低；稻米中 16 种氨基酸含量在不同播期存在显著差异，除蛋氨酸外，其余氨基酸含量均有所下降（谢黎虹等，2008）。栽培条件对稻米蛋白质含量的影响较大，水培方式下稻米的蛋白质含量明显高于大田栽培，灌水、施肥、使用生长调节剂等栽培措施和综合技术体系不仅对水稻的产量影响较大，还极大程度影响氨基酸含量（董明辉和吴翔宙，2006）。

　　增施氮肥可提高稻米蛋白质含量，降低直链淀粉含量和胶稠度。施氮条件下配施磷、钾肥能改善水稻的营养品质。氮肥和磷肥的互作对糙米中蛋白质含量的影响较大，高磷低氮和低磷高氮都可达到同样高的蛋白质含量，而高磷高氮对糙米中蛋白质含量的提高更有利（王晓波等，2001）。

　　种植水稻的土壤水分条件对稻米蛋白质含量有一定影响，旱地陆稻比水田陆稻的蛋白质含量高 39%，旱地水稻比水田水稻的蛋白质含量高 25%（刘海等，2013）。随着土壤水分减少，糙米中蛋白质含量增加，但灰分含量如磷、钾、镁、锰等均有减少，其中锰减少最多，旱地栽培仅为水田栽培的 1/3（余显权，2003）。水分胁迫（−30kPa）处理对精米中直链淀粉含量没有明显影响，但提高了粗蛋白含量，改善了稻米的营养品质（孙园园等，2013）。

第7章 稻米主要成分及其与稻米食味品质的关系

7.1 稻 米 淀 粉

7.1.1 淀粉组成

淀粉是稻米的主要成分，占稻米总成分的80%以上。稻米淀粉以离散颗粒的形式存在，且是目前已知存在于谷物中最小的淀粉颗粒，直径2～7μm。稻米淀粉颗粒多呈棱角形和多边形，表面光滑。根据糖苷键连接的不同，淀粉通常被分为直链淀粉（amylose，AM）和支链淀粉（amylopectin，AP）。研究表明，淀粉中还存在介于支链淀粉和直链淀粉之间的第三种级分——中间级分（intermediate material，IM）（韩文芳等，2019）。

（1）直链淀粉

直链淀粉是一种线性多糖，由α-1,4糖苷键连接的D-吡喃葡萄糖组成，也含有少量的（≤0.5%）α-1,6糖苷键链接的分支（图7-1）。一些直链淀粉分子，尤其是大分子量的直链淀粉分子，可能有多达十个或是更多的支链。直链淀粉的线性特性使其具有与碘形成络合物的能力，其含量通常利用碘与直链淀粉和支链淀粉长链［聚合度（DP）>60］进行显色反应来测量，称为表观直链淀粉含量（apparent amylose content, AAC）。直链淀粉在非糯米胚乳中占总淀粉的30%，被认为是稻米蒸煮、加工和食味品质的关键决定因素（Champagne et al., 2004）。直链淀粉含量在籽粒发育过程中也会受到生长位置、气候和土壤条件等环境因素的影响。灌浆过程中的环境温度也是影响籽粒直链淀粉含量的重要因素。

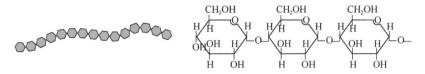

图 7-1　直链淀粉结构图

（2）支链淀粉

支链淀粉则是一种具有高度分支的线性聚合物，主要由α-1,4糖苷键连接的D-吡喃葡萄糖组成，并含有5%～6%由α-1,6糖苷键连接的分支结构（图7-2）。

不同植物来源的支链淀粉大小迥异，根据链长分布的不同，可分为三类：A 链（DP 6～12）、B 链（DP>12）和 C 链。A 链通过还原端的 α-1,6 糖苷键连接到 B 或 C 链上，A 链自身无侧链；B 链与 C 链或另一个 B 链连接，B 链自身有侧链。此外，支链淀粉通常只有一个位于 C 链上的还原端（刘传菊等，2019）。

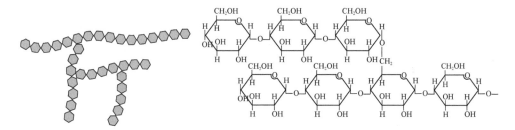

图 7-2　支链淀粉结构图

（3）中间级分

中间级分被认为是影响淀粉特性的主要因素之一，是结构介于直链淀粉和支链淀粉之间的过渡性葡聚糖，是分支度较低、链长较长的淀粉级分。但其分子结构尚未完全解析，目前对淀粉结构与性质关系的认识仍存在局限。

7.1.2　淀粉结构

淀粉拥有多级结构，而且淀粉的多尺度结构与其应用性质密切相关（龚波，2020），以下将分六级来介绍淀粉的结构（图 7-3）。一级结构：葡萄糖分子经过 α-1,4 糖苷键聚合成的独立的线性分子；二级结构：独立的线性分子经过 α-1,4 糖苷键及 α-1,6 糖苷键连接形成的全分支分子；三级结构：由结晶区和无定形区交替而成的，结晶区主要为支链淀粉形成的双螺旋，无定形区一般认为是由直链淀粉组成；四、五、六级结构分别是生长环、淀粉粒和米粒。

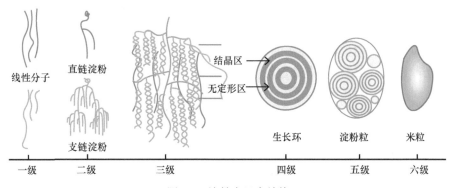

图 7-3　淀粉多尺度结构

（1）一级（淀粉分子线性链）

淀粉的一级结构是单个的淀粉分子线性链，其中葡萄糖单位通过 α-1,4 糖苷键连接在一起。稻米支链淀粉具有链长分布特征，不同基因型支链淀粉的链长分布特征不同，根据它们长度的不同，其链的类型可以分为 A 链、B 链和 C 链。A 链（无支链）可与 B 链相连，不携带任何其他链。B 链可携带一个或多个 A 链和/或 B 链，C 链上具有还原端。用异淀粉酶水解后支链淀粉的链长分布可用荧光团辅助碳水化合物电泳（Li and Gilbert, 2018）、高效离子交换色谱（HPAEC）、毛细管电泳（Nakamura et al., 2002）、质谱分析（MALDI-TOF）及高效尺寸排阻色谱-多角度激光散射-示差折光检测联用（HPSEC-MALLS-RI）进行表征（Chen and Bergman, 2007）。脱支稻米淀粉的链长分布也可以用体积排阻色谱（SEC）来表征。对于脱支稻米淀粉，在 SEC 重量分布中有 3 个峰（Zhou et al., 2018），DP 16 和 DP 40 处的两个峰分别是支链短峰和长峰，而 DP 2500 左右的是直链淀粉，也可能是很长的支链淀粉。

（2）二级（直、支链淀粉）

大部分直链淀粉以 α-1,4 糖苷键连接成直链线状分子，少数则是带有分支结构的线性分子（轻度分支的直链淀粉），分支点通过 α-1,6 糖苷键连接。直链淀粉平均分子量为 3.2×10^4～3.6×10^6，平均聚合度（DP）为 700～5000，分子链的流体力学半径为 7～22nm。不同种类淀粉其直链淀粉含量各不相同：蜡质、普通和高直链淀粉分别由 0～8%、20%～30% 和 40% 以上的直链淀粉组成。大多数直链淀粉主要以单螺旋结构存在。在螺旋内部只含有亲油性的氢原子，而羟基位于螺旋外侧。直链淀粉在溶液中的构型主要是螺旋形、间断螺旋形和无规卷曲结构，并可与适当的配位剂形成单螺旋复合物，没有配位剂时可形成双螺旋结构。在水、中性氯化钾水溶液等中性溶液中，直链淀粉为无规卷曲形式；在二甲胺、二甲亚砜和碱液中以间断螺旋形式存在；在中性溶液和含有配合剂的共混物中（或者碱性溶液+配合剂）以螺旋形式出现。

支链淀粉具有高度分支化的分子结构，主链上葡萄糖单元仍以 α-1,4 糖苷键连接（约占 95%），而支链以 α-1,6 糖苷键与主链相连（约占 5%），支链淀粉的分子量为 10^7～10^9，比直链淀粉分子大得多。淀粉的二级结构可以通过多角度激光散射（MALLS）测量重均摩尔质量（M_w）和平均回转半径（R_g）来表征。然而，许多因素可能会影响检测结果，如样品制备、淀粉分子的聚集和回生（Syahariza et al., 2014）等，因此仍需要开发其他更为强大的技术来表征淀粉的二级结构。

（3）三级（半结晶层）

淀粉的三级结构为半结晶层，是支链淀粉束状结构中双螺旋结晶片层和分支区域非结晶片层交替排列而成的周期性层状结构。支链淀粉的侧链形成双螺旋，有助于颗粒的晶体结构，而直链淀粉是无定形的，散布在支链淀粉分子之间构成无定形区。这些物质与特定量的水结合在一起，形成结晶薄片，并在无定形薄片中留下分支点。淀粉的片层厚度与性质受淀粉的支链链长及其形成的晶体影响（陆萍，2020）。大部分研究认为，直链淀粉分子分散在支链淀粉之间，且大多数可能位于生长环的低密度层中。因此，直链淀粉含量对普通淀粉和蜡质淀粉的结晶度没有显著影响，两者都表现出强双折射。然而，在高直链淀粉中，直链淀粉含量可能对结晶度有显著影响。这种淀粉颗粒内部的周期性半结晶层状结构可以通过扫描电子显微镜（SEM）和小角 X 射线散射（SAXS）等设备观察得到。

淀粉颗粒的结晶特征可以通过各种技术进行分析，X 射线衍射（XRD）是应用最广泛的分析仪器。天然淀粉颗粒有三种晶体结构。A 型主要存在于谷物淀粉（水稻、玉米、小麦等）中，B 型存在于根、块茎淀粉（马铃薯、木薯淀粉）和富含直链淀粉的淀粉（高直链淀粉玉米淀粉）中。谷物类淀粉大多数呈现出 A 型图谱，在 2θ 为 15°、17°、18°、23°左右处出现特征衍射峰（图 7-4）。与 B 型淀粉相比，A 型淀粉的支链淀粉具有紧密的堆积结构，因此 A 型淀粉对外界环境的敏感性更低（Kong et al., 2014）。稻米淀粉的结晶度在 29.2%～39.3%（Ong and Blanshard, 1995a）。

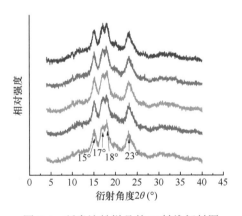

图 7-4 稻米淀粉样品的 X 射线衍射图

（4）四级（生长环）

第四级是生长环结构，由淀粉结晶层和无定形组成的半结晶周期性片层结构进一步堆叠形成，该结构一般可通过激光共聚焦显微镜（CLSM）或扫描电子显微镜（SEM）观察得到。这些所谓的"生长环"代表淀粉的沉积周期，是多个直径不断增大的同心壳从生长中心向颗粒表面延伸的结果。生长环实质上是由淀粉的半结晶壳层和无定形壳层交替排列产生的，径向生长环的厚度通常为

120～400nm。低密度无定形环由无序构象的直链淀粉和支链淀粉组成，而致密半结晶环由重复距离为 9～11nm 的结晶片层和无定形片层交替排列组成。片层的结晶区主要由支链淀粉侧链的双螺旋横向堆积成晶格形成，而无定形区含有直链淀粉和支链淀粉分支点。支链淀粉簇可能包含穿过结晶和无定形区的直链淀粉连接链。有研究提出，这些直链淀粉连接链在结晶区呈直链构象，在无定形区呈无序构象。

生长环所围绕的点被称为淀粉颗粒的脐点。脐点区域直链淀粉含量多，结晶度低，无序化程度高，在外界条件作用下结构容易发生变化。一般粒径较大的淀粉颗粒的生长环较为明显，而粒径较小的淀粉颗粒需要利用酸解、酶解等方式破坏淀粉的无定形区，增加结晶区和无定形区的差异性，以辅助观察淀粉的生长环结构。在生长环的结晶层与非结晶层中发现类似球状的结构，被定义为"blocklet"粒子，其大小、形态因其存在位置不同有很大的差异。淀粉颗粒的不同层包含不同大小的块体；较大的块体出现在结晶壳中，而较小的块体出现在半结晶壳中。原子力显微镜图像显示，稻米淀粉小块体的平均大小为100nm，并且由 280 个支链淀粉侧链簇组成，与非晶态区域可能存在交替（Dang and Copeland, 2003）。

（5）五级（淀粉粒）

淀粉是两种 α-葡聚糖聚合物的混合物，即直链淀粉和支链淀粉，以颗粒形式沉积在植物中，颗粒的大小和形状因物种而异。颗粒的直径从 1μm 到 100μm 不等，形状可以是角形、椭圆形、圆形、球形或不规则形。稻米中的单个淀粉颗粒是谷物中最小的，直径为3～8μm（Kong et al., 2014），呈棱角状，聚集成复合颗粒。稻米淀粉复合颗粒直径可达 150μm，形状为多面体，包含多个（20～60）单个颗粒。一些水稻突变体的淀粉颗粒在大小和形状上与普通水稻存在差异。例如，与野生型相比，含糖突变体的淀粉颗粒表面粗糙且更不规则。这些颗粒松散地堆积在一起，类似团簇状，部分带有孔洞和裂纹。垩白粒垩白部分的淀粉颗粒呈圆形，比半透明部分的淀粉颗粒稍小，呈多边形。高直链淀粉突变体产生的淀粉颗粒呈不规则圆形，在胚乳细胞中分布较为松散。目前，多种显微分析仪器已用于观察淀粉颗粒结构，如光学显微镜、扫描电子显微镜（SEM）、原子力显微镜（AFM）、激光共聚焦显微镜（CLSM）等。

（6）六级（米粒）

米粒的颗粒结构是六级结构（图 7-5）（Tran et al., 2011）。米粒的表面容易发现一些垩白部分，特别是在胚乳突变体中。利用 SEM 观察米粒的横向断裂面，发现横面中心由于淀粉体的分裂而呈现不均匀的表面形态。每个淀粉体都有复合淀粉颗粒，颗粒分裂清晰，淀粉多呈现圆形或者多边形，圆形淀粉颗粒与多边形淀粉颗粒相比体积稍小。

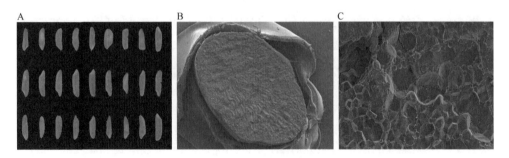

图 7-5　整米的结构

A. 精米的颗粒形态；B、C. 扫描电子显微镜观察到的精米籽粒横切面（B：40×，C：2000×）

7.1.3　淀粉理化特性

稻米淀粉的理化特性对其最终应用性能具有重要意义。淀粉的糊化和热特性会影响稻米的食用和蒸煮品质，老化特性会影响米饭在贮藏过程中的质构特性。

7.1.3.1　糊化特性

在过量的水中将淀粉加热到糊化温度时会形成淀粉糊。由于结晶序列的丧失和颗粒结构内部水的吸收，淀粉颗粒会膨胀至其初始尺寸的几倍。Brabender 黏度计、快速黏度分析仪（RVA）或其他黏度计，可用来记录溶胀和糊化过程中的糊化黏度。随着温度升高，保持恒定一段时间然后降低温度，可以连续记录黏度变化（图 7-6）。RVA 可用于测量峰值黏度（PV）、热糊黏度（HPV）、冷糊黏度（CPV）、崩解值（BD）、回生值（SB）和糊化温度（PT）等糊化参数。

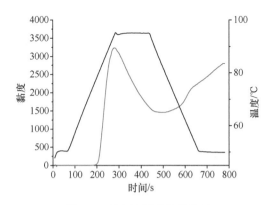

图 7-6　稻米淀粉的糊化特性

对于非糯性稻米而言，直链淀粉是决定糊化特性和其他理化性质的主要因素（Tran et al., 2011）。遗传研究发现，在给定群体中，稻米淀粉的糊化特性主要由编码颗粒结合淀粉合酶 1（GBSS1）的蜡质基因（*Waxy*, *Wx*）控制（Li et al., 2017a）。研究表明，稻米淀粉糊化特性与直链淀粉含量具有一定相关性（Yang et al., 2014）。在高直链淀粉转基因水稻品种中，具有不同形态和直链淀粉含量的淀粉颗粒，在籽粒中呈区域性分布，并表现出不同的糊化特性（Cai et al., 2014）。张兆丽等（2011）对籼米、粳米和糯米进行研究发现，不同品种的稻米回生值呈现出一致的规律性，都随着直链淀粉含量减少而降低。杨晓蓉等（2001）也有相同的发现。史蕊等（2014）以黑龙江不同地域的水稻为研究对象，比较了稻米直链淀粉和淀粉糊化特性的差异，发现各样品的糊化特征值存在不同，但未表现出一致的变化趋势。夏凡等（2018）的研究结果表明直链淀粉含量与峰值黏度、最终黏度呈显著正相关，与回生值呈极显著正相关。此外，当稻米直链淀粉含量相近时，由于支链淀粉结构不同，表现出截然不同的糊化特性。在 10 种直链淀粉含量范围较窄的稻米淀粉中，Han 和 Hamaker（2001）报道长链支链（DP>100）和短链支链（DP 17）分别与淀粉糊的崩解值呈负相关和正相关。然而，Vandeputte 等（2003）研究了 5 种糯性淀粉和 10 种非糯性淀粉之后，发现支链淀粉链长分布与峰值黏度、崩解值、回生值和冷糊黏度之间没有显著相关性。

稻米淀粉的糊化特性还受到种植过程中各种环境因素的影响，包括气温、大气中二氧化碳、光、水和土壤营养等。通过对不同产地水稻淀粉理化性质的比较，发现其糊化特性存在显著差异（Cameron et al., 2007; Xu et al., 2004）。Bao 等（2004b）报道糊化特性参数中的冷糊黏度、回生值、崩解值和峰值时间主要受基因型影响，而峰值黏度和热糊黏度主要受环境因素影响。Tong 等（2014）报道基因型是决定淀粉糊化特性参数的主要因素。

7.1.3.2 热特性

糊化是淀粉颗粒内分子顺序的破坏，表现出不可逆的变化，如颗粒膨胀、自然结晶融化、双折射消失和淀粉的溶解。差示扫描量热（DSC）法可用于分析糊化起始温度（T_o）、峰值温度（T_p）、终点温度（T_c）和糊化焓（ΔH）等热特性，如图 7-7 所示。糊化温度（GT）决定了蒸煮所需时间，也可以通过稻米在 KOH 溶液中浸泡的解体程度来间接测量（Wambura et al., 2008）。范子玮等（2017）发现不同稻米品种的糊化参数（T_o、T_p、T_c）会随着直链淀粉含量的增大而升高，ΔH 没有明显的差异，这与蔡沙等（2016）的研究结果类似。

不同稻米品种的直链淀粉含量和糊化温度可能受遗传控制（Li et al., 2017b）。直链淀粉含量较低（AAC<20%）的稻米，根据其糊化温度可分为高糊化温度和低糊化温度两类。高糊化温度稻米的峰值温度为 77.6～79.8℃，低糊化温度稻米的峰值温度为 65.8～71.0℃。直链淀粉含量高的水稻，可以分为中等糊化温度和低糊化温度两类，72.8～76.6℃的为中等糊化温度稻米，63.2～67.7℃的为低糊化温度稻米。还需要注

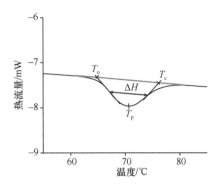

图 7-7　稻米淀粉的典型差示扫描量热（DSC）图

意的是，两个不同直链淀粉含量的低糊化温度组在温度范围上有所不同，高直链淀粉含量水稻的糊化温度要远低于低直链淀粉含量水稻的（Yang et al., 2014）。糯稻也可分为高糊化温度组（76.2～79℃）和低糊化温度组（66.9～70.5℃）（Bao et al., 2004a）。

　　糊化温度与支链淀粉的链长分布密切相关（Bao et al., 2009；Lin et al., 2013）。Nakamura 等（2002）发现，亚洲 129 个水稻品种的支链淀粉可分为长型和短型两种，DP≤10 的支链淀粉与 DP≤24 的支链淀粉的比例与淀粉糊化的起始温度呈负相关。Bao 等（2009）还报道了糊化温度与 DP 6～11 的支链淀粉含量呈负相关，与 DP 12～24 的支链淀粉含量呈正相关，表明 DP 6～11 和 DP 12～24 的支链淀粉的相对含量决定了淀粉的糊化温度。Cuevas 等（2010）报道，中等糊化温度水稻的特征是含有更多的 DP 24～35 支链淀粉。研究证实糊化温度受淀粉合酶 *IIa*（*SSIIa*）基因控制（Gao et al., 2003；Umemoto et al., 2002）。同样，糯稻的糊化温度也主要由 *SSIIa* 基因决定（Xu et al., 2013）。除此之外，糊化温度还受环境因素的影响，淀粉的糊化温度随生长环境温度的升高而升高，糊化温度的变化与支链淀粉结构的变化也相对应（Suzuki et al., 2003）。Inouchi 等（2000）和 Suzuki 等（2003）报道了水稻灌浆过程中的温度会以相似的方式影响支链淀粉的链长分布，即较低温度下的籽粒灌浆导致短链比例增加和长链比例降低。以上研究结果表明，淀粉热特性对水稻品质具有非常重要的影响（Xu et al., 2013）。

7.1.3.3　老化特性

　　老化是淀粉分子从无序到有序的过程，加热的淀粉糊在冷却至淀粉微晶的熔化温度以下时，直链淀粉和支链淀粉与溶胀的淀粉颗粒重新排列和结晶，形成有序结构。在食品加工方面，老化是指米饭变硬或在贮藏期内形成黏弹性的淀粉凝胶，熟米饭质构特性的变化主要是淀粉的老化导致的（Yao and Ding, 2002）。老化包括直链淀粉的快速再结晶和支链淀粉的缓慢再结晶（Okur et al., 2021）。因此，直链淀粉主导的是淀粉短期老化过程中（<1 天）的变化，支链淀粉主导的长期老化过程进行缓慢，长达几周的贮藏过程导致了淀粉流变学和结构的变化（Zhou et al., 2002）。

DSC 也可以用来测量淀粉的老化性质（Qi et al., 2003）。长链的数量与回生焓和凝胶硬度呈正相关，而短链与长链的比例则影响糯米中几乎所有的回生参数（Singh et al., 2012）。在非糯米中，直链淀粉含量与淀粉回生焓呈正相关，同时也与老化速率呈正相关，而热特性参数如糊化起始温度、峰值温度和终点温度与老化速率无相关性（Yang et al., 2014）。糯稻的老化特性可能主要由 *SSIIa* 基因控制（Xu et al., 2013），而非糯稻的老化特性主要由 *Wx*、*SSIIa* 和异淀粉酶 1（*ISA1*）基因控制。

7.1.3.4 消化特性

淀粉的消化特性对人类健康有着重要的影响。淀粉可分为快速消化淀粉（RDS）、慢消化淀粉（SDS）和抗性淀粉（RS）三种（Englyst et al., 1992）。RDS 与血糖和胰岛素水平快速升高有关（Wronkowska and Soral-Smietana, 2012）。与 RDS 相比，SDS 会导致餐后血糖水平缓慢升高，且维持较长时间的高血糖水平，有利于增加饱腹感（Lehmann and Robin, 2007）。从营养角度来看，SDS 是最理想的淀粉类型，有助于糖尿病患者的身心健康。RS 通过在大肠中发酵产生短链脂肪酸，有益于预防结肠癌、高脂血症等食源性疾病（Frei et al., 2003）。稻米淀粉的 RDS 含量一般为 78.5%～87.5%（Kong et al., 2015a），糯稻淀粉的 RDS 含量要高于普通稻米淀粉。稻米淀粉中 SDS 含量为 1.2%～6.0%，RS 含量为 10.1%～18.0%。

稻米淀粉的消化特性受直链淀粉含量、淀粉精细分子结构和结晶结构的影响。RS 与直链淀粉含量呈正相关，而 SDS 则随着直链淀粉含量的增加而降低（Zhou et al., 2018；Zhu et al., 2011）。Syahariza 等（2014）的研究进一步发现，直链淀粉的链长越长，消化率越低。稻米淀粉的 RDS 含量随着直链淀粉含量的增加而降低（Chung et al., 2011）。糯稻淀粉中 RDS 含量较高的原因是支链淀粉中长支链（DP≥37）的比例低、短支链（DP 6～12）的比例较高（You et al., 2015）。较长的支链淀粉和直链淀粉具有相类似的特性，即在一定程度上可以抑制淀粉酶解，所以支链淀粉的长链占比越大，消化率也就越低。

7.2 稻米淀粉对稻米食味品质的影响

稻米食味品质是决定其价值的关键（Shi et al., 2021），这是一个综合复杂的概念，具体是指对蒸煮米饭的外观、香味、口感、硬度、黏弹性等进行的分析评价。通常，食味品质良好的稻米在蒸煮后具有气味清香、光泽度好、口感软糯弹牙等特点。稻米食味品质与淀粉的组成和结构紧密相关，一般将淀粉的理化特性作为评价稻米品质优劣的标准（张超，2021）。

7.2.1　直链淀粉含量对稻米食味品质的影响

近些年的研究表明，直链淀粉含量对稻米蒸煮食味品质具有重要影响（Tian et al., 2009），但并不具有完全的决定性作用。根据直链淀粉含量对稻米食味品质进行分析：当直链淀粉含量低于 2% 时，为糯米，此时蒸煮得到的米饭很黏；当直链淀粉含量为 12%～19% 时，米饭柔软，吸水率低，黏弹性较好，冷却后可以保持较为柔软的质地，易消化，食味品质优良；当直链淀粉含量为 20%～24% 时，米饭体积易膨胀，吸水率高，冷却后容易变硬，口感差；当直链淀粉含量高于 24% 时，米饭较硬，黏弹性差，米粒易断，易回生。简而言之，直链淀粉含量低的米饭光滑、质地黏软，具有光泽；而直链淀粉含量高的米饭干燥、质地硬、黏性小，且冷却后易变硬（闫清平和朱永义，2001），适口性较差。

对于不同品种的稻米而言，直链淀粉含量与米饭的黏性、硬度、凝聚性、胶黏性、回弹性等质构特性具有相关性（夏凡等，2018；张敏等，2019）。Zhu 等（2021）通过比较直链淀粉含量不同的 4 个品种来分析优粒和劣粒之间的差异，发现在优粒中直链淀粉含量更高，但会导致回生和较硬的质地，降低米饭的食味品质。曾庆孝等（1995）有相似的发现，直链淀粉含量与米饭的硬度呈现出正相关关系。Tao 等（2019）的研究表明高直链淀粉水稻品种在蒸煮过程中支链淀粉的浸出量较少，导致黏性较低、硬度较高，食味品质较差。而半糯粳稻的食味品质要优于普通粳稻，因为与普通粳稻相比，半糯粳稻的直链淀粉含量较低（岳红亮等，2020），但并不是所有稻米直链淀粉含量（AC）越低，其食味品质一定越好。王才林等（2021）收集了 14 个低 AC（5%～14%）的半糯突变体粳稻发现，当 AC 在 8% 以下时，米粒外观较差，且米饭过软，没有弹性；当 AC 在 12% 以上时，米饭品质较好，晶莹剔透且具有弹性，冷饭不易回生，食味品质较好。另外，有研究表明，米饭颜色、光泽与直链淀粉含量也具有相关性，低直链淀粉含量的米饭颜色透明，光泽较好；而高直链淀粉含量的米饭为白色且不透明，光泽也暗淡（闫清平和朱永义，2001）。

一般来说，低 AC 的稻米在烹饪后变得柔软而黏稠，而高 AC 的稻米变得相对坚硬，颗粒蓬松。然而，直链淀粉含量不能解释稻米食味品质的总体变化，因为具有相似直链淀粉含量的品种往往食味品质不同。淀粉的其他理化性质（Bhat and Riar, 2019）、直链淀粉和支链淀粉的精细结构在决定稻米食味品质方面也起着重要作用（Honda et al., 2017）。

7.2.2　淀粉精细化结构对稻米食味品质的影响

虽然直链淀粉含量可以较好地预测出稻米的质构特性等，但对于直链淀粉含量差异不大的稻米品种而言，仅根据直链淀粉含量并不能精确地评判稻米食味品质的差异。淀粉的精细化结构也会影响稻米的食味品质。

两种直链淀粉含量相近的稻米品质也可能存在差异，研究发现这种差异与支链淀粉的结构存在一定关系（Zhang et al.，2021），具有相似 AC 的稻米淀粉可以生成不同的凝胶网络，其中支链淀粉的短链含量高、长链含量低的米饭质地较软（冯琳皓，2021），主要是因为短链支链淀粉的增加有利于淀粉糊化（韩金香等，2009）。短链支链淀粉（DP 6~12）对稻米的食味品质有明显的积极作用，而长链支链淀粉（DP 35~60）对食味品质有显著的负面影响。一般来说，淀粉的糊化特性与链长分布存在相关性，长链多且短链少，米饭质地硬，导致米饭食味品质较差；反之，长链少且短链多，米饭质地软，食味品质较好（张敏等，2019）。

不同稻米品种淀粉分子量、分子分散系数、结晶度的差异，会影响淀粉的吸水及糊化特性，进而导致蒸煮后米饭食味品质的差异（姚文俊等，2023）。淀粉分子分散系数越大，则表明其组分越复杂，分子分布越广，链之间越容易相互交联，这使得蒸煮后的米饭口感较硬。Li 等（2016）研究表明，在 DP 1000~2000 时，直链淀粉分子大小和直链淀粉长链的占比对熟米饭的硬度有显著影响。直链淀粉分子尺寸较小，直链淀粉长链比例较高，它会与结晶片层中的支链淀粉形成共结晶，从而限制淀粉颗粒膨胀和淀粉分子在蒸煮过程中的溶出，导致米饭硬度增加（姚文俊等，2023）。食味品质好的品种，淀粉结晶度显著低于食味品质差的品种。结晶度的差异与支链淀粉链长度分布的差异一致，因为长链支链淀粉含量较高的淀粉可以形成更好的结晶结构，而丰富的短链支链淀粉可以降低结晶度。因此，短链支链淀粉的增加和长链支链淀粉的减少是降低结晶度的主要原因，有利于食味品质的提升。此外，在 AC 相似的水稻品种中，食味品质较高的品种结晶度也较低（Tao et al.，2019）。

在稻米蒸煮过程中，约有 1% 的淀粉从稻米表面浸出，形成大小不一的孔洞，浸出固形物在米汤中交联团聚，待水分蒸发重新附着在米饭表面形成保水膜，对米饭食味品质产生重要影响。王静等（2020）研究发现，保水膜越厚，米饭的黏弹性越好，食味品质也越优良。麻荣荣等（2021）以粳米和糯米为对照，对金坛董永软米进行分析发现，由于其直链淀粉含量较低，支链淀粉侧链分布中短链较多、长链较少，从而对淀粉与其他组分相互作用产生了抑制作用，利于软米中固形物的溶出，使其具有较好的黏弹性。Li 等（2017a）的研究证明了稻米在蒸煮过程中浸出的淀粉分子大小和链长分布受热力学效应控制，由于直链淀粉分子可能跨越多个结晶无定形薄片，并参与支链淀粉分支的结晶形成，从而限制淀粉在加热过程中的膨胀和直链淀粉的浸出。对非糯米品种而言，越小的支链淀粉越容易浸出，浸出液中直链淀粉含量较少，所以米饭黏性越大。米饭的黏性主要受到溶出支链淀粉总量、短支链淀粉比例和支链淀粉的分子大小等参数的影响（Li et al.，2017b），这些参数增大时，米饭表面的分子相互作用也会增强，导致测定质构时，与探头之间的黏附力和脱附阻力增大，即黏性增大（王静等，2020）。Li 等（2019）还发现支链淀粉的分子大小对淀粉黏弹性及淀粉凝胶网络的形成影响较大，在蒸煮过程中，支链淀粉分子越小，长直链淀粉越容易从淀粉颗粒中渗出，进而回生形成凝胶网络。此外，淀粉颗粒尺寸大小也会影响稻米食味品质，越小的淀粉颗粒，比表面积越大，亲水性和膨胀力会相应增强（Zhu et al., 2021）。

直链淀粉含量与淀粉精细化结构的差异会影响淀粉的理化特性，如糊化温度（GT）、凝胶稠度（GC）和糊化特性等，这对于评估稻米食味品质也很重要（Li and Gilbert, 2018）。对于直链淀粉含量高的稻米，其峰值黏度一般较大且回生现象显著，食味品质也就越差（杨晓蓉等，2001）。直链淀粉含量低的稻米淀粉比直链淀粉含量高的稻米淀粉具有更高的膨胀力，从而会促进淀粉糊化（Kong et al., 2015b）。岳红亮等（2020）发现最终黏度、峰值时间及米汤碘蓝值越低，胶稠度、崩解值、延伸性及延伸指数越高，粳稻品种的食味品质综合值越高、适口性越好。稻米的食味品质与淀粉理化性质密切相关，采用质构仪、食味计、快速黏度分析仪等设备进行指标测定，通过相关性分析各理化性状与食味品质间的相关程度，建立稻米食味品质的预测模型（Kim et al., 2017）。除此之外，基因型也对稻米的食味品质具有重要影响。目前，借助分子标记技术培育的'南粳 46'、'南粳 9108'等均是具有优良食味品质的半糯性粳稻品种，已在较大面积上得到推广种植。

总之，深入了解稻米淀粉的多尺度结构，有助于挖掘具有良好感官特性和食味品质的水稻品种，满足消费者对稻米感官特性的要求，同时推动优质稻米产业的发展。

7.3　稻米蛋白质

7.3.1　蛋白质组成

植物蛋白质按其功能可分为两大类，即作为种子贮藏物质的贮藏蛋白及维持种子细胞正常代谢的结构蛋白。水稻种子中绝大多数蛋白质为贮藏蛋白。根据水稻蛋白质溶解性的不同，可分为 4 种类型：水溶性的清蛋白、盐溶性的球蛋白、醇溶性的醇溶蛋白和稀酸或稀碱溶性的谷蛋白。

1. 清蛋白和球蛋白

清蛋白易溶于水，然而，当用水提取清蛋白时，部分球蛋白也会被提取出来，因为米粒中存在的矿物质溶解在水中，从而增加了球蛋白的溶解度。稻米中盐溶性的球蛋白与水溶性的清蛋白能与过敏人群血清中的 IgE 特异性结合，因此被认为是一种过敏原，且大多属于禾谷类作物的胰蛋白酶和 α-淀粉酶的抑制剂家族。

在水稻胚乳中,清蛋白种类很多,因此其编码基因的数目较多。球蛋白主要的成分是 α-球蛋白,只含一个多肽,且受一个基因控制,其分子量大约为26kDa,球蛋白的 *Glb* 基因与大麦醇溶蛋白基因、小麦高分子量谷蛋白基因都有极高同源性。

2. 醇溶蛋白

一般的禾谷类作物种子中的醇溶蛋白含量较高,但稻米中醇溶蛋白含量极少,在总蛋白质中只占3%左右。醇溶蛋白的分子量比较小,但是种类比较多,按分子量的大小可分为三类:10kDa、13kDa 和 16kDa。醇溶蛋白中富含疏水性氨基酸如亮氨酸和谷氨酰胺,但缺乏赖氨酸。在 10kDa、16kDa 多肽中均含有高比例的含硫氨基酸,尤其是在 10kDa 的醇溶蛋白中。在水稻基因组中,醇溶蛋白的基因成员及其拷贝数明显高于谷蛋白的基因家族。

3. 谷蛋白

稻米贮藏蛋白的含量和质量是决定稻米品质的重要指标之一。稻米蛋白质的含量和组成因其品种、环境条件、产地、加工精度等的不同而有所差异。一般情况下,籼稻的蛋白质含量高于粳稻。国家水稻育种协作攻关小组育成的 83 个籼稻品种,蛋白质含量为 8.27%～13.55%,平均值 9.91%。国际水稻研究所对来自全球的 19 587 个水稻品种的稻米品质进行分析,糙米的蛋白质含量平均值为 9.5%,精米的蛋白质含量一般为 6%～8%(谢艳辉,2013)。与其他谷物相比较,稻米中的蛋白质含量不高,但其所含有的粗纤维最少,各种营养成分的可消化率和吸收率高。

稻米的蛋白质并不是均匀分布的,有的蛋白质分布在淀粉胚乳中,并由内部胚乳部分向外部的糠层依次增加。各蛋白质组分的分布也存在一定的差异性,外层结构(如糊粉层和颖壳)中含有较多的清蛋白和球蛋白,但在精米(胚乳)中,存在大量的谷蛋白,而醇溶蛋白分配较均匀。

7.3.2　蛋白质结构

在水稻胚乳中已经鉴定出两种形态上不同的蛋白质体(PB),即 I 型(PB-I)和 II 型(PB-II)。电子显微镜观察表明,PB-I 具有层状结构,呈球形,致密颗粒直径为 0.5～2μm,富含醇溶蛋白;而 PB-II 具有晶体结构,呈椭圆形,颗粒直径约为 4 μm,主要含有球蛋白和谷蛋白(Juliano and Tuaño, 2019;Collier et al., 1998)。

清蛋白中胱氨酸含量很低,不易形成二硫键,因而清蛋白更易溶于水。分子生物学研究表明,稻米贮藏蛋白的基因表达时首先合成的是分子量为 57kDa 的蛋白质分子,它再裂解成 22～23kDa 和 37～39kDa 两个亚基。谷蛋白中大小不等的蛋白质分子由这两个亚基通过二硫键装配而成。十二烷基磺酸钠(SDS)可以破坏二硫键的连接,通过改变 SDS 的用量,可以发现分子量为 22～23kDa 和 37～

39kDa 的蛋白质组分存在。清蛋白中也有分子量高达 100kDa 的蛋白质组分存在，因此，这两个组分实际上是大分子聚集体的基本组成单位（Takemoto et al., 2002）。稻米蛋白质分子间通过氢键和二硫键的相互作用使得疏水性基团相互交联形成难溶性聚集体，疏水性氨基酸含量远高于其他蛋白质，导致稻米蛋白质水溶性较差，进而影响其功能性质。

稻米蛋白质的结构受物理、化学等因素的影响。南昌大学研究发现用胰蛋白酶对稻米蛋白质进行限制性酶解后，稻米蛋白质中 β 转角含量升高，具有更加舒展的二级结构，且表面呈疏松多孔的微观结构（马晓雨等，2020）。还有研究发现稻米陈化会降低 α 螺旋含量，导致含硫氨基酸残基发生明显氧化。扫描电子显微镜显示新米分离蛋白和蛋白质体较分散，聚集程度低，颗粒完整度高，边缘接近球形；而陈米分离蛋白和蛋白质体多为聚集体，聚集程度高（宁俊帆，2021）。管弋铦等（2016）发现超高压处理后清蛋白、球蛋白和谷蛋白的二级结构发生改变，β 折叠结构含量降低，无序结构增多。

7.3.3　蛋白质功能特性

蛋白质是生命活动的体现者，也是生物生存所需的最基本物质之一。食品蛋白质的功能性质是指在食品体系中，蛋白质凭借自身结构和理化特性，对食品的加工、储存、制备及感官品质等方面产生影响并发挥作用的那些性质。这些功能性质与蛋白质在食品体系中的用途具有十分密切的关系，在以蛋白质为配料的产品中，其功能特性往往比营养价值更重要。稻米蛋白质作为一种天然大分子物质，具有溶解性、乳化性、起泡性、持水性、持油性等功能特性。

1. 溶解性

蛋白质溶解度与蛋白质表面的理化性质直接相关，是蛋白质-蛋白质及蛋白质-溶剂之间相互作用平衡的热力学表现。蛋白质的结构构象受温度、pH、盐浓度和溶剂的介电常数等多重因素影响，进而影响其溶解性（Adebiyi et al., 2007）。稻米蛋白的 pI 为 4.0～5.0，因而此范围时溶解度最低，但随着溶液酸性或碱性的增大而增大（Zhao et al., 2013）。稻米蛋白质的水溶性主要受谷蛋白影响，其中的二硫键导致了蛋白质的聚集与交联，是其低溶解度的主要原因。

2. 乳化性

乳化性包括乳化活性和乳化稳定性。基于蛋白质的两亲特性，蛋白质能够形成界面膜从而阻止油、水两相分离。蛋白质散播到界面的速度、界面吸附能力和构象形变大小决定了蛋白质的乳化活性。不同的蛋白质的空间结构与分子组成均不相同，而对溶液酸碱性调整后，可以改变蛋白质的带电性质、分子的电荷分布及空间构象。直接影响乳化活性的是蛋白质分子表面的疏水性，若蛋白质的溶解性提高，其乳化活性也会随之提高。乳化稳定性取决于蛋白质分子的大小、氨基酸的组成序列及蛋白质分子间二硫键的数量。通常情况下，分子量较低，氨基酸组成相对平衡，溶解性较好、构象相对稳定及表面疏水性较为显著等特点将有利于蛋白质呈现出良好的乳化性能。研究发现稻米蛋白的溶解性低导致其乳化性较差，所以改善稻米蛋白质溶解性有助于改善其乳化性。研究表明，利用蛋白酶水解稻米蛋白质后，稻米蛋白质的乳化性有较为突出的提高，乳化稳定性有更为突出的提高（Li et al., 2019）。

3. 起泡性及起泡稳定性

起泡性是发生在液–气界面的性质，起泡性与两相界面有着很大的关联。蛋白质起泡性取决于以下方面（刘瑾，2008）：①蛋白质在气–水界面上的快速吸附能力；②在界面发生快速的构象变化和重排；③通过分子间相互作用在界面上结构化并形成黏弹性膜。不同 pH 时蛋白质的起泡性并不相同，糙米、精白米和米糠蛋白质在 pH 11.0 时的起泡能力分别比 pH 5.0 时高 3.65 倍、5.52 倍和 4.21 倍（Cao et al., 2009）。随着 NaCl 浓度从 0.4 % 增加到 2%，米糠蛋白（RP）的起泡能力也显著增强。在蔗糖浓度高于 12% 时，三种不同 RP 的起泡能力显著下降。Wang 等（1999）研究得到的米糠分离蛋白与蛋清蛋白具有相似的起泡能力（分别为 18.9ml 与 20.5ml），但米糠分离蛋白的起泡稳定性明显低于蛋清蛋白。

4. 持水性

持水性是蛋白质吸收水后将水保留在蛋白质组织中的能力，即在食品的加工过程中，对原料中的水分及添加到制品中参与加工的水分的保持能力，即为蛋白质的持水能力。为了减少包装烘焙食品中的水分损失，保持烘焙食品的新鲜度和湿润口感，需要提高蛋白质的持水能力。原料中的水分在加工过程中以三种形式存在，分别是结合水、准结合水和自由水，依靠分子表面的极性基团与水分子之间的静电引力而结合，或者受到蛋白质分子中亲水基团的吸引而与蛋白质分子相结合，还有的是靠张力结合在蛋白质分子的最外层。原料中有保存水分的空间和存在维持水分的作用力，是蛋白质制品保持水分的两个必要前提。在食品体系中，持水能力对于一种蛋白质制剂而言比其结合水的能力更加重要，并与结合水的能力高低成正比。对于低、中等水分食品，如焙烤食品和肉制品而言，食品可接受度的决定因素就是蛋白质结合水的能力。

5. 持油性

持油性指的是蛋白质吸附油的能力，蛋白质的吸油能力对于改善某些食品的口感和保持风味是必不可少的。持油性与蛋白质的种类、来源、温度、加工方法及其所用油脂都有关。持油性对于富含油脂的食品，如火腿肠、蛋糕、饼干等制品的应用，有着非常重要的影响。具有高吸油能力的蛋白质成分可用于配制食品基质，如蛋糕糊、蛋黄酱、沙拉酱和香肠。

7.4　稻米蛋白质对稻米食味品质的影响

7.4.1　蒸煮过程中蛋白质的动态变化

稻米在蒸煮过程中，随着温度升高，稻米内部会发生一系列物理、化学反应，导致稻米籽粒变形，籽粒表面及内部形成许多细小的缝隙，这会促使稻米内水分、淀粉、蛋白质等物质的渗出。研究表明，蛋白质含量在蒸煮初期变化不大，但随着蒸煮温度的增加，尤其在温度接近淀粉糊化温度（50~70℃）时，稻米籽粒内部的蛋白质含量明显降低。这说明在蒸煮过程中稻米籽粒结构变得松散，米粒表面及内部形成缝隙进一步促使内部物质浸出。由于稻米中蛋白质在表层分布密集，且清蛋白、球蛋白多分布在表面，清蛋白、球蛋白易溶于水，所以在稻米蒸煮过程中主要是清蛋白和球蛋白从籽粒中渗出。Chiang 和 Yeh（2002）研究发现浸泡会导致稻米籽粒内部的可溶性蛋白、脂肪和矿物质溶出。而后进一步的水热反应加剧了清蛋白的溶出。由于球蛋白是盐溶性的，所以在蒸煮过程中含量变化没有清蛋白大，但是稻米籽粒中存在一些矿物质，因此在蒸煮中，也会导致少量球蛋白的溶出。醇溶蛋白和谷蛋白作为贮藏蛋白，在蒸煮过程中，含量都呈现降低的趋势，尤其是谷蛋白。这可能归因于谷蛋白在热的作用下会相互聚集或与其他物质相互作用形成不溶性聚合物，导致含量降低。

7.4.2　蛋白质含量对稻米食味品质的影响

米饭的食味品质是指稻米在熟制过程中和食用时所表现出的各种性能，包括米饭的气味、颜色、光泽、黏性、弹性、硬度、滋味、冷饭质地等。最常用的方法是通过人的味觉、视觉、嗅觉等进行感官评价。研究显示，米饭的食味品质与米粒本身的理化指标密切相关，如直链淀粉含量、蛋白质含量等。蛋白质作为水稻胚乳中仅次于淀粉的第二大成分，不仅对稻米营养品质有决定作用，而且与稻米蒸煮食味品质的优劣密切相关。

蛋白质含量与米饭的黏稠度有良好的相关性。蛋白质含量高，米粒结构紧密，淀粉粒间的空隙小，吸水速度慢，吸水量少，因此稻米蒸煮时间长，淀粉不能充分糊化，米饭黏度低，较松散。Ong 和 Blanshard（1995b）发现蛋白质含量低的稻米,其米饭更具香味、柔软性和黏性。蛋白质含量的高低也影响煮成米饭的色泽、光泽。米饭颜色与蛋白质含量呈正相关。高蛋白质米饭比低蛋白质米饭更加半透明,但有轻微的奶油色。对于冷米饭而言,蛋白质含量与光泽具有明显的相关性。笔者团队近期研究发现高含量的外部蛋白质会提高对籽粒外层细胞壁的保护作用,从而减缓蒸煮过程对籽粒结构的破坏,水分浸入存在"阻碍",因此糊化较慢。而低蛋白质含量对淀粉糊化存在弱抑制作用(图7-8)。此外,蛋白质含量高的稻米,其米饭比较硬,具有较高的咀嚼性和黏性。

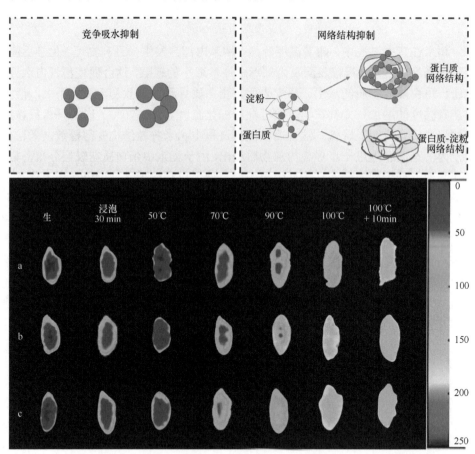

图 7-8 稻米蛋白质影响食味品质的作用示意图及蒸煮过程中稻米籽粒内部水分分布情况
a~c 的蛋白质含量分别为 8.15%、7.48%和 6.12%

7.4.3 蛋白质组成对稻米食味品质的影响

清蛋白和球蛋白是细胞质中的蛋白质,含量较低。谷蛋白和醇溶蛋白是贮藏蛋白,含量较高。稻米中 4 种蛋白质的含量及比例对稻米食味品质也有一定的影响。研究发现谷蛋白含量与米饭的外观、质构等特征联系得最为密切，而球蛋白、醇溶蛋白和清蛋白对米饭品质的影响较微弱（徐庆国等，2015；吴洪恺等，2009）。由于谷蛋白可以与水形成多种氢键，所以在向稻米淀粉中回添谷蛋白时发现，淀粉的持水能力和水化程度减弱（Baxter et al., 2014）。与此同时，淀粉的糊化焓值、峰值黏度和回生值也呈现明显的降低。由此可以发现蛋白质对米饭食味品质的影响不仅取决于其含量，也可能归因于蛋白质网络结构及蛋白质与淀粉之间的相互作用等。由于蛋白质与米饭质构之间并非单一的线性关系，并随各种蛋白质组成比例的变化而改变，所以在部分研究结果中并未发现稻米蛋白质与米饭食味品质之间存在关联（Balindong et al., 2018）。

第 8 章　稻米加工副产物综合利用及米制品开发

8.1　副产物综合利用

我国是稻谷生产大国，稻谷年产量约 2 亿 t，在加工成主食的过程中，会产生约 20%的稻壳、15%的碎米和 10%的米糠等副产物（Torres and Seijo, 2016）。目前，我国稻谷加工尚处于初级加工阶段，有效利用率只有 60%～65%，米糠、碎米等副产品主要作为饲料或者最初级的原料使用，未深入挖掘其附加值，资源综合利用水平较低。据统计，我国稻米副产物的综合利用率为 10%～20%。而发达国家稻米副产物的综合利用率普遍达到 90%以上，其中日本的米糠综合利用率接近 100%。因此，稻谷副产物综合利用技术的开发具有巨大的经济、社会和生态效益，对推进稻米加工产业的健康发展具有重要意义。

8.1.1　稻壳

我国年产稻谷 2 亿 t 左右，稻壳 4000 万 t 左右，稳居世界第一位。稻壳是砻谷过程中产生的副产物，含丰富的木质素、戊聚糖和二氧化硅等成分。然而，稻壳的木质素和硅含量较高，不易吸水，大多被丢弃或者燃烧，因而利用率不高（Chuah et al., 2005），且燃烧处理还会释放出二氧化碳而造成二次污染（王立等，2006）。稻壳原料充足、来源广泛、价格低廉，生产成本低，研究稻壳资源再利用技术，在节约能源的同时又实现了废物再利用，符合我国可持续发展要求，具有较大的实用价值和应用前景。

8.1.1.1　稻壳在农业和食品中的综合利用

近年来，国内外一些学者利用稻壳资源在农业和食品领域取得了一定的进展。Puzari 等（2014）利用稻壳中的物质为底物生产出一种生物制剂，该制剂能够控制稻铁甲虫。也有研究表明，育秧基质采用稻壳和菌糠同体积混合可提高秧苗的综合素质，有效地节约生态资源（刘双等，2015）；而在钵体育秧覆土部分掺入20%的稻壳，可提高出苗率，改善秧苗素质（刘祥臣等，2016）。此外，有学者以农业废弃物稻壳为主要原料（稻壳占 96%，其余 4%为植物性、水溶性、可降解黏合剂），采用独特的冷成型物理加工工艺开发了专用生产设备，用于制造一次性餐具,其具有机械强度高、降解速度快、保质时间长、微生物降解易、产品成型均匀收缩、可进入微波炉使用等优点(秦建春,2005)。

8.1.1.2　稻壳在化工上的综合利用

稻壳具有高灰分含量,可用于生产活性炭,且经过化学改性后,吸附能力更强。赵秀平等(2015)以稻壳为硅源,γ-氨丙基三乙氧基硅烷(APTES)为改性剂,制备的改性磁性介孔 SiO_2(NMMS)具有良好的磁分离特性;其孔道有序,孔径和比表面积分别为 2.03nm 和 205.88m^2/g,黄曲霉毒素 B1(AFB1)的脱除率可达(83.96±2.74)%,约为未改性的磁性介孔 SiO_2(MMS)的 2 倍。Ioannidou和 Zabaniotou(2006)研究表明,稻壳中的 SiO_2 起骨架作用,当稻壳中木质素和纤维素被降解之后,炭便会附着在骨架上,使稻壳成为理想的吸附剂原料。此外,有研究表明,以稻壳等为原料经高温炭化、精制、高温催化、石墨化等工艺得到的石墨微晶,可作为石墨烯的新型碳源,经硫酸根插层、热搅拌,微波反应、快速冷却处理等工艺成功制备单层或双层石墨烯纳米片,该方法大大提高了稻壳资源的利用价值和经济效益(程金生等,2015)。

8.1.1.3　稻壳在建筑行业中的综合利用

稻壳燃烧后剩下的稻壳灰主要成分是二氧化硅,含量高达 87%～97%,是制砖的上等原料。相关研究表明,将稻壳燃烧后剩下的稻壳灰掺入水泥浆中可缩短工作时间,提升混凝土的生产效率(梁世庆和孙波成,2009);也可用于制备稻壳灰-水泥复合材料(陈墨等,2011),将稻壳灰与水泥、树脂三者混合,再经快速模压制成稻壳灰砖(鹿保鑫和张丕智,2005);也可与矿物外加剂、胶凝材料混合后再经过搅拌压缩等程序制得空心砖(彭文怡和陈慧,2014)。此外,稻壳内含有约38%的干性纤维素,根据该特性将稻壳灰添加到涂料中,可使常见的涂料龟裂现象消失(程贤春,1998)。

8.1.1.4　稻壳在生物工程与医疗药物中的综合利用

Cho 等(1998)认为从稻壳中分离出的 4-羟基苯甲酸和 4-羟基肉桂酸,可作为大多数革兰氏阴性菌和部分革兰氏阳性菌抗菌剂。Jeon 等(2006)报道稻壳甲醇提取物中的酚类物质不仅具有较高的抗氧化活性,还能抑制过氧化氢激发的人淋巴细胞 DNA 损伤。也有研究者通过稀酸常压水解稻壳,将稻壳加工为木糖、木糖醇;以稻壳水解液为原料生产单细胞蛋白等;稻壳还可以加工生产乙醇、乙酰丙酸、植物激素、硅胶、无定型超 SiO_2 和高纯 SiO_2 等,这些都可以提高稻壳的综合利用价值(李楠楠等,2017)。

8.1.2 碎米

碎米是碾米过程中产生的副产物，根据《大米》（GB/T 1354—2018）规定：碎米是指长度小于同批试样完整米粒平均长度四分之三、留存在直径 1.0mm 圆孔筛上的不完整米粒。当前的碾米技术条件下碎米率为 10%～15%，与普通的稻米相比，碎米的粒径较小，尽管两者营养成分含量相当，然而在价格上碎米具有绝对优势，会比平常的稻米优惠 30%～45%。利用碎米成本较低的优势，除了可以节省原料的成本，还有利于碎米资源的合理开发利用，带动粮食产业的发展，促进粮食加工行业的进步。

碎米淀粉的应用：碎米中淀粉含量丰富，碎米淀粉具有一些其他淀粉不具备的特性，与其他谷物淀粉颗粒相比，碎米淀粉颗粒小，且粒度分布均匀，不易引起过敏性反应，而且香味柔和，糊化后吸水快，质构非常柔滑似奶油，具有脂肪口感，且容易涂抹开。基于这些特性，碎米淀粉主要应用于生产多孔淀粉、抗性淀粉、脂肪替代物等。

碎米蛋白质的应用：碎米蛋白质是公认的优质植物蛋白，它的低过敏性、高营养性一直为国内外食品学者所青睐。碎米蛋白质的应用主要有：生产稻米浓缩蛋白、分离蛋白、稻米改性蛋白。除此之外，利用碎米还可以开发人造米、米面包、米粉、米饮料等。

碎米制备重组米：重组米可以采用碎米、麦麸等副产物或杂粮作为主要原辅料，经清理、粉碎、筛分、配料、调制、挤压成型、干燥等工序制成，是一种预熟化米。其糊化程度可达到 75% 左右，易于通过配料实现高蛋白质、高 γ-氨基丁酸、高膳食纤维、高花青素等营养成分的调控。且重组米弹韧性较天然米饭高，可通过控制配方、挤压参数等调节产品质地，使之更接近天然米饭的特征，从而提高市场接受度。

8.1.3 米糠

米糠是稻谷经过加工后产生的一种副产品，又称为米皮，含有糖、脂肪、蛋白质、维生素和其他化学成分（表 8-1）。米糠蛋白质氨基酸种类齐全，赖氨酸、色氨酸和苏氨酸含量高于玉米，营养质量可与鸡蛋蛋白质媲美。米糠脂肪主要是由不饱和脂肪酸组成，其中必需脂肪酸含量为 47%，还含有 70 余种的抗氧化成分。米糠中矿物质含量丰富，其中锌、铁、锰、钾、镁、硅含量较高。因此，米糠在国外被称为"天赐的营养源"。近年来，很多科研工作者专注于米糠研究、开发和利用，并卓有成效。

表 8-1 米糠组成

成分	含量/%	提取方法	功能	应用
油脂	18～22	水酶法（任悦等，2016）、物理法（张金建等，2016）、有机溶剂法（陈中伟等，2017）等	提高免疫力、降低胆固醇、调节血脂、防止动脉硬化	食品、化妆品、化工和医药等行业
膳食纤维	16～31	物理法（Wu et al., 2021；王旭等，2017；朱凤霞等，2015）、酶法（刘静怡等，2017）、化学酶法（吴珏等，2020）等	降血糖、降血脂、减肥	焙烤制品、饮料制品、肉制品
蛋白质	14～16	碱法（Zhang et al., 2012；Yadav et al., 2011）、物理处理辅助碱法（Sun et al., 2017；Sagar et al., 2017）、酶法（张金建等，2017；Hamada, 2000）	赖氨酸含量高，具有较高的营养价值	功能肽、营养补充剂、食品添加剂
植酸	4～6	沉淀法、离子交换法、微波辅助提取法（王红利等，2014）、超声波辅助提取法（胡爱军等，2012）等	防腐、抑菌	食品添加剂

8.1.3.1 糊粉层

稻米糊粉是稻米加工过程中产生的一种重要副产物，主要成分是糊粉层和亚糊粉层，占稻米的 2%～3%，是稻谷营养精华所在。与精米相比，稻米糊粉中含有更丰富的蛋白质、脂肪、膳食纤维、维生素和矿物质等营养素。但是，稻米糊粉中含有丰富脂肪的同时，还含有过氧化物酶及脂肪酶。稻谷加工过程中，稻谷完整性被破坏，过氧化物酶和脂肪酶被激活，可以迅速分解稻米糊粉中的脂肪，导致稻米糊粉迅速哈败变质，其不稳定性严重限制了稻米糊粉的开发利用。笔者团队采用切向喷射气流叶轮式分级器结合超声波振动筛实现了稻米糊粉层的分级，同时利用耦合蒸汽处理与滚筒干燥热力灭酶作为稳定化方式制备稳定化稻米糊粉（图 8-1）。稳定化稻米糊粉可作为一种口感好、色泽稳定的功能性食品开发原料。

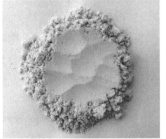

a.新鲜稻米糊粉原料　　b.加速实验12周后稳定化稻米糊粉　c.加速实验12周后未稳定化稻米糊粉

图 8-1 稻米糊粉贮存过程中外观变化

8.1.3.2 米糠多糖

米糠多糖包括纤维素、半纤维素、果胶，是构成细胞壁的主要成分，其中纤维素在细胞壁中起到支撑作用，被称为结构性多糖，半纤维素和果胶类在细胞壁中起到填充作用和连接作用，被称为基质多糖。在不同提取工艺下，不同结构层的细胞壁性质不同，导致制备的米糠多糖的溶解性、单糖组成、分子量、糖链构象、空间结构、生物活性均有所差别（王莉，2009；Yamagishi et al.，2003；汪艳等，2000；Takeo et al.，1988）。米糠多糖已被验证具有抗肿瘤、提高免疫活性、降血脂等功效（Yamagishi et al.，2003；Ito et al.，1985），在诸多功能性食品中具有广阔的应用前景。在日本，由米糠多糖制成的保健食品已经上市并且被一致看好。在乳制品中加入米糠膳食纤维能同时满足人们对蛋白质、脂质等动物性营养成分和膳食纤维等植物性营养成分的需求，能进一步提高乳制品的营养价值。这类产品已经上市而且在欧美很受消费者欢迎，如法国 AGLN 公司的"NactaliaErcrem"产品，含有约 1.0%的水溶性膳食纤维。国内的蒙牛公司也开发了类似的产品并迅速占据了一定的市场份额。美国不少公司已研制出一系列含米糠多糖的焙烤食品，在市场上颇受欢迎。近些年中国跟进了米糠多糖加入面包的研究。研究发现，面团中混入 3%的米糠多糖后不会对面团的发酵性能和比容产生显著影响，但能补充人体每日所需的膳食纤维，增强营养价值（胡国华等，2002）。在米糠多种加工产品中，添加米糠多糖的产品具有良好的经济和社会效益，可使米糠增值数百倍，极大地提高米糠价值。

8.1.3.3 米糠蛋白质

米糠蛋白质是一种营养较为全面的蛋白质，含有多种生理活性物质，可以改善膳食中蛋白质摄取量不足的缺陷，一直受到营养学家及相关研究人员的关注。米糠蛋白质由于含有大量的二硫键，并聚集成大分子聚集体，不易溶于水，所以米糠蛋白质的提取方法通常为稀碱萃取，并经过浓缩、干燥等工艺制得，其消化率可达 90%以上。美国已应用外切蛋白酶和内切蛋白酶进行米糠蛋白质的提取和改性研究。以上两种蛋白质提取方法都有不同的缺点和弊端。前者反应要求苛刻，工艺复杂，在提取过程中，米糠中的绝大部分有用物质如脂肪、维生素、肌醇等被丢弃，不利于后续利用。因而，限制了米糠的全面开发与利用。后者采用的蛋白酶解方法虽然反应温和，但所用酶类价格较高，生产成本较高，导致产品价格较高，不适于大量推广与销售。

米糠抗氧化肽的开发既可以改善米糠蛋白质难溶于水的缺陷，又能发挥米糠蛋白质的营养价值和保健价值，为米糠蛋白质的利用提供了新的途径。然而，米糠蛋白质的酶解效率是限制米糠抗氧化肽制备的难点，因此，提高米糠蛋白质的酶解效率和探究改性后酶解物的抗氧化活性，对于开发利用米糠蛋白质资源具有重要的学术价值和应用前景。电子束（EBI）是一种新型的冷处理改性技术，具有可控性强、自动化程度高等优势，近年来已有研究发现 EBI 处理能够改变蛋白质的结构特性，提高蛋白质酶解效率（Li et al.，2020b；Zhang et al.，2020）。此外，米糠蛋白质在酶解过程中会不可避免地发生聚集行为，甚至生成一些不溶性聚集体。这些不溶性聚集体作为酶解副产物有时可高达米糠蛋白质总量的 40%，因其不溶于水严重限制了其在食品中的应用。然而，随着纳米技术的发展，米糠蛋白质酶解不溶性聚集体可作为制备纳米颗粒的良好材料。将不溶性聚集体通过一定的方法制备成纳米颗粒，研究其作为界面稳定剂的可能性，可为不溶性聚集体在功能性食品配料中的开发和应用提供理论和技术指导，同时对提高米糠蛋白质酶解产物的绿色可持续加工利用水平，实现米糠蛋白质高值高效利用具有重要意义（Zhang et al., 2021）。

8.1.3.4　米糠油

米糠中粗脂肪的质量分数为 15%～20%，通过压榨法或溶剂浸出法，如超临界二氧化碳浸出法、酶法从米糠提取米糠油，毛油经脱色除臭和其他提炼精制过程得到米糠油。米糠油包含约 22% 的饱和脂肪酸（SFA）、41% 单不饱和脂肪酸（MUFA）和 37% 多不饱和脂肪酸（PUFA）；饱和脂肪酸主要由棕榈酸组成，有少量硬脂酸和肉豆蔻酸，单不饱和脂肪酸主要是油酸，多不饱和脂肪酸主要是亚麻酸。

米糠油气味芳香、耐高温、耐贮存，它作为油炸食品用油，对鱼和其他小吃的风味具有协同效应。米糠油还可以用于制造人造奶油、人造黄油和色拉油，作为烹饪原料有刺激食欲、改善肠胃的功能。另外，米糠油中不饱和脂肪酸可以改善人体固醇激素，降低其在血管壁的过度沉积，预防和治疗心血管疾病、高脂血症及动脉粥样硬化等。米糠油含有维生素 E、角鲨烯、活性脂肪酸、谷甾醇、豆甾醇、阿魏酸等成分，对于调节人体的生理功能、健脑益智、抗炎抗药、抗衰老有重要作用。米糠油在洗涤化妆品中也具有广泛的应用价值，如乙酰化的米糠油由于容易形成持久的防水防护膜，具有柔和调节功能，可以作为手或身体保湿霜、柔软剂等，也可用在洗发水和护发护理的配方中，使头发柔软顺滑。含有聚氧乙烯醚米糠油的洗发水、洗衣粉、洗手液、沐浴液，可以减少皮肤的干燥感，产生光泽感，同时可以保护皮肤和头发。季铵化的米糠油护发素可改善干燥的头发，使其具有易梳理性，甚至还有均匀染发的作用。

8.1.3.5　米糠植酸钙和肌醇

米糠饼中含有 10%～18% 的植酸钙，是其他粮食作物植酸钙含量的 5～20 倍，甚至以上。植酸钙可促进人体的新陈代谢，是一种滋补强化剂。植酸钙中含有 20% 的肌醇，可作为制造肌醇的原料。例如，50 kg 米糠榨油得到的糠饼所制成的肌醇，相当于原米糠 10 倍以上的经济价值，而且最后剩约 35kg 的糠饼渣，色香味俱佳，饲料价值比原米糠高。

8.1.3.6　米糠不溶性膳食纤维

米糠不溶性膳食纤维主要由纤维素、半纤维素、木质素组成，其表面的羧基、醇羟基、酚羟基、醛基等基团具有结合胆汁酸、葡萄糖、重金属离子等的能力。然而，不溶性膳食纤维内部含有大量的氢键，具有结构致密的特点，需要进行一定的预处理，使纤维致密的结构变得松散，孔隙度增加，某些被覆盖的功能基团裸露出来，以提高不溶性膳食纤维的某些功能性质，用于开发高性能的不溶性膳食纤维。笔者团队利用动态高压微射流处理改性提高米糠不溶性膳食纤维功能性质（图 8-2）（Wu et al., 2021），并通过动物实验验证了改性米糠不溶性膳食纤维对减缓 Cd^{2+} 侵害机体能力的影响。邓辉等（2016）研究了米糠营养纤维凝固型乳酸发酵饮料；蓝海军等（2009）研发了添加米糠膳食纤维的熏煮香肠，获得良好的感官评分；除此之外，还可以将米糠膳食纤维通过挤压强化法添加至粉碎米粉中，制备营养强化稻米（王炜华等，2011）、米糠面包（李安平等，2013；严梅荣等，2003）、米糠素食丸子（解冰，2015）、米糠调味酱（楚炎沛，2011）等。并且随着消费者健康意识的增强，人们越来越关注在日常饮食中增加膳食纤维的摄入（Nitin et al., 2015）。

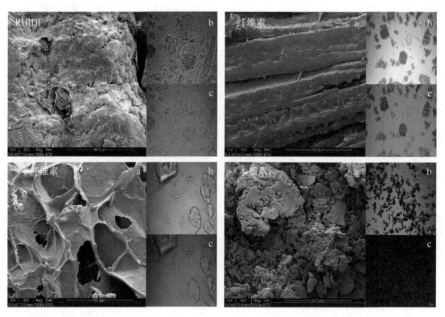

图 8-2 米糠不溶性膳食纤维的扫描电子显微镜（a）和倒置荧光显微镜图像（b：明场；c：荧光场）

8.1.4 稻米蛋白质副产物

在生产过程中，以稻米为原料的加工业中被充分利用的是淀粉部分，而大量的副产品稻米蛋白质作为下脚料未能得到有效的开发利用，导致了资源的极大浪费。稻米蛋白质是营养价值极高的植物蛋白，氨基酸组成合理，同时稻米蛋白质具有低致敏性，已被广泛应用于婴幼儿食品中。但是，由于天然的稻米蛋白质内部含有 80%的高疏水性谷蛋白，而成为高疏水性植物蛋白的代表，过多的分子间二硫键和疏水基因相互作用，导致分子灵活性低，表面活性能力较差，严重影响其在食品加工过程中的功能性质，从而制约其发展。因此，亟须通过一些改性手段破坏其内部不溶性聚集体的状态，改善其功能性质，扩大其应用范围，满足食品加工和消费的需求。近年来，许多研究人员尝试通过物理、化学和酶法改性等方法来改善稻米蛋白质的功能性质。

（1）物理改性

物理改性主要是通过湿热法、冷冻粉碎、微波法、超高压法、超声波法、辐照处理、挤压处理等方式产生的某种热、电或机械能量的变化来改变蛋白质的高级结构和分子间的聚集形态，从而改善蛋白质的溶解性、乳化性、起泡性、凝胶性等。Zhang 等（2019）利用电子束辐照处理稻米蛋白质，发现伴随蛋白质微观结构的变化，其乳化性和持水性、持油性得到改善。李传雯（2016）对稻米谷蛋白进行热处理，形成无定形热聚集体，但并没有达到预期改善其功能性质的效果。

（2）化学改性

化学改性是指通过化学方法改变蛋白质结构、静电荷和疏水基团，如采用碱法、酸法脱酰胺、酰基化、磷酸化、糖基化改性等方法处理稻米蛋白质，达到改善其功能性质的效果。易翠平和姚惠源（2005）利用酸法脱酰胺改性手段将稻米蛋白质溶解度提高至 99.4%，并显著改善其乳化性能、持水性和持油性。Li 等（2009）研究了在碱性条件下，稻米蛋白质与葡萄糖发生美拉德反应后其溶解度高达 90%，其他功能性质也得到显著改善，但是赖氨酸含量损失了 48%，且长时间的反应过程中会生成其他副产物。Wang 等（2019）利用磷酸化手段在加热过程中对稻米谷蛋白进行改性，促进了稻米谷蛋白的热聚集，提高了蛋白质聚集体的黏弹性。

（3）酶法改性

酶法改性是指利用碱性蛋白酶、胃蛋白酶、中性蛋白酶等作用于蛋白质的结构位点，将蛋白质水解成小分子肽段，降低蛋白质分子量，改变其结构，暴露内部疏水基团，进而改变其功能性质。Zhao 等（2012）通过 5 种商业用酶处理稻米蛋白质，可显著提高其溶解性到 80%，且抗氧化性能也得到显著提高，但是后续仍需探究如何降低酶解所产生的苦味肽的问题。Paraman 等（2007）发现有限酶水解提高了蛋白质的溶解度、分子柔韧性和亲水疏水平衡，但高温条件下酶失活期间仍会促进水解产物的聚集，降低其溶解性和乳化性，且过度水解产生的小分子肽段在界面吸附能力降低，从而导致其乳化性降低。

（4）新型的改性手段

蛋白质分子自组装形成的淀粉样纤维具有特殊的超分子结构、高纵横比、耐热性和丰富的表面基团，在提高溶液黏弹性、乳化性、起泡性、抗氧化性能方面发挥着重要作用（Mohammadian and Madadlou，2018），因此蛋白质纤维化自组装被认为是一种在改善蛋白质功能性质方面很有前景的新型策略。据报道，占比 80% 的稻米谷蛋白骨架结构中的 β 折叠结构和丰富的疏水氨基酸含量，为形成淀粉样纤维提供了先决条件（李双等，2019）。Li 等（2020）研究了稻米谷蛋白在 pH 2、85℃条件下纤维自组装过程，发现酸热诱导的稻米谷蛋白淀粉样纤维可以降低淀粉消化率，在低血糖食品中具有潜在的应用价值。然而稻米蛋白质复杂的亚基组成导致目前关于其纤维化分子机制及调控手段鲜少报道，而且稻米谷蛋白纤维化核心序列是来源于哪些多肽链，目前仍不清晰。因此系统研究外界因素调控下的稻米谷蛋白淀粉样纤维聚集行为，明确稻米谷蛋白纤维化自组装机制，揭示纤维化核心序列，对于扩大稻米蛋白质的应用范围具有重要的指导意义（Song et al.，2023）。

笔者团队从蛋白质分子水平入手，全面分析了 pH、离子强度、蛋白质浓度、温度和搅拌速度对稻米谷蛋白纤维化聚集行为的影响，通过结构解析和形态学表征明确了稻米谷蛋白纤维化自组装关键环节为合适的 pH 及高于蛋白质变性温度的热处理。稻米谷蛋白最终组装成最大轮廓长度为 843nm、高度保持在 4nm 左右的长且直的淀粉样纤维聚集体，纤维化后稻米谷蛋白的溶解性、乳化性及起泡性等功能性质均得到大幅度改善（Li et al.，2021）。笔者团队进而成功利用超滤手段对稻米谷蛋白淀粉样纤维进行分离纯化，探索了稻米谷蛋白淀粉样纤维（GF）、纤维聚集体（RGF）和非淀粉样多肽（FGF）的结构特点，并采用质谱结合 WALTZ 算法解析了谷蛋白纤维化核心氨基酸序列为 GEVPVVAIYVTD、SQNIFSGFSTELL、QNALL、QLLIIPQ 肽段（图 8-3）（Li et al.，2023）；最后从结构学和界面科学角度进一步揭示了稻米谷蛋白淀粉样纤维在水溶性和脂溶性生物活性物质包埋递送体系中的应用价值，对于拓展稻米蛋白质的应用范围具有重要的指导意义（Li et al.，2021）。

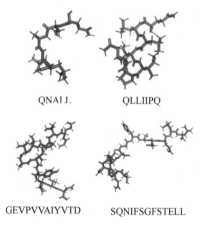

QNALL　　　QLLIIPQ

GEVPVVAIYVTD　　　SQNIFSGFSTELL

图 8-3　稻米谷蛋白纤维核心序列

8.2　米制品开发

稻米制品是东方食品的典型代表，其文化源远流长，一直引领着世界上以稻米为主食地区的饮食文化。近年来，米制品产业发展迅速，各种新型稻米加工食品不断出现在各国超市的货架上，种类繁多，深加工综合利用水平不断提高。

8.2.1　方便米饭

近年来，方便食品的研究和生产受到广泛关注，究其原因，方便食品以其简便快捷、便于携带、营养健康、保质期长、价格公道等优点紧握市场，为人们日常生活带来方便和快捷。方便米饭是米制品方便食品中最主要的一种。方便米饭又称为即食米饭，是指由工业化大规模生产的，直接可食用或在食用前只需做简单烹调的，风味、外形、口感与普通米饭基本一致的主食食品（刘玮和孙爱景，2008，2009；徐树来等，2008）。方便米饭的种类可根据加工工艺、风味或包装形式不同进行划分（刘玮和孙爱景，2008）。按照方便米饭出现的时间顺序，可以将方便米饭划分为如下几类：

（1）干燥米饭是第二次世界大战时为了克服食用前需加热而问世的米饭制品，也称为 α 化米饭。干燥米饭是将调理加工后的米饭，经过快速热风干燥、膨化干燥等干燥工艺方法脱水制成的米饭制品，水分含量在 6%～8%（李瑾和李汴生，2008）。在食用前加开水浸泡，短时间内吸水蓬松，即可食用。干燥米饭由于水分含量低易于保存，且干燥脱水后米饭体积变小，便于携带，但是食用前必须用热水浸泡，有一定局限性。其主要加工工艺如下：

稻米→筛选→清洗→浸泡→蒸饭→冷却→离散→干燥→冷却→包装→成品。

（2）高温杀菌米饭于 1971 年在日本上市，是将调理后的米饭装入耐高温密封的复合胶膜（硬盒或袋装类）容器中，再经高温（121℃以上）杀菌制成的方便米饭（张民平和王文高，2002）。其主要加工工艺如下：

稻米→筛选→清洗→浸泡→沥干→定量充填→定量加水→封口→蒸饭、杀菌→密封检测→重量检测→金属检测→保温→人工检测→包装→成品。

（3）冷冻米饭于 1973 年上市，生产工艺是将煮熟后的米饭，在-20℃以下的低温环境中急速冷冻。其运输方便，保质期长，主要供应给学校，后来随着微波炉的普及，其市场需求量逐步扩大。冷冻米饭通过速冻工艺处理，很好地保持了米饭的风味、口感，解决了产品因含水量高不利于贮藏的问题（江凌燕等，2008）。

（4）无菌包装米饭 1987 年在日本上市，在无菌车间进行连续炊饭，再用气密性良好的包装容器将其密封（韩跃武，1994），然后进行冷链流通。无菌包装米饭和软罐头米饭相似，但是软罐头米饭是经过高温高压杀菌达到长期贮藏的目的，而无菌包装米饭是在无菌环境中进行蒸饭、密封，米饭和容器都未受到细菌侵染，从而达到长期保存的效果（张民平和王文高，2002）。其主要加工工艺如下：

稻米→筛选→清洗→浸泡→沥干→定量充填→杀菌→酸水填充→蒸饭→封口→密封检测→重量检测→金属检测→保温→人工检测→包装→成品。

（5）挤压重组米又称为工程米、人造米、复合米等。早在20世纪70年代，西欧和美国、日本、苏联等地区和国家就已经开始对挤压主食营养米进行研制。当前，市售产品以自热米饭为主，其加工工艺如下：

稻米→筛选→粉碎→混合调质→挤压制粒→缓苏→干燥（微波/热风）→冷却→包装。

（6）罐装米饭是第二次世界大战前问世的米饭制品，可以保存5年，食用时需加热，主要供军队食用，也属于高温杀菌米饭的一种。即将原料或调理后的米饭装入金属罐内，再经高温杀菌制得的方便米饭（张原箕等，2009；朱世华，1994）。

近年来，研究表明方便米饭品质的影响因素很多，如稻米的原料特性、方便米饭的加工过程和用于改良米饭品质的物理化学方法。具体阐述如下。

（1）原料特性

淀粉是稻米的主要成分，约占稻米干重的85%（Hasjim et al. 2013）。稻米淀粉可分为直链淀粉和支链淀粉两种，它们的结构和比例对稻米的多项特性都有重要影响（Amagliani et al., 2016）。有研究指出，直链淀粉含量偏高时，米饭色泽趋向暗淡且表面光泽欠佳（薛薇等，2022）。同时，稻米的直链淀粉分子结构呈线性排列，空间阻滞程度低，容易发生重结晶，从而加速米饭的回生过程；相比之下，支链淀粉因其丰富的侧链分支，形成了较大的空间阻碍，使得重结晶进程受阻，故表现出较慢的回生速度（杨柳等，2019）。研究证实，直链淀粉含量高的米饭回生速率较快（Mariotti et al., 2009），米饭冷却后，其黏性和弹性均减小，硬度增大（Iturriaga et al., 2010）。

蛋白质是稻米中的第二大贮藏物质，根据溶解特性的差异，稻米蛋白质被分为谷蛋白、球蛋白、清蛋白及醇溶蛋白4种（Shih, 2003）。总蛋白质含量与米饭的香气、风味、黏度和光泽度之间呈负相关，与米饭的色泽呈正相关（Huang et al., 2020）。这是因为稻米蛋白质会阻碍蒸煮过程中水分的扩散，直接影响蒸煮过程中的吸水率（许永亮等，2007）。张欣等（2014）发现清蛋白与适口值之间存在显著的正相关关系，并指出球蛋白、醇溶蛋白、谷蛋白和总蛋白质含量与适口值之间存在显著的负相关关系。

（2）加工过程

在整个方便米饭的加工过程中，杀菌是影响方便米饭品质的关键环节。目前，生产即食方便米饭主要采用两种技术。第一种是无菌加工技术，这种技术是将稻米蒸煮后在无菌室内将米饭分装密封。为了防止有害微生物在整个生产过程中滋生，必须在米饭中添加 pH 调节剂或脱氧剂等（Kwak et al., 2014; 金本繁晴，2008）。然而，加热后的稻米会表现出明显酸味，米饭中心可能会出现硬心。陈慧等（2013）研究发现使用 ε-聚赖氨酸替代葡萄糖酸-δ-内酯作为抑菌剂，有助于减少无菌米饭的酸味。第二种是高温灭菌技术，这种技术是将蒸煮完成的米饭在 121℃条件下加压加热杀菌。然而，经过杀菌处理后，即食米饭的口感和质地都会受到影响，容易黏结成团、缺乏弹性，从而导致产品质量明显下降（Kwak et al., 2013）。根据亓盛敏等（2019）的研究，杀菌工艺对米饭风味会产生显著影响，高温高压处理降低了米饭中原有的特征风味成分，同时产生了新的风味物质，采用梯度杀菌的方法有助于更好地保留无菌方便米饭的原始风味。

（3）品质改良方法

近年来，为优化米饭的理化特性及提升其食味品质，科研人员已研究并开发了多种米饭处理技术手段。这些方法包括：添加乳化剂如蔗糖酯、卵磷脂和单甘酯（Yang et al., 2017）；添加酶制剂如 α-淀粉酶、纤维素酶（龙杰等，2018）、淀粉葡萄糖苷酶等；添加亲水性糖和胶体如黄原胶、β-环糊精（刘莉，2013）、低聚果糖（倪晓蕾，2021）、可溶性大豆多糖（赵启竹，2021）等；添加一些新型品质改良剂如茶制品（Fu et al., 2021）、花芸豆 α-淀粉酶抑制剂提取物（汪云吉，2021）等。

与此同时，一些物理预处理方法也得以应用，如超高压（孟玲，2019）、脉冲电场（白同歌，2021）、辐照（金玉，2016）和热处理等。在食品工业中，热处理被认为是提高产品质量、延长保质期最有效的策略之一。稻米贮藏与加工中常用的热处理方法有热风（Agrawal et al., 2019）、微波（Verma et al., 2024）、蒸谷（闫舒等，2021）、过热蒸汽（Fang et al., 2023）、湿热处理（唐玮泽等，2020）和红外辐射（于贤龙等，2022）6 种。笔者团队采用不同温度和持续时间的过热蒸汽进行预处理，将处理前后的稻米样品制作成方便米饭。研究表明，过热蒸汽处理能够增强淀粉之间的相互作用力，进而优化淀粉的凝胶特性；同时，过热蒸汽处理还会引起蛋白质结构转变，强化蛋白质的相互作用。因此，过热蒸汽在提高方便米饭品质方面具有潜在应用前景（图 8-4）（Zhang et al., 2024）。

8.2.2　挤压重组米

8.2.2.1　挤压重组米的定义

挤压重组米，亦称工程重组米，主要是以稻米或其他淀粉基质为原料，经过粉碎和充分混合后，通过挤压机进行熟化和再造粒，最后进行干燥处理，制成外观与天然稻米相似的颗粒状米制品（郭亚丽等，2018）。市面上的各种挤压重组米如图 8-5 所示。根据使用的主要原料不同，挤压重组米可分为稻米重组米（林雅丽等，2016）、

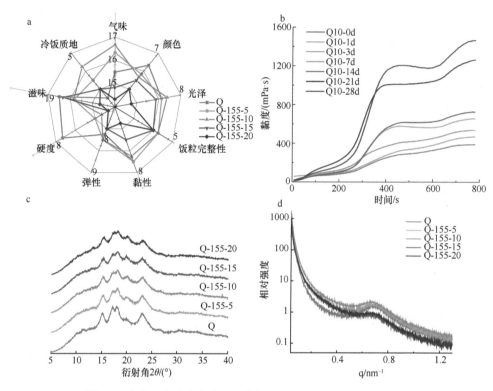

图 8-4　未处理和过热蒸汽处理米饭、稻米淀粉性质及结构表征

a. 感官评分，b. 糊化性质，c. 晶体结构，d. 层状结构。a 图和 d 图例从上到下依次为未处理的大米和在 155℃ 下的过热蒸汽处理后 5s、10s、15s 和 20 秒的大米，c 图图例从下到上依次为未处理的大米和在 155℃ 下的过热蒸汽处理后 5s、10s、15s 和 20 秒的大米；b 图图例从上到下依次为过热蒸汽处理后贮藏 0d、1d、3d、7d、14d、21d、28d 大米

玉米重组米（李娜等，2016）和马铃薯重组米（章丽琳，2018）等。此外，挤压重组米还可以根据其主要功能进行分类，如具有快速熟化特性的挤压方便米饭（曲丽丽，2013），添加了蛋白质、膳食纤维或微量元素的营养强化米（刘小禾等，2020），以及专为慢性肾病患者设计的低蛋白质重组米（刘春景等，2017）和适合糖尿病患者的低血糖指数（GI）重组米（李兆钊，2020）等。挤压重组米不仅可以通过原料配方进行营养强化，还具有良好的贮藏稳定性，其营养价值通常超过天然稻米，因此具有广阔的市场发展前景（Tong，2003）。

图 8-5　各种市售挤压重组米

8.2.2.2　挤压重组米工艺流程及原理

挤压重组米的生产通常采用双螺杆挤压机进行，如图 8-6 所示。生产过程首先是将各种淀粉基质和辅料粉碎并均匀混合后，倒入挤压机的进料仓。在挤压过程开始前，需要预设挤压机筒体各区的温度、螺杆转速及固液体进料速度等关键参数（周兵兵，2023）。挤压机启动后，物料和水分通过各自的进料口被引入机筒，在螺杆的推动下进行混合、加热和摩擦剪切。在高温、高压及高剪切力的共同作用下，物料的相态从固态转变为熔融态，淀粉颗粒吸水膨胀并开始糊化。当物料进入挤压的核心区域，由于机筒内部通道变窄，压力和温度会急剧上升。物料通过模具挤出时，压力迅速释放，水分瞬间蒸发，使物料发生膨胀，并在模具和切刀的作用下被剪切成型。最后，成型的重组米经过干燥、冷却和包装，形成最终产品。尽管挤压重组米在外观上与天然稻米相似，但在挤压过程中经历的物理化学变化使其在理化特性和食味品质上与天然稻米表现出显著的差异（王会然，2012）。

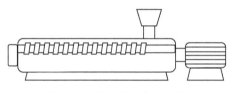

图 8-6　双螺杆挤压机示意图

8.2.2.3　挤压重组米品质的影响因素

在挤压重组米的制备过程中，原辅材料的选择、挤压工艺参数和蒸煮条件是影响其食味品质的主导因素。挤压重组米制备所涉及的原辅材料主要是基于淀粉的各种组分及各类外加辅料，挤压参数则包括进料水分、螺杆转速、温度和喂料速度等。蒸煮阶段，米水比率、浸泡和保温时长等因素对最终食味品质均有显著影响。具体阐述如下。

1. 原辅材料

原辅材料是影响重组米食味品质的重要因素，在一定程度上决定了重组米的口感。根据原辅料的不同，重组米的品种也各不相同，目前重组米研究中原料大多选用碎米或其他淀粉类杂粮，少部分选用马铃薯、红薯或改性淀粉。随着人们对营养功能等需求的变化，辅料种类也越来越多变，逐渐出现了大豆粉、魔芋粉等辅料。原辅料配方的不同会导致重组米米粒具有不同颜色和风味，最为明显的是低 GI 类杂粮重组米,杂粮添加比例合适时会给重组米带来独特风味,添加比例过高时则容易出现重组米外观粗糙、颗粒感明显、颜色暗沉和不良风味等情况。张鑫等（2021）研究发现，添加青稞和藜麦会显著降低重组米的黏性和感官评分，藜麦添加量为 40%时感官评分最高。张阳（2021）研究发现，酸改性淀粉具有高流动性和低黏度的特点，可以使物料在挤压过程中融合得更充分，制备的重组米结构更致密，蒸煮品质、弹性和咀嚼性得到提高。此外，添加剂对重组米的食味品质也有极大的影响，食品添加剂具有改善食味品质、色泽外观及风味的作用，是现代食品产业不可缺少的一部分。食品添加剂对重组米品质的影响见表 8-2。

表 8-2 重组米中常见食品添加剂的分类

分类	原理	作用	种类
乳化剂	乳化剂（杨铭铎等，2009）可与直链淀粉结合而生成螺旋状复合物，阻止晶核形成	在挤压过程中起到润滑的作用。降低淀粉黏性，减少原料在挤压机中停留的时间，有利于重组米成型	单甘油脂肪酸酯、双乙酰酒石酸单双甘油酯、蔗糖脂肪酸酯
增稠剂	食品增稠剂（王东，2009）不仅可以增加溶液黏度，且具有羟基、羧基、氨基等亲水性物质，可通过水化作用形成相对稳定的体系	具有维持重组米外观形态的作用。同时可提高重组米的黏稠度，从而使重组米具有网状结构，赋予重组米黏润、适宜的口感	阿拉伯胶、卡拉胶、果胶、黄原胶、琼脂、海藻酸钠、β-环糊精
营养强化剂	食品营养强化剂（陈厚荣，2009）具有增强食物营养的功能	营养强化，使重组米满足不同人群特殊的营养需求（如抗氧化、营养强化等）	牛磺酸、乳铁蛋白、维生素、矿物质

2. 工艺参数

重组米的食味品质与挤压过程中的工艺参数有关，通过对挤压工艺参数的优化可以显著提高重组米的食味品质。一般来说，重组米的挤压工艺参数优化在确定配方后进行，不同原辅料配方具有不同的最佳挤压工艺参数。挤压工艺参数包括螺杆转速、进料水分、挤压温度和喂料速度等，这些参数协同影响着重组米的挤压状态与最终食味品质。一般来说，挤压温度越高，物料糊化程度越高，但温度过高时糊化程度可能会下降并带来不利影响，螺杆转速、进料水分过高或过低都不利于物料的糊化。李欣洋等（2024）研究发现，挤压温度升高导致重组米的硬度、黏性和咀嚼性先上升后下降；物料水分含量增加时，重组米硬度逐渐减小，咀嚼性和黏性先减小后增大，弹性总体先增大后减小；硬度、咀嚼性和黏性的大小与螺杆转速正相关。徐晓茹（2018）研究发现，物料含水量增大时，重组米硬度、咀嚼性下降，弹性提高；螺杆转速增大时，重组米硬度、咀嚼性降低；挤压温度提高时，重组米硬度、弹性和咀嚼性显著上升。

3. 蒸煮条件

挤压重组米复水后方可食用，因此蒸煮条件会影响重组米的食味品质。重组米的蒸煮条件包括米水比、浸泡时间和保温时间等，重组米的蒸煮品质主要包括吸水率、膨胀率、米汤干物质、碘蓝值等，重组米蒸煮品质也是衡量其食味品质的重要标准之一。方冲（2018）研究不同添加物对重组米品质的影响时得出结论，天然稻米最佳蒸煮条件为米水比（1∶1.4）～（1∶1.6），焖煮时间 15～20min；挤压稻米为米水比（1∶0.6）～（1∶0.8），焖煮时间为 10～15min；高直链玉米淀粉重组米、稻米蛋白质重组米和燕麦膳食纤维重组米的最佳蒸煮条件为米水比（1∶0.8）～（1∶1），焖煮时间 10～15min。张依睿（2021）在马铃薯重组米的蒸煮试验中发现，重组米硬度和咀嚼性与浸泡时间、米水比、保温时间呈负相关。

8.2.2.4　挤压重组米的研究进展

关于挤压重组米的研究最早起源于 20 世纪 70 年代的欧美、日本和苏联等地区。Harrow 和 Martin（1982）使用稻米粉、马铃薯粉和玉米粉等杂粮粉为原料，成功制备了具有良好成型性和一定复水性的挤压重组米。到了 20 世纪 90 年代，中国开始对挤压重组米进行系统研究。金增辉（1993）结合实际生产案例，详细介绍了挤压重组米的原料、添加剂和工艺流程，为国内相关研究奠定了重要的理论基础。

在技术发展方面，挤压重组米的生产技术从非热挤压演进至热挤压。最初主要采用非热挤压技术，通过非热挤压机将淀粉原料和辅料混合后挤压造粒，然后进行干燥以得到成品。熊善柏等（1995）以米粉、淀粉和面粉按 3∶1∶1 比例添加 3.2% 的凝胶剂，利用非热挤压技术制备了外观与天然稻米类似的营养丰富的重组米，并对其生产工艺进行了优化。程北根（2005）通过蒸汽和水预处理淀粉原料以达到一定的糊化程度，然后采用热挤压技术制备重组米，此技术比非热挤压具有更高的自动化水平，更易于控制产品质量。

在设备发展方面，挤压重组米的生产设备从单螺杆挤压机发展至双螺杆挤压机。沈宇和金征宇（2002）研究了单螺杆挤压机生产挤压重组米的工艺，并利用热挤压技术制备了挤压方便米饭。焦爱权（2008）在双螺杆挤压机上优化了挤压方便米饭的生产工艺，采用二次挤压法提高了产品的复水性和食味品质。双螺杆挤压机由于物料混合更均匀，且螺杆具备自清洁功能，避免了物料残留，相比单螺杆挤压机显著提升了生产效率和产品质量。

在原料选择方面，随着研究的深入，挤压重组米的原料由单一的大米粉发展到多样化的淀粉基质，产品从单一元素营养增强演变到多元素营养均衡。Chen 等（2022）以碎米、燕麦、大豆和马铃薯淀粉为原料，采用挤压技术制备出性能良好、营养丰富的挤压重组米。Liu 等（2022）利用大米、荞麦、南瓜粉等原料成功制备出 GI 值为 53.6 的低 GI 挤压重组米。张辉等（2016）对 5 种不同配方的高膳食纤维重组米与普通大米进行了营养成分分析和评价，发现重组米的总膳食纤维、可溶性膳食纤维和矿物质含量均高于普通大米，而脂肪和蛋白质含量则较低，显示高膳食纤维重组米更适合肥胖和便秘人群食用。

尽管挤压重组米在原料适应性、加工工艺及营养强化方面取得了显著进展，但其发展仍面临三大主要挑战。首先，挤压重组米的生产加工过程中，众多工艺参数难以精确控制，原料组成、挤压温度、螺杆转速、水分含量及喂料速度等因素对重组米的品质具有直接且显著的影响。其中，挤压温度、水分含量和螺杆转速在很大程度上决定了挤压重组米的理化特性和食味品质。其次，尽管进行了多项研究以提升挤压重组米的食味品质，目前制备的重组米在食味品质方面仍然与天然大米存在明显差距。例如，在蒸煮过程中，高损失率、米粒成型不完整或米饭易结块、口感较差等问题仍未得到有效解决。最后，挤压过程中淀粉结构的破坏导致重组米的消化性显著增加，这可能导致食用后血糖水平升高，对高血糖人群和糖尿病患者构成潜在不利影响。

因此，如何有效调控挤压重组米血糖指数（glycemic index，GI）及品质，降低 GI 值并保持良好的食味品质仍然是一个亟待解决的科学问题。笔者团队通过对杂粮种类筛选、复配及工艺优化等方式对重组米血糖指数及品质进行多维调控，探究了杂粮复配及挤压工艺对重组米理化性质、食味品质和消化特性的影响机制。以米粉、青稞粉和玉米粉为原料，通过优化挤压工艺参数，开发了一款食味品质良好、GI 值较低、适合控糖人群食用的杂粮重组米。

8.2.3　米线（粉）

米线在我国具有 2300 多年的悠久历史，是以大米为原料，经洗米、泡米、碾磨、糊化、成型、老化等工序加工而成的条状米制品。在不同地域米线的名称也有所不同，在贵州、云南、四川等地称为米线，在江苏、浙江等地称为米面，而在广东、湖南、江西、广西一带称为米粉。作为第二大米制品主食，米线在整个亚洲乃至亚洲外的部分国家深受广大消费者的喜爱。

我国米线种类众多，分类方法不尽相同。根据形状来分类，可以分为榨粉和切粉等（图 8-7）。根据地域分类又可分为几十种。根据米线水分含量的不同，也可分为干米线和鲜湿米线（林叶新和林润国，2016）。其中，干米线水分含量通常小于 15%，鲜湿米线通常大于 50%（Li et al.，2015；陈志瑜等，2012）。干米线贮藏期较长，但部分风味丢失，且食用时需要进行复水处理，营养、便捷性和口感风味均不如鲜湿米线（李里特和成明华，2000）。鲜湿米线易于消化，食用便捷、口感滑爽，符合人们的饮食习惯，受到广大消费者的喜爱。但鲜湿米线水分含量高，易发生微生物腐败变质，还有淀粉老化回生、易黏结成团等问题，导致鲜湿米线的保质期短（陈志瑜，2013）。

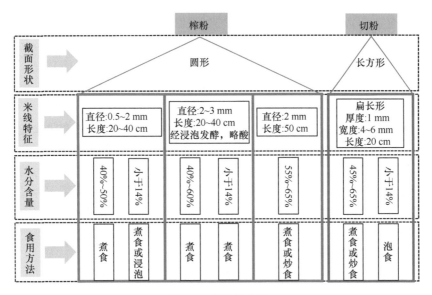

图 8-7　米线的分类

8.2.3.1　米线形成原理

大米中淀粉干基含量在 85% 以上，区别于面制品的面筋蛋白网络结构，米线凝胶网络结构的形成主要依靠淀粉的糊化和老化（于新和刘丽，2014；孙庆杰等，2004）。糊化的淀粉冷却时，析出的直链淀粉通过分子链间相互作用及有序缠绕，形成稳定连续的三维网状结构，将充分水合溶胀的淀粉颗粒包裹其中，形成凝胶（郭静璇，2016）。淀粉短期回生通常时间较短，与直链淀粉分子结构有关，在米线加工制作过程中起着关键作用，可使得米线具有良好的质地和品质；而长期回生时间较长，与支链淀粉的重结晶有关，会造成米线品质降低（Miles et al., 2014；唐敏敏等，2013；Fredriksson et al., 1998）。

8.2.3.2　米线原料特性

米线制作原料的理化特性直接影响着其加工性能及米线品质（李云波等，2007）。研究表明蛋白质对原料粉的加工品质影响较小，而淀粉的性质直接影响成品米线的品质（童一江和李新华，2010；Tan et al., 2009；张喻等，2003；Bhattacharya et al., 2000）。其中，影响米线品质的主要因素包括直链淀粉含量、溶解率、膨润力和糊化特性等（唐文强，2012；张兆丽等，2011）。

直链淀粉含量影响糊化后淀粉的短期回生及米线的凝胶强度。高静丹（2012）、和 Juliano（1984）等研究发现直链淀粉与支链淀粉之比过大时，米线较硬，易断条；其值过小时，粉团黏性较大，成型困难，米线柔韧性差，易并条。吴卫国等

（2005）研究表明直链淀粉含量直接影响米线的蒸煮和感官品质。王永辉等（2013）研究了 14 个不同品种籼米制作的米线，表明直链淀粉含量与米线的综合品质呈显著正相关；但直链淀粉含量高于 26.14%时，米线的蒸煮品质反而变差。戴玲玲（2002）研究表明直链淀粉含量 22%～27%的籼米原料均适合制作米线，但其含量超过 27%时，会使得米线口感过硬，且难煮。

溶解率和膨润力主要影响受热时淀粉颗粒在溶液中的分散度和吸水能力。张喻（2001）研究发现溶解率与蒸煮损失呈显著正相关，即溶解率越高，蒸煮损失越大，蒸煮品质越差。范代超（2013）研究表明淀粉的溶解率和膨润力与米线的蒸煮损失呈显著正相关，与剪切形变呈显著负相关，即溶解率和膨润力过大时，米线蒸煮品质变差，弹性和柔韧性也较差。洪雁和顾正彪（2006）研究也表明，有限的膨润力和溶解率较好，膨润力过大时，煮后米线筋道感差；而溶解率过大时，煮后米线发黏，不爽口。

糊化特性对原料粉的加工性能和产品品质影响显著。孙庆杰等（2004）研究发现，米线加工性能与糊化时谷值黏度、终值黏度和回生值呈极显著正相关；谷值黏度与米线的拉伸形变和综合评分呈显著负相关。张兆琴等（2012）研究发现淀粉糊化时黏度过大，粉团加工困难，成品米线不爽口；而黏度过小时，粉团间黏结性差，米线结构松散，易断条，蒸煮损失大。郭静璇（2016）研究发现复配粉糊化黏度越大，米线柔韧性越好，蒸煮品质越佳。原料的糊化特性中指标较多，不同学者得出的结论也不一致，因此不宜直接作为原料粉的筛选指标。此外，原料粉的糊化黏度也受直链淀粉含量、溶解率和膨润力等的影响。因此，可以将直链淀粉含量（但不超过 26%）、溶解率和膨润力作为原料改性工艺优化的指标，从而达到提高原料加工性能和成品米线品质的目的。但由于我国籼稻品种较多，而不同品种籼稻的加工特性存在显著差异，所以并非所有的籼稻都适合加工成米线。近年来，随着人民生活水平不断提高，优质粳米在口粮中所占的比例越来越高，而食味品质不佳、附加值低的早籼稻所占的比例越来越低。另外，我国早籼稻存在品种退化严重、质量不稳定、品种更迭频繁等现象，而大多数米线生产厂家仅凭经验选择原料，因此无法保证生产原料及产品的稳定性。总体来说，米线品质与稻米原料的组分和性质密切相关，并且原料的专用化已成为我国米线加工业未来发展的重要方向。

8.2.3.3 生产工艺

按照生产工艺的不同可分为榨粉（挤压成型）和切粉（切条成型）两种，此分类方法较为科学且在米线行业内认可度较高，榨粉是大米浸泡磨浆后，经蒸粉、压榨制成的圆条状米线，而切粉是大米浸泡磨浆后，经蒸粉、切条而成的宽扁状米线（郭静璇，2016；孟亚萍，2015；Li et al., 2015）。米线的挤压工艺是通过单螺杆或双螺杆挤压机来完成,但双螺杆挤压技术对物料适应性强,且物料受热更均匀,因此在食品工业中应用得更加广泛(杨涛等,2009)。目前,已有关于米线挤压工艺的研究,但得出的工艺参数范围较大,影响米线品质的因素主要包括原料含水量、糊化和成型区温度、进料速度和螺杆转速等。

米粉团含水量主要影响淀粉糊化程度和挤压操作性能。当其值过低时,粉团糊化程度低,且糊化不均匀,粉团流动性和黏结性差,米线结构松散,干燥时易炸条,蒸煮品质差,且口感软烂或夹生。然而,其值过高时,粉团糊化过度,黏度过大,流动性较大,成型压力降低,出条困难,易并条,煮后食用时粘牙,不爽滑(白宝兰和高巍,2012)。

糊化和成型区温度影响米粉团糊化程度,从而影响米线品质(白宝兰和高巍,2012;魏益民等,2004)。套筒温度过低时,米粉团中淀粉糊化程度低,粉团凝胶结构较差,米线食味品质和蒸煮品质降低。但套筒温度过高时,粉团糊化程度过高,不利于米线成型,米线蒸煮和食味品质降低。同时,过高的温度容易引起蛋白质变性,发生美拉德反应,造成米线色泽偏暗,降低米线感官品质(赵琳等,2015)。

螺杆转速和进料速度均影响米粉团在挤压过程中的剪切程度、在机筒内的停留时间(Marti et al., 2010; Choudhury and Gautam, 1998)。当螺杆转速增大时,粉团糊化度先增高后降低,糊化较均匀;进料速度提高时,粉团糊化程度先增加后降低再增加(张康逸等,2013)。原因是螺杆转速过低时,粉团受热时间延长,糊化度较高;但转速过高时,粉团受热时间短,且受到的剪切作用过大,粉团无法充分糊化。

8.2.3.4　米线品质改良

1. 湿热处理对米线品质及淀粉性质的影响

对米线原料粉进行改性是提高米线品质的一种有效方法,而目前研究较多的为湿热处理技术(heat-moisture treatment,HMT)。湿热处理是一种物理改性手段,通常是在水分含量为 10%~30% 的条件下,高温(90~130°C)处理 0.25~16h,具有处理条件易控制和无试剂残留的优点(Hyunjung et al., 2009; Maache-Rezzoug et al., 2008)。

与未处理粉相比,湿热处理粉的直链淀粉含量较高,溶解率和膨润力较低,具有较强的热稳定性和抗剪切能力,因而添加部分湿热处理粉对于米线的制作是有利的。Lorlowhakarn 和 Naivikul(2006)研究表明添加 10% 湿热处理粉可显著提高米线品质,拉伸强度由 29.6g 增至 74.9g。Hormdok 和 Noomhorm(2007)研究显示添加 50% 湿热处理粉可显著降低米线蒸煮损失,提高口感硬度、耐咀嚼性和拉伸特性，但复水时间延长。Cham 和 Suwannaporn（2010）研究发现湿热处理粉制备的半干米线和干米线的蒸煮损失和拉伸特性均与市售米线差异不显著。Collado 等（2001）研究表明添加 50%湿热处理马铃薯淀粉可显著提高马铃薯粉米线硬度。韩忠杰等（2012）研究表明湿热处理改性豌豆淀粉制备的米线耐蒸煮、不易糊汤，质构柔滑，尤其是弹性、回复性和拉伸特性更佳。

Chung 等（2010）和 Zavareze 等（2012）等研究发现湿热处理后玉米和大米淀粉糊化温度增高，峰值黏度、终值黏度和崩解值降低，这与湿热处理后淀粉颗粒的无定形区域中淀粉链之间缔合及淀粉的结晶度的改变有关。Adebowale 等（2005）研究发现湿热处理后淀粉崩解值降低，这表明湿热处理后淀粉在连续加热和搅拌时结构更稳定。Yanika 等（2009）研究表明湿热处理后淀粉回生值也发生不同程度的改变，而回生值改变与直链淀粉浸出量、淀粉颗粒大小及颗粒的溶胀有关。淀粉凝胶特性是预示米线品质的重要指标，凝胶硬度和黏弹性可以在一定程度上反映成品米线的口感品质和质构特性。Hormdok 和 Noomhorm（2007）发现湿热处理大米淀粉制备的凝胶硬度显著高于未处理粉。Cham 和 Suwannaporn（2010）发现湿热处理时，影响淀粉凝胶特性的主要因素是处理温度和水分含量。Collado 等（2001）将甘薯淀粉湿热处理后，其凝胶硬度和黏着性显著增加。这是由于湿热处理过程中部分直链淀粉与淀粉链之间交联增加，凝胶的连续相中形成更多的连接区，导致凝胶硬度增加。

2. 韧化处理对米线品质及淀粉性质的影响

除湿热处理外，韧化处理（annealing treatment）也是一种物理改性淀粉的手段。淀粉的韧化处理是指在过量水分含量（>60%）或者中等水分含量（≥40%）条件下，在低于淀粉糊化温度而高于玻璃态转化温度的范围内对淀粉进行热处理（Jayakody and Hoover, 2008）。在改变淀粉性质的同时，韧化处理同样不带来任何的化学试剂残留，绿色安全，可广泛应用于食品行业中（Rocha et al., 2012）。

关于韧化处理对米线品质影响的报道较少。但已有大量研究证明淀粉韧化处理后膨润力和溶解率降低、直链淀粉含量增加、热稳定性和抗剪切能力提高，而这些均有利于米线品质的提高。韧化处理后，淀粉凝胶特性发生改变，尤其是凝胶硬度增加，有利于提高米线硬度和耐咀嚼性，其中处理温度和处理时间是影响凝胶硬度的主要因素。Hormdok 和 Noomhorm（2007）研究表明，添加 50%韧化处理粉后制备的米线爽滑性、耐咀嚼性和拉伸特性更佳。然而 Cham 和 Suwannaporn（2010）用韧化处理粉制备的鲜湿米线的蒸煮损失、硬度和拉伸特性均与市售米线差异不显著。王一见（2013）添加 5%和 10%韧化处理的小麦淀粉制作的面条的拉伸和剪切特性均优于未韧化处理粉制作的面条。Cham 和

Suwannaporn（2010）及 Lin 等（2008）等研究表明，韧化处理后淀粉无定形部分的迁移率增加，促进双螺旋的排序，并且可能造成非晶区具有更高的有序性，从而提高淀粉颗粒的结晶完整性，进而影响淀粉凝胶性质。此外，Chung 等（2000）研究显示韧化处理使得淀粉分子发生重排，导致膨润力和溶解率的降低，引起凝胶体积减小，凝胶硬度增加。

3. 杀菌处理对鲜湿米线品质的影响

鲜湿糙米米线以糙米为原料加工而成，既食用便捷，又兼有糙米的营养特性。糙米较精米营养丰富，富含 γ-氨基丁酸、米糠脂多糖、γ-谷维醇等天然生物活性物质，给糙米产品带来了多种功能特性。鲜湿糙米米线市场前景广阔，但是因为其水分含量高，且富含各种营养元素，极有利于腐败微生物的生长繁殖（杨金平和刘丽艳，2018）。同时糙米脂类含量较高，在贮藏过程中易发生水解性酸败和氧化性酸败，最终导致产品品质显著降低（向芳，2011）。鲜湿糙米水分含量较高，淀粉在发生短期回生后易发生长期回生，造成米线品质降低，硬度上升、断条率升高、货架期缩短（汪霞丽等，2012）。因此，如何有效抑制鲜湿糙米米线的贮藏劣变是保障其产业进一步发展的关键点。为了改善鲜湿糙米米线的贮藏保鲜性能，近年来，研究人员尝试通过物理杀菌和化学杀菌等方法减少微生物的影响。物理杀菌包括电子束杀菌（顾可飞等，2008）、射频杀菌（Tiwari et al., 2011）和热力杀菌（袁蕾蕾，2014）等处理方法。化学杀菌保鲜包括乙醇杀菌（蔡怀依等，2017）、酸洗杀菌（丁文平，2003）、防腐剂保鲜等。笔者团队探讨了物理杀菌和化学杀菌对鲜湿糙米米线贮藏稳定性和品质的影响，研究发现电子束辐照、射频杀菌、热力杀菌、酸洗杀菌均可以显著减少微生物的影响，达到延长鲜湿糙米米线货架期的效果（张聪男等，2020）。

8.2.3.5　杂粮米线

目前市面上的鲜湿米线主要由精白米加工制成，加工过程中大米淀粉糊化比较完全，易消化，餐后血糖上升速度快，不适合高血糖、糖尿病人群食用（Srikaeo and Sangkhiaw, 2014）。杂粮中通常含有更多蛋白质、膳食纤维、微量元素等（龚魁杰，2004），在营养方面可与主粮互补。此外杂粮中还含有很多生物活性成分，如青稞、燕麦中含有 β-葡聚糖，有利于维持血糖平衡、吸收胆固醇（邓婧等，2018；龚魁杰，2004）。王润等（2019）通过挤压法制备出 GI 值为 42.73，蒸煮品质、感官品质良好的青稞面条。邓晓青等（2019）将青稞全麦粉应用于饼干的制备，显著降低饼干的 GI 值。同样,荞麦所制备的食品在体外模拟消化测得的 GI 值在 63～78，显著低于小麦粉制备的对照样品（81～83.21）（薛红梅等，2018；许芳溢等，2014；周昇昇等，2006）。张文青等（2015）通过人体实验研究了多种荞麦加工食品的血糖指数，发现荞麦加工食品大多是低 GI 食品，如苦荞面条（48.8）、荞麦挂面（54.9）、苦荞粥（47.9）、高纤苦荞麦片（44.6）。通过比较 3 种杂粮（青稞、甜荞、苦荞）对米线原料加工特性、鲜湿米线食味品质及消化特性的影响；发现添加苦荞的鲜湿米线 GI 值较低，且食味品质良好（图 8-8）。

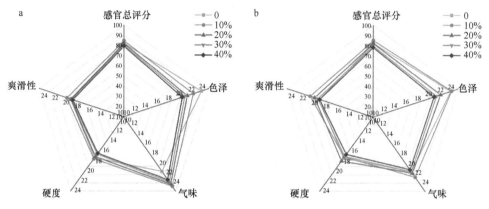

图 8-8　添加苦荞鲜湿米线感官评价雷达图

a. 苦荞；b. 发芽苦荞

8.2.4　汤圆

汤圆是中国人民的传统食品，又名"元宵"、"浮圆子"、"圆子"、"乳糖元子"和"糖元"。地域不同，汤圆种类也各有迥异。汤圆作为中华传统小吃的代表，在近几十年的发展中，逐渐从节令食品转变为日常消费食品。随着速冻技术的发展，速冻汤圆已经实现工业化。据统计，速冻汤圆销量每年以 30%～40% 的速度递增，已成为第二大销售量的速冻食品。

8.2.4.1　汤圆原料

糯米粉是汤圆生产的重要原料，糯米粉质量好坏直接影响速冻汤圆的品质。中国丰富的大米资源及社会消费需求为传统米制品产业的发展提供了良好的物质和经济基础。与面制品相比，米制品原料的标准化和专用化已成为中国米制品产业发展的瓶颈，如今亟须开发汤圆的专用米制品原料，开拓汤圆粉的市场，使制作汤圆粉的市场更加多样化。

糯米粉的灰分含量、糊化初始温度、糊化峰值温度都与汤圆的品质呈显著负相关，而淀粉含量、糊化黏度与汤圆的品质呈显著正相关；蛋白质含量、糊化黏度与汤圆蒸煮后得到的汤的透光率呈显著正相关。糯米粉团的硬度（g）和咀嚼性作为质构仪的重要分析指标，能很好地反映糯米粉的品质。优质的糯米粉制作的糯米粉团最佳的硬度范围为 2000～2600g，咀嚼性为 1200 左右（代钰，2011）。

糯米粉的蛋白质、脂肪和直链淀粉含量显著影响粉团的外观品质和蒸煮特性。糯米粉的蛋白质含量越高，组织结构越紧密，粉团高径比越大，冻裂率、失水率越高，透光度、硬度、胶着性和咀嚼性均降低；糯米粉中蛋白质含量为 6.5%时，比较适宜于速冻汤圆粉团的制作。糯米粉的脂肪含量显著影响粉团的外观品质和蒸煮特性，随着脂肪含量增加，粉团冻裂和失水情况降低，透光度、感官评分、硬度、胶着性和咀嚼性均升高，弹性变化不大，黏聚性、黏着性和回复性规律不明显，因此糯米粉中脂肪含量增加有利于其蒸煮特性。糯米粉中直链淀粉含量显著影响粉团的外观品质和蒸煮特性，直链淀粉含量越高，粉团高径比越大，透光度、硬度、胶着性和咀嚼性升高，弹性变化不大，黏聚性和黏着性降低，添加直链淀粉后制得的粉团冻裂率明显升高，感官评分低，失水率先降低后升高，未脱直链淀粉糯米粉制得的粉团失水率最低（胡育铭，2014）。

8.2.4.2　加工工艺

目前汤圆加工已基本实现了工业化，在速冻汤圆大规模的工业化生产过程中，加工工艺也是影响汤圆品质的重要因素。加水量、糯米粉细度和粉团醒发过程均可能影响汤圆质量。在速冻汤圆大规模工业化生产的过程中，由于糯米粉不像普通面粉可以形成面筋（陈朋引，2002），延展性差，经过冷冻和冷藏的糯米团往往出现不同程度的开裂，形状塌陷，不耐煮制，制作的产品经过速冻后会出现明显裂纹、脱粉等现象，严重影响了速冻汤圆的品质和销量（陈朝军等，2019；张蓉晖，2001；祝美云等，2008）。面皮作为汤圆的重要部分，其质量对速冻汤圆的外观、口感品质等有非常重要的影响，传统面皮的制作工艺主要有煮芡法和热烫法两种。随着品质改良剂在汤圆生产中的使用，冷水调粉被应用于面皮的调制，在制作面皮时加入适量的品质改良剂，不仅能简化工艺，还能降低成本，冷水还有利于保持糯米原有的糯香味且不存在回生情况。此外，速冻汤圆的生产工艺条件对汤圆的质量也有很大的影响。糯米粉本身的吸水性、保水性较差，加水量的小幅度变化就可能会对汤圆的开裂程度造成影响，加水量大，糯米粉团较软，在加工时易偏心，导致产品易坍塌且冻裂率提高；加水量过小，粉团不易成型，在冻结过程中导致水分快速散失而引起干裂（张国治和姚艾东，2006）。冷冻过程中如果冷冻条件控制不好，汤圆中心温度不能迅速达到 −8℃，糯米粉团淀粉间水分由于缓慢冷冻会生成大的冰晶导致粉团产生裂纹，使汤圆产生较多的开裂（张坤生等，2013）。目前，速冻汤圆品质改良主要通过添加改良剂实现（潘丽红等，2019）。在面皮的加工过程中，通过适当添加改良剂，直接用冷水调粉代替传统面皮制作的煮芡或热烫工序，使糯米粉团具有一定的筋力，不仅包馅、贮藏时不易裂纹,还能减少粉团凝胶所带来的负面影响。任红涛等(2010)在汤圆生产中加入不同的食品添加剂,并选择改良效果较好的添加剂进行复配,以提高速冻汤圆的品质。杨留枝等(2007)通过在汤圆面皮中添加马铃薯氧化淀粉,研究了其添加量和氧化度对速冻汤圆食味品质的影响,研究结果表明,添加马铃薯氧化淀粉后速冻汤圆的感官品质得到了明显提高。

8.2.5 年糕

年糕是我国南方传统的节令性食品,已有 2000 多年的历史,是中国人喜爱的传统食品,它蕴含着"年年高"的吉祥之意。特别是浙江年糕以品种多、质量好而闻名全国,深受人们的喜爱,其外销东南亚国家也颇有市场。产品从单一品牌发展到了多种产品,形成了花式年糕系列,市场上出现的桂花年糕、火锅年糕、雪菜笋丝年糕等得到了广泛的认可(康孟利和薛旭初,2006)。

1. 原料特性

大米原料中直链淀粉和蛋白质含量与年糕的感官总分呈极显著负相关,与蒸煮损失呈极显著正相关,与年糕的硬度、胶着性、咀嚼性呈极显著正相关。直链淀粉和蛋白质含量高的大米,制作出的年糕较硬,蒸煮损失偏大、感官品质较差。因而,可将直链淀粉和蛋白质含量作为水磨年糕原料选择的重要指标。

2. 加工工艺

目前年糕生产工艺根据不同要求可以分为年糕团生产工艺、年糕片生产工艺及保鲜水磨年糕生产工艺。

(1)年糕团及年糕片生产工艺流程如下:

淘米 → 浸米 → 磨浆 → 脱水 → 蒸粉 → 舂打 → 搓揉 → 切块。

鲜年糕片 → 晾干 → 切片 → 预热 → 加热通风干燥 → 缓苏调质 → 通风干燥 → 缓苏调质 → 静置或通风干燥 → 缓苏调质 → 冷却 → 年糕片。

(2)保鲜水磨年糕生产工艺流程如下:

原料(大米) → 清洗 → 浸泡 → 磨浆 → 压滤 → 破碎 → 蒸粉(蒸炼) → 挤压成型 → 切断 → 冷却(硬化) → 真空包装(装袋) → 封口 → 高压杀菌(灭菌) → 外包装(包装) → 成品 → 入库。

8.2.6 米发糕

米发糕是我国历史悠久的发酵米制品,始于明朝,拥有 600 多年的生产历史,是华南人民的主要主食,具有很大的市场潜力。传统米发糕一般是以大米为原料，经选料、浸泡、磨浆、吊浆、发酵、调味、蒸制而成。在发酵过程中，微生物利用大米中的淀粉、蛋白质等营养物质，使其降解，并产生大量的酶，使米发糕获得疏松多孔的结构、独特的风味和营养价值（刘小翠，2008）。同时，蒸制使大米迅速熟化，形成晶莹洁白的色泽、柔软细腻的口感，易于被人体消化吸收。

1. 原料特性

米发糕品质与水分含量、直链淀粉含量、糊化特性、破损淀粉含量、降落数值有关，与蛋白质含量、脂肪含量、灰分含量无关。可以用水分含量、直链淀粉含量、糊化特性、破损淀粉含量、降落数值作为评判米发糕品质的特征指标。大米粉水分含量在 5.08%～10.88%，破损淀粉含量在 16.1% 以下，直链淀粉含量在 16.19%～18.94%，降落数值小于 1687s 或大于 1875s 时，制作的米发糕品质较好。米发糕的品质还与大米粉糊化特性相关，适宜制作米发糕的大米粉峰值黏度在 3550.5cP 以下和 3732.5cP 以上，最低黏度在 2761.5cP 以下和 2891cP 以上，最终黏度在 4042cP 以下和 4342cP 以上，回升值在 1280cP 以下和 1451cP 以上（林宇航，2018）。

2. 加工工艺

米发糕加工工艺流程：选择优质大米，于常温下浸泡 12h 左右，加水磨浆，料浆过筛、吊浆，调节料浆浓度，加入酵母或老浆，将调配好的料浆于一定条件下（约 35℃）发酵 12h 以上，然后加入白糖、苏打调配，上蒸笼蒸制 30min 左右即成。

传统米发糕为了达到一定的品质和口感，还要加入一定量的熟米饭一起磨浆，生产制作工艺烦琐复杂。按生产工艺和特色分类，可将我国传统米发糕分为湖北米发糕、广式米发糕两种类型。湖北米发糕多以籼稻或粳稻米为原料，于常温下浸泡 2～4h，加水磨浆，料浆过筛、吊浆，调节料浆浓度，加入适量白糖、酵母或老浆，将调配好的料浆于一定条件下（约 35℃）发酵约 4h，然后上蒸笼蒸制约 30min。此法制得的米发糕酸甜可口、质地蓬松、黏弹性好。广式米发糕多以晚稻米（粳稻米）为原料，淘洗后将米粒浸泡至一定程度，然后研磨、吊浆（除去水分），再用手将粉团揉搓成碎粒，加入一定比例的白糖，用开水冲烫粉团，制成粉浆，冷却后加入发酵剂，发酵到适当程度后，上笼蒸制。用这种工艺制成的米发糕色泽洁白晶莹、光亮、质地爽滑柔韧，更为奇特的是发糕截面的孔洞如有序排列的牙齿，均匀整齐、上下对称（柏芸等，2009）。传统米发糕多采用老浆发酵，微生物体系复杂，在发酵过程中菌种的活性和比例难以控制，导致米发糕的生产周期长、产品质量不稳定，其中某些杂菌不可避免地会产生一些对人体有害的物质和成分。另外稻米的选择也有难度，只能完全凭经验去选择合适的稻米作为原料，导致米发糕难以大规模工业化生产。

米发糕要取得快速发展必须走工业化和现代化之路，要引进现代食品加工的理念、赋予现代食品加工的技术，只有在这样的基础上，米发糕的发展才能规模化、产业化。安琪酵母股份有限公司现已经开发出一种较方便快捷的百钻米发糕预拌粉。百钻米发糕预拌粉，可直接加水调浆、发酵和蒸制，就能制成风味、质构特性优良的米发糕，这为米发糕的工业化生产奠定了基础。百钻米发糕制作工艺为调浆—发酵—调味—蒸。但其中的专用大米及大米粉的品质仍需要进一步研究。目前，米发糕部分工艺配方的作用机制及品质特征取得了初步研究进展，但是米发糕的某些特征指标及标准没有进一步量化。研究表明，大米淀粉的组成对米发糕的品质影响最大（Perdon and Juliano, 1975）。支链淀粉构成淀粉凝胶的骨架，直链淀粉分子刚性较大（熊善柏等，2003），含量越高，米发糕硬度和咀嚼性也越大。直链淀粉和支链淀粉的比例还会影响到米发糕的膨胀体积，直链淀粉含量在20%～25%时，米发糕的体积较大，硬度适宜，直链淀粉低于此值时，则口感较软，质地黏柔（莫紫梅等，2008）。因此，常选用籼米作为原料，以便获得孔洞细密、口感松软、黏度适宜的米发糕。祁攀等（2012）对10种大米的基本成分及其所加工成的米发糕品质进行分析，并对大米基本成分与米发糕的感官品质、质构特性之间的相关性进行探讨。结果表明：影响米发糕品质的主要因素是大米直链淀粉含量、蛋白质含量、水分含量，其中直链淀粉含量对米发糕品质的影响最大，大米的直链淀粉含量与米发糕的比容、结构、回复性呈极显著正相关，与米发糕的外观形状、硬度、咀嚼性呈显著正相关；大米的蛋白质含量与米发糕的外观形状、硬度和咀嚼性呈显著负相关；大米的水分含量与米发糕的弹性呈显著负相关（祁攀等，2012）。与此同时，温度和贮藏期对米制品制作前后的老化程度有明显影响（Kaminski et al., 2013）。

8.2.7 婴幼儿米粉

米粉作为婴幼儿第一大辅食，其对婴幼儿生长发育的重要性不言而喻，尤其对处于断奶期婴儿的营养摄入具有决定性的作用。断奶期特指6个月以上月龄的婴儿从食用流食转变为固状食品的一段时间。在此阶段，婴幼儿的营养状况与此后生长发育的质量息息相关（Black et al., 2008；Dewey and Begum, 2011；Eichler et al., 2012），婴幼儿米粉的主要原料是大米，其蛋白质可消化率超过90%，大米蛋白质是唯一可以免于过敏反应的谷物蛋白，具有低抗原性，不含任何的抗营养因子，不会引起婴儿的过敏反应，适于婴儿与特殊营养需求人群的食品研制，且大米氨基酸组成配比接近世界卫生组织认定的氨基酸最佳配比模式，因而被广泛应用于婴幼儿营养米粉的制作（张云亮，2021）。

目前，婴幼儿米粉的加工方法主要有辊筒干燥和挤压膨化两种，即湿法生产与干法生产（潘菁等，2012）。湿法生产，即包括泡米、打浆、配料、均质、干燥、粉碎包装等工艺流程。采用辊筒干燥生产的营养米粉，其生产步骤主要分为三个部分，即大米原料的预处理、原料的预蒸煮与辊筒干燥、成品处理，其中预蒸煮与辊筒干燥为工艺的核心部分。经预处理的米浆混合物由泵送入辊筒干燥机的受料槽，在辊筒内热源的作用下，物料被蒸煮后呈沸腾状，必要时还设置有一个高压预煮器，辊筒在驱动装置作用下连续旋转运动，使物料在其表面形成薄膜，筒壁传热使这层物料膜不断被汽化，最终熟化并得以干燥，再通过刮刀将达到干燥要求的物料刮下，送入初破碎装置（此过程中蒸发去除的水分形成水蒸气，可直接由顶部的排汽系统排出）（何贤用，2005）。该工艺生产的婴幼儿米粉产品的破损淀粉含量低，粉体口感细腻。

干法生产。干法工艺即挤压膨化法制备米粉产品，简化了泡米、打浆、均质工序，一般认为，物料在挤压膨化过程中存在 5 个阶段，即无序到有序的转变、气核的生成、模口的膨胀、气泡的生长、气泡的收缩（图 8-9）（Hamraoui and Zouaoui, 2009）。挤压膨化前后大米的蛋白质含量差别不大，大米蛋白质经过挤压膨化部分发生了降解，蛋白质大分子被切断，形成小分子肽和部分氨基酸，氨基酸和缩氨酸含量增加，从一定程度上提高了人体对蛋白质的消化和吸收能力（赵学伟，2010）。

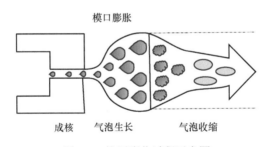

图 8-9　挤压膨化过程示意图

在挤压过程中，主要发生了物料水分含量的降低、还原糖含量的增加、物料粗脂肪降低及脂肪酸值的变化。在大米的膨化过程中，挤压机套筒的加热作用和螺杆挤压剪切作用，使得物料从高温、高压、高剪切的套筒中挤出模具后，骤然回到常温常压的环境。在此过程中物料中的水分快速蒸发，水分含量下降，还原糖含量增加，这是因为挤压过程中，淀粉发生了降解，糊精和还原糖的量增加。此外，直链淀粉和支链淀粉的各分子间出现间隙，消化酶更加易于进入，导致生淀粉由胶束状淀粉链构成的 β-淀粉变成 α-淀粉，从而较易消化；并且大米在挤压膨化过程中形成少量的淀粉脂和脂蛋白，导致脂肪含量下降（Chaiyakul et al., 2009；Hagenimana et al., 2006）。而未膨化的大米粗脂肪含量和脂肪酸值较高，其中的脂肪最易发生变化，经酯酶的催化作用分解成甘油和脂肪酸，从而使游离脂肪酸含量增加，脂肪酸进一步分解成醛酮化合物，导致大米制品的食味品质降低（Fernández-Artigas et al., 2001）。因此，膨化大米中水分含量、脂肪含量和脂肪酸值的降低对于膨化米粉的风味和贮藏稳定性是有益的，有利于原料的贮藏和高品质米粉的加工。

总体来说，随着我国人民生活水平的提高，人们对稻米的食用要求已逐步由粗放型向精细型、多样性和方便型转变。但我们也要清楚地认识到，我国食品工业用米只占 4%，米制品加工仍处于粗加工水平，且存在生产能力低、规模小、产品质量不稳定等现象，与发达国家仍有一定的差距。因此，推动我国米制品加工业的进一步发展是我们亟须解决的重要问题。

8.2.8　清酒

清酒是一种透明的中度酒精饮料，由日本种植的不黏粳米，经过米曲霉和酿酒酵母发酵酿造而成。乙醇含量一般在 13%～17%。日本清酒清亮透明，色泽淡黄或无色，口味纯正，绵柔爽口，酒体谐调，芳香怡人。清酒中富含 18 种对人体有益的氨基酸，还含有多种维生素，以及寡糖、短肽和多酚。而且，每 100g 清酒的热量高达 109kcal（1kcal≈4.2kJ），是葡萄酒的 1.5 倍，是啤酒的 2.5 倍。有研究报道称，特定量的清酒摄入具有抗焦虑作用（Izu et al., 2010）。此外，还有研究表明，清酒浓缩物及其特定糖（α-D-葡萄糖苷乙酯）可抑制慢性酒精性肝损伤（Izu et al., 2008）。

日本清酒在发酵用米品种的选择方面十分讲究，一般均使用清酒生产专用米，俗称"酒米"。一般酒米千粒重为 25～30g，淀粉含量高且主要集中在米心，蛋白质、脂肪含量低（吸水力强，米粒经蒸熟后内软外硬且有弹性，米曲霉易繁殖，在酒醪中易溶解），有利于稳定与提高酒的品质。日本官方注册的酒米有 87 个品种（2007 年开始），主要品种 12 个，2010 年产量排名前三位的酒米品种为'Yamada Nishiki'（18 634t）、'Gohyakumangoku'（17 710t）和'Miyama Nishiki'（7174t）（方建清，2011）。近年来，研究者对酿酒适性的研究主要集中在：①原料米的品种选择及处理工艺的研究；②制曲工艺研究；③酿酒工艺研究。具体阐述如下。

1. 原料品种选择及处理工艺的研究

日本清酒的酿造十分重视原料的精白度，其精米率范围根据品种等级需求控制在 50%～80%，通常为 70%～75%。精米率即糙米外层被碾磨后所余下精米的重量占原糙米重量的比例，以百分数表示。公式为精米率=（精米重量/糙米重量）×100%。例如，精米率为 60%，表示糙米经精米机碾磨后，米粒外层被磨去 40%。经碾磨后米粒大小均匀、晶莹剔透。因大米中蛋白质及脂肪主要富集在外层，大米经碾磨除去外层后，大大减少了大米中蛋白质、脂肪等的含量（Kasote et al., 2022），从而减少了过多氨基酸带来的杂味和不饱和脂肪酸对酯类风味物质形成的抑制；且蛋白质减少使淀粉外露，浸渍时米粒吸收水更均匀、更快速，蒸饭时米粒易糊化，可显著提高清酒的品质。吴赫川等（2016）选用不经过精白处理和经过精白处理（精白度为 70%～80%）的籼米原料酿造清酒，经测定得出，精白籼米曲的糖化酶活力、液化酶活力、蛋白酶活力都明显优于未经精白处理的籼米，且感官评分也高于未经精白处理的籼米，但距离优质清酒还有一定差距。

除精白处理外，蒸米也是酿造清酒的重要环节。好的蒸米都具有外硬内软、柔软膨胀、熟而不烂等特点。所谓好蒸米的吸水率通常为 37%～40%（秋山裕一等，2001）。为了制得理想的蒸米，要注意浸渍米的吸水率。原料白米的水分含量对吸水率的影响极大。若水分含量 15% 的糙米碾成 70% 的白米，精白过程中水分散发，白米水分含量降至 13% 左右，将此白米浸渍，吸水率提高到 29% 左右，已吸收一定水分的白米经过蒸米增加约 10 个百分比的吸水率，则蒸煮后吸水率为 39%，即为好蒸米。研究表明，若白米水分相同，则品种对浸渍后的吸水率几乎无明显差异。只是有吸水快（大粒心白米）和吸水慢（小粒心白米）之分。

2. 制曲工艺研究

清酒曲中的酶类主要是 α-淀粉酶、葡萄糖淀粉酶、蛋白酶及羧肽酶等。这些酶的平衡随着使用的原料米和种曲的种类不同、制曲时二氧化碳的蓄积量和品温变化、蒸米时曲菌生长形态不同而不同。酸性蛋白酶对蒸米的溶解有重大影响，其溶解率与酶活成正比。葡萄糖淀粉酶的产量与酒醪中葡萄糖的生成有关，对酒精发酵有重要影响。酸性羧肽酶促进氨基酸在酒醪中生成。陈曾三（2002）以酿酒适用米和普通米为对象，分别测定其半乳糖苷酸（GAase）活性和酸性磷酸酶活性（ACPase）活性，以及 GAase 与 ACPase 的活性比。结果表明，酿酒适用米的 GAase 活性平均值为 155U/g，普通米则为 134U/g；ACPase 的活性平均值酿酒适用米为 2003U/g，普通米为 1887U/g，可见不同种类的大米对米曲活性影响显著。

3. 清酒酿造工艺

清酒借鉴了我国黄酒的酿造方法，即一次酒母，适时添曲，多次喂饭，三边发酵的固态发酵工艺。但其风格与中国黄酒差异较大（汪建国，2010）。清酒酿造工艺流程如图 8-10 所示。

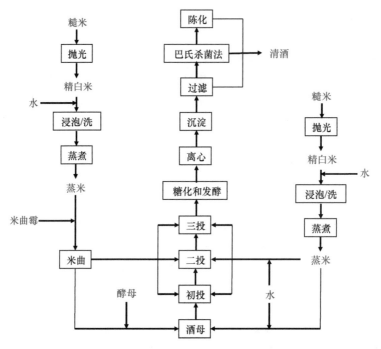

图 8-10　清酒酿造工艺流程

　　不同品种、不同碾磨度大米酿造的酒产生的风味不同，选择合适的大米品种提高清酒风味品质，构建中国特有的清酒专用米评价体系，是如今亟待解决的问题。笔者团队全面分析了不同品种、不同碾磨度大米对糊化特性、热特性、吸水特性、大米香气及清酒游离氨基酸和香气成分的影响；通过动态监测清酒发酵过程中酒液及酒醪理化成分变化，揭示大米内源性成分对清酒品质的影响机制，从而进一步细化完善清酒专用米评价体系，为清酒专用米育种提供理论依据，推动中国清酒行业发展。

第9章 潜力稻米

9.1 功能性稻米

9.1.1 蒸谷米

蒸谷米是以稻谷为原料，经清理、浸泡、蒸煮、干燥与冷却等水热处理后，再按常规稻谷加工方法生产而得到的产品。在世界范围内，蒸谷米来源于印度。印度气候炎热，稻米极易生虫，故而产生了把稻谷煮熟脱壳后再贮存的方法。后传至欧洲和美国，欧美人在技术上进行了改进，提高了蒸谷米的营养价值和出饭率，并逐渐成为当下流行的营养健康食品（王九菊等，2002）。

9.1.1.1 蒸谷米的历史

蒸谷米起源于南亚，最初是由当地居民发明的。一个多世纪前，由于碾磨技术的改进，蒸谷米的维生素含量显著提高，从而引起世界卫生组织的关注。19 世纪初，在机器碾米被广泛采用后，卫生当局和人口学家发表声明，世界上习惯食用稻米地区的人们非常容易受到脚气病的折磨；然而，在食用蒸谷米的地区，当地居民从未患上脚气病。这一观察结果最终归咎于蒸谷米中维生素 B_1（硫胺）的提高，而传统加工的稻米中缺乏维生素 B_1。关于我国蒸谷米的起源，目前引用最多的说法，是起源于公元前 400 多年的春秋时期吴越时代，该说法在太湖地区流传甚广。据《杭州市市制》"民俗风情"篇记：吴越相争时，吴国要越国进献良种（方福平和江建设，2007）。目前我国的籼稻主要用于制作蒸谷米，出口非洲及中东地区。

9.1.1.2 蒸谷米的特点

1. 谷粒特性

在谷粒特性上，已碾磨的蒸谷米的粒度和形状与生米粒略有不同，前者比后者更短、更宽，可能与预煮过程中米粒中的可塑性内源组分发生重新排列有关。相对而言，生米粒有些不透明，呈白色，而蒸谷米米粒有点像玻璃且透明；生米粒中存在的垩白区域在预煮后也完全消失。另外一个区别是谷粒的硬度，蒸谷米的米粒比生米粒更硬。

2. 碾磨质量

蒸谷米的碾磨质量极大提高，即在碾磨过程中谷粒破碎量减少，是蒸谷米受到生产者欢迎的另外一个重要因素。研究人员经过反复实验发现，预煮可以显著降低碎米率。人们普遍认为，这种"减少"是由于蒸谷米的"硬度"提高了。另外，由于预煮过程中谷壳稍裂开，蒸稻谷比生稻谷更容易脱壳。同时，蒸谷米更硬，需要更多的能量和时间来提高其碾白精度。

3. 烹饪和饮食品质

研究人员发现煮熟的蒸谷米的味道与生稻米有些不同，在一定程度上影响了人们对蒸谷米的热情，但这个缺点逐渐被人们接受。许多研究表明，烹饪蒸谷米比生米需要更长的时间；同时，煮熟的蒸谷米粒更坚固，能保持更好的形状，比米饭更蓬松，黏性也更小，并且它在蒸煮中流失的固形物更少。蒸谷米烹饪的一个附带特性是，与生米相比，蒸谷米在烹饪过程中长度增加较少，但宽度扩大更多。因此，煮熟的蒸谷饭比煮熟的生米饭显得更短更结实。

4. 营养价值

研究发现，与碾磨的生米相比，碾磨的蒸谷米含有更多的硫胺和烟酸。然而，蒸谷米中营养成分的变化过程是相当复杂的。在预煮过程中，维生素会发生一定程度上的热降解损失，虽然这种损失通常情况下可以忽略不计，但是在压力下损失比较明显。因此，从客观的角度来看，蒸谷米中维生素含量较高的原因是，与传统加工的稻米相比，蒸谷米在碾磨过程中被去除的维生素的比例大大降低。碾磨后的蒸谷米不仅比碾磨后的稻米含有更多的 B 族维生素，还含有大量的矿物质，尤其是钙、磷和铁。然而，蒸谷米中的蛋白质含量在碾磨前后总体上保持不变。

9.1.2 低 GI 稻米

血糖指数（glycemic index，GI）是指某种食物升高血糖效应与葡萄糖升高血糖效应的比值。它通常反映了食物影响人体血糖的能力，当 GI 值在 70 以上时，为高 GI 食物；GI 值在 55～70 时，为中等 GI 食物；GI 值在 55 以下时，为低 GI 食物。米饭的 GI 值因水稻品种、加工条件等因素不同而有所差异。

大多数品种的稻米都具有较高的血糖指数（GI >80），主要是因为其易消化淀粉含量高，而抗性淀粉含量低。目前只有少部分品种如'Basmati'、'Doongara'和一些高直链淀粉杂交水稻的 GI 值较低（Cabral et al., 2022），属于中低 GI 食物。现有研究主要通过品种筛选、基因突变、杂交技术、基因编辑（李霞等，2020）等手段进行低 GI 稻米的培育，主要围绕提高抗性淀粉和直链淀粉含量展开。目前，通过诱变育种技术培育了一批抗性淀粉含量大于 10%的高抗性淀粉含量水稻，且利用高抗性淀粉含量水稻生产的具有降糖功能的稻米已经商业化。杨朝柱等（2005）以'R7954'为原始材料，经航天诱变处理后获得高抗性淀粉稻米突变体 'RS111'。沈伟桥等（2006）利用 $^{60}Co\gamma$ 辐射诱变并结合杂交技术选育出高抗性淀粉早籼稻'浙辐 201'。曾亚文等（2010）从云南省 5 个稻区收集的 905 份初级核心种质中筛选出高抗性淀粉籼稻'功米 3 号'。2011 年起，杨瑞芳等（2020）利用化学诱变剂处理，将传统育种技术与花药培养技术相结合，经多代选育，培育出高抗性淀粉粳稻'降糖稻 1 号'。蒋彦婕等（2022）以'扬稻 6 号'、'Basmati'、'R405' 3 种水稻为亲本，进行杂交和复交后，历经多代系谱选择获得了综合性状优良的低 GI 南粳丝苗米。2004 年，澳大利亚可持续水稻生产合作研究中心通过对多种水稻进行指标检测发现，'Doongara'稻米由于其高直链淀粉含量表现出低 GI 特性。Fitzgerald 等（2011）首次对 235 个品种稻米进行大规模表型研究，阐明了基于直链淀粉含量控制 GI 值的机制，为育种工作提供了新思路。Baysal 等（2020）通过编码淀粉分支酶 IIb 的 *OsSBEIIb* 基因，使得突变体中直链淀粉含量从 19.6%增加到 27.4%，抗性淀粉含量从 0.2%增加到 17.2%。另外，通过提高脂质含量也可以增加水稻籽粒中抗性淀粉含量（Zhou et al.，2016）。除此之外，利用基因工程的策略培育高抗性淀粉含量的水稻也获得了很好的效果。Zhu 等（2012）利用 RNAi 策略，在转基因水稻中抑制淀粉分支酶（starch branching enzyme，SBE）基因 *SBEI* 和 *SBEII* 的表达，使得转基因水稻胚乳中直链淀粉含量从 27.2%大幅提高到 64.8%，抗性淀粉含量也从 0 显著提高到 14.6%，膳食纤维从 6.8%提高到 15.2%。动物实验表明，这种高抗性淀粉含量的转基因稻米可以显著降低糖尿病大鼠的血糖反应。此外，还可以控制正常大鼠的体重，增加粪便质量、粪便水分和短链脂肪酸含量，改善肠道健康（Zhu et al.，2012）。

　　稻米的消化特性受加工精度差异的影响。通常来说，糙米的 GI 值较低，原因在于其富含膳食纤维，可以延缓胃排空时间。此外，糙米中的膳食多酚能够抑制淀粉消化酶的活性，从而减少小肠对葡萄糖的吸收。膳食纤维主要存在于稻米的麸皮和细胞壁中。相较于白米，糙米的麸皮更厚，形成了物理屏障，限制水分进入和消化酶对淀粉颗粒的作用（Kaur et al.，2016）。此外，淀粉颗粒被细胞壁基质包裹，阻碍了消化酶的作用，抑制淀粉的消化。细胞壁还通过为消化酶提供结合位点来促进表面吸附。如果淀粉颗粒在细胞壁内排列过于紧密，会导致淀粉表面积收缩，影响消化酶的作用。Donlao 和 Ogawa（2016）通过比较完整米粒和米粉发现完整谷物具有更低的淀粉消化率，这是因为细胞壁起到了保护作用，形成了物理屏障。

　　解析稻米低 GI 特性的研究，能够更好地指导中、低 GI 稻米的培育，促进低 GI 稻米产业的高质量发展。笔者团队收集了市面上现有的低 GI 稻米样品，全面分析了其理化特性、消化特性及人体 GI 值等，并通过表征淀粉的精细化结构，发现低 GI 稻米的淀粉分子量小，且支链淀粉具有短支链比例高、分支点的"超支化短链"结构,通过物理屏障阻碍消化酶向底物的扩散与吸附,减少结合位点的暴露,延缓消化(图9-1)。

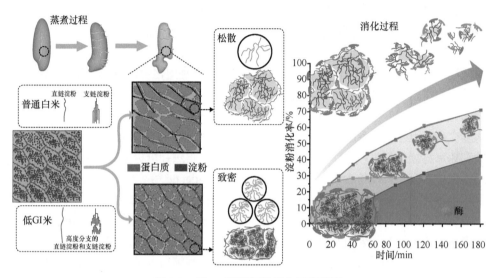

图 9-1　低 GI 稻米缓慢消化机理研究

9.1.3　不同蛋白质含量稻米

1. 低蛋白质稻米

稻米蛋白质含量高达 8%～10%,是人类重要的蛋白质来源之一,稻米中易消化吸收的蛋白质含量超过 4%,已超过改善全球肾脏病预后组织(Kidney Disease: Improving Global Outcomes,KDIGO)指南中关于肾脏病患者蛋白质摄入量的要求(王梨名等,2021)。临床研究结果显示,低蛋白质饮食是慢性肾脏病(CKD)临床干预的重要手段(Kalantar-Zadeh and Fouque, 2017)。正常饮食要满足充足能量摄入往往会导致蛋白质过多,很难达到热量充足、高效价、低蛋白质的要求,而控制饮食减少食物摄入量虽然能满足蛋白质限量要求,但常会出现热量不足,容易引起营养不良。低谷蛋白稻米(谷蛋白含量低于 4%)中可消化吸收的蛋白质含量较普通稻米低,用作肾病患者康复治疗期间的主食,既能满足患者正常代谢的能量需求,又能控制蛋白质摄入量,还能显著缓解患者蛋白质代谢压力,有助于加快患者康复速度。低谷蛋白水稻作为肾病患者专用功能稻首先在日本开发成功,目前低谷蛋白稻米已成为日本肾病患者的首选主粮(刘传光等,2021)。

Iida 等(1993)通过化学诱变结合 SDS-PAGE 技术筛选,获得了低谷蛋白-高醇溶蛋白的突变体材料'NM67',其总蛋白质含量与原始亲本接近,但谷蛋白含量明显降低、13kDa 醇溶蛋白含量明显上升、球蛋白含量也略有升高。Wang

等（2005）进一步以'NM67'为亲本，通过遗传改良育成低谷蛋白品种'LGC-1'、'Saikai231'等，并作为肾脏病、糖尿病患者专用品种应用于临床试验，效果显著。随后 Satoh 和 Omura（1979）、Qu 等（2001）、曲乐庆等（2001）通过 MNU（N-甲基硝基脲）诱变，获得 α-1、α-2 亚基减少的低谷蛋白突变体。中国农业科学院与南京农业大学以'LGC-1'和'越光'为亲本，通过回交育种技术育成我国第一个粳型低谷蛋白水稻品种'W3660'，随后又相继育成'W0868'、'W088'等高产、优质、抗病粳型低谷蛋白水稻新品种，并实现商业化开发应用（万建民等，2004）。广东省农业科学院水稻研究所以'W3660'为亲本，将低谷蛋白基因 $LGC-1$ 导入籼稻品种'五山丝苗'，育成低谷蛋白水稻品种'N198'（陈达刚等，2016）。

2. 高蛋白质稻米

蛋白质是水稻种子胚乳中第二大类贮藏物质，仅次于淀粉，稻米贮藏蛋白易被消化吸收，是人类蛋白质营养的主要来源。稻米蛋白质含量的高低不仅影响稻米的营养价值，而且关系到以稻米为主食的人群的蛋白质摄入量和健康水平。据不完全统计，中国人均蛋白质日摄入量仅为 67g，大大低于发达国家平均水平（100g/人）。因此，稻米蛋白质含量的遗传及育种研究一直受到广大科研人员的高度重视，对提高中国人民的健康水平有着极其重要的意义。

日本用 ^{60}Co-γ 射线照射 3 个品种作变异株的原株，得到蛋白质含量 13.3% 以上的高蛋白质稻米，相比未处理稻米蛋白质（6%～8%），照射处理的稻米蛋白质含量增加 50% 以上。毛瑞清等（2010）团队选育出籼型三系不育系'中种 1A'，该不育系不仅米质优，而且蛋白质含量高达 12.4%，所配组合也保留了高蛋白质的优点，营养价值较高。上海师范大学李建粤等于 2009 年分别采用常规育种技术、转基因技术、分子标记辅助育种技术、离体诱变操作，培育了多种高蛋白质水稻新品系，经农业部稻米及制品质量监督检验测试中心分析显示，采用常规育种技术培育的'上师大 3 号'蛋白质含量最高达到 12.4%；采用转基因技术培育出无抗性标记基因及报告基因，只具有优质大豆球蛋白 $Gy7$ 基因的水稻新品系，稻米蛋白质含量最高达到 14.4%；采用分子标记辅助常规育种选育出的'上师大 6 号'红米水稻新品系的稻米蛋白质含量为 13.5%。

9.1.4　富微量元素米

1. 富硒米

硒具有双重抗氧化功能，其双重抗氧化功能有两个原因，一是硒是清除自由基的元素之一，二是硒是谷胱甘肽过氧化物酶的重要组分，参与辅酶 A 和辅酶 Q 的合成。辅酶 Q10 具有抵抗传染病和癌症、预防心脏病及高血压的作用。硒的抗肿瘤作用、抗病毒性疾病、预防心脑血管疾病及抗衰老作用已被许多研究结果证实。此外，硒还具有许多其他功能，如硒有助于防治糖尿病、肥胖病；能预防白内障；能预防大骨节病和关节炎，降低镉、铅、汞等重金属的毒性；此外，硒还具有抗炎和改善情绪的作用。杨容甫等（2000）的研究证实利用水稻这一生物体将无机硒转化为有机硒，人们通过食用富硒米，可以达到强身健体、预防某些疾病的目的。富硒米目前主要是通过土壤施硒或者叶面喷施硒的技术，提高硒在水稻籽粒中的营养积累，从而生产出比普通水稻含硒量高的功能性富硒水稻（张现伟等，2009）。蒋彬（2002）、江川等（2005）、李军等（2012）通过比较不同水稻品种中硒的含量差异，从不同的基因型材料中筛选硒含量高的富硒亲本材料，运用传统育种方法与现代生物技术（包括分子印记技术和细胞工程等）相结合的方式，选育出一些优良的富硒水稻品种。

2. 富铁米

1994 年，国际农业研究政策咨询机构和国际粮食政策研究所在世界银行及亚洲发展银行的资助下，培育了铁含量高于 25mg/kg 的富铁水稻'IR164'。Goto 等（1999）成功地将大豆铁蛋白基因的编码序列导入水稻中，使转基因水稻中籽粒的含铁量是一般籽粒含铁量的 3 倍。日本则利用化学诱变的方法，从水稻'越光'品种中选育出铁含量比普通品种高 3～6 倍的富铁突变体（董彦君，1998），并以此突变体杂交选育出富铁水稻新品种'GCN4'和'系 026'，在 2000 年 3 月通过审定，并推广应用于大田生产。林开文等（2008）认为除了通过常规育种和转基因技术手段培育富铁水稻品种外，在今后的研究中还要加强对水稻铁吸收和运转规律的研究，以及加强研究栽培条件对铁的影响，通过栽培措施来提高水稻籽粒铁含量，从而培育出富铁的水稻新品种。

3. 富锌米

目前，对富锌水稻育种的研究较少，大多数都是通过改变栽培措施来提高水稻籽粒中锌的含量。锌在水稻籽粒中的含量不仅受遗传因素的控制，还受外界自然环境条件的影响（沈晓霞等，2009）。生产上富锌稻米的开发是通过在富锌土壤环境中种植水稻、施用锌肥进行生物强化的方法，从而提高稻米锌含量（Mora et al., 2015；Zhao et al.，2005）。安徽省农业科学院水稻研究所从 IRRI 引进的水稻种质中筛选了 2 个富铁、富锌种质，其铁、锌含量比普通水稻高出许多，分别比普通水稻高 50%和 40%（吴敬德等，2006）。

9.1.5 有色米

带有彩色麸皮（除白色和红色外）的水稻品种通常被认为是"有色米"，*Kala4*

基因的突变刺激了水稻中花青素的产生,导致其呈黑或者红色(Oikawa et al., 2015)。中国是有色米资源最丰富的国家,在世界有色米资源中占有很大份额(Kong et al., 2012)。有色米富含维生素、矿物质、膳食纤维和生物活性成分,具有较高的营养价值,其营养特性已得到广泛的科学证明,近年来受到消费者的广泛欢迎。有色米有短粒、长粒和糯米品种,具有光滑的质地和坚果味。有色米果皮呈深黑色是由于花青素的存在,花青素也是一种有效的抗氧化成分。此外,有色米麸皮中含有谷维素、酚类、黄酮类等活性成分,这些活性成分有助于改善脂质分布,具有抗炎、抗癌(Chen et al., 2006),预防心脏病、控制血糖(Henriques et al., 2021;Guo et al., 2007)及减少氧化应激(Chusak et al., 2020)的作用。目前,有色米被视为一种营养和功能性食品成分,在预防和控制疾病中发挥重要作用,有研究将其作为配料应用于食品中,开发出具有高营养价值的功能性食品。然而,未来需要进一步研究加工对有色米生物活性物质和功能特性的影响,以扩大其在食品工业中的应用价值。

在所有的有色米品种中,黑米(*Oryza sativa* L.)因其感官特性、高营养价值及有益的健康特性而受到越来越多的关注。黑米含有丰富的营养成分,如淀粉、蛋白质、脂肪、膳食纤维、维生素和矿物质、生物活性成分(如花青素、酚酸、黄酮类化合物),为人体提供全面的营养支持。黑米的结构主要由颖壳、果皮、种皮、胚乳、胚芽、糊粉层和珠心层组成,其中果皮、种皮、糊粉层和珠心层构成了黑米的糠层。黑米糠(black rice bran,BRB)相较于白米糠在营养成分上表现出了明显的优势:粗蛋白、粗脂肪和粗纤维含量分别高出 8.40%、4.44% 和 18.18%;矿物质和维生素含量显著高于白米糠;总花色苷高出 33.0 倍,总黄酮高出 8.0 倍,总抗氧化能力高出 9.8 倍(邓文辉和代惠萍,2013)。黑米糠的酚类物质含量显著高于其胚乳部位,是胚乳的 38~41 倍(Kong and Lee,2010)。黑米糠含有较高的蛋白质含量,富含赖氨酸等必需氨基酸。并且由于黑米糠中富含具有抗氧化活性的植物化学物质,其抗氧化活性显著高于红米糠和糙米糠(Ghasemzadeh et al., 2018)。与水果和蔬菜不同,黑米糠中含有大量的阿魏酸,这被认为是一种潜在的抗炎化合物,对人体健康具有积极作用(Adom and Liu, 2002)。笔者团队以黑米分级碾磨后的四道黑米糠为研究对象,探究了植物乳杆菌发酵处理对黑米糠化学成分及理化特性的影响。研究结果表明,经植物乳杆菌发酵后黑米糠的总酚含量和抗氧化活性显著提高(图 9-2)(Lin et al., 2024)。除此之外,乳酸菌发酵能够改善黑米糠的不良特性,增加其用作食品原料的风味,改善米糠制品的品质与感官特性,有利于促进黑米糠的高值化利用。

9.1.6　发酵糙米

糙米是指仅脱去稻壳,但保留了种皮和胚的一类全谷物食品(张芳等,

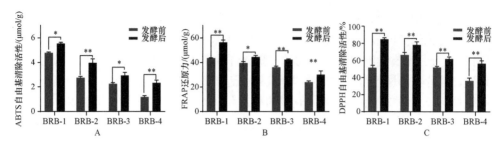

图 9-2　乳酸菌发酵对黑米糠体外抗氧化活性的影响
*代表 $P<0.05$，**代表 $P<0.01$

2023)，糙米中除富含蛋白质、膳食纤维、淀粉、脂质等为人体代谢所必需的营养成分，还含有诸多对人体具有健康功效的生物活性物质，成为近年来的研究热点（叶彦均，2022）。但其具有难吃、难煮、难贮藏等特点，导致消费者在日常生活中对糙米接受度较低。为提高糙米的品质，目前国内外研究者通常采用物理法（碾削、高温流化、超高压、辐照、浸泡、超微粉碎等）、生物法（萌芽、添加外源酶、生物发酵法等）或者物理和生物结合的方法处理糙米。

　　研究表明，生物发酵技术不仅能够优化糙米的基本营养物质配比，提高其生物活性物质含量，还可以降低抗营养因子水平，从而极大改善糙米的营养品质。半固态发酵是指在固体发酵的基础上，加入适量的水分，使得发酵物既有类似液态的流动性，又能保持固体状态，是一种比较常见的微生物发酵方式。半固态发酵相比于液态发酵的优势包括提高产量、节约能源和资源、产品质量好、操作简便和适用范围广。笔者团队采用半固态乳酸菌发酵技术结合微波干燥处理糙米，显著改善了糙米的食用和营养品质，并在此基础上开发了耐贮、易煮、营养可及性高的糙米产品，有助于推动有色糙米加工产业提质升级。

9.1.7　巨胚米

　　巨胚米是功能性稻米的一种，巨胚米最突出的特点是胚的大小是普通稻米的 2～3 倍，最高可达 5 倍（魏振承等，2005）。水稻的胚相比胚乳含有更丰富的营养物质，而巨胚米增加了糙米中胚的比重，因此提高了其营养价值。另外，由于稻米氨基酸、脂类等主要营养成分大部分集中于米胚中，所以巨胚米中蛋白质、氨基酸和维生素等含量高，特别是 γ-氨基丁酸和维生素 E（沈芸等，2008；苏宁等，2007）。

1. 国内外巨胚米历史

　　1981 年，日本育种家 Satoh 和 Omura 利用化学诱变剂对水稻普通品种'金南风'处理后得到巨胚突变体，其胚占整个米粒体积的 1/3～1/4，是普通米胚的 3～

4 倍（庞乾林，1997）。Maeda 等（2001）将'金南风'的巨胚突变体'EM40'
与高产品种'Akenohoshi'杂交培育出首个巨胚稻品种'Haiminori'。早期国内学
者通过引入巨胚稻资源转育的方式培育出了巨胚稻品种。比如，南京农业大学万
建民等引进日本的'Haiminori'与高产品种'武运粳 7 号'杂交，育成巨胚稻品
系'W0250'。此后通过人工诱变的方式，国内的育种家也培育出了新的巨胚稻品
系。再比如，中国水稻研究所黄大年等以水稻品种'秀水 110'为材料，通过组
织培养和系统选育培育出巨胚稻'伽马-1'（'基尔-1'）等。

目前国内研究小组通过各种诱变方法创制出一批巨胚稻种质资源（张祥喜等，
2007）。上海师范大学培育出了一种复合型功能性巨胚红粳品种'巨胚红粳 1 号'，
该品种是利用杂交后代选拔的品系'上师粳 315'为母本、红粳米品系'S134'
为父本进行杂交，利用系谱法选育成的早熟晚粳功能性水稻新品系（林冬枝等，
2014）。上海市农业科学院作物育种栽培研究所培育出的'巨胚粳 1 号'（朴钟泽
等，2009），是以 2001 年从韩国首尔大学引进的巨胚水稻遗传资源'花晴'为母
本、从江苏省武进市（现为武进区）农业科学研究所引进的'95-20'品系（'武
运粳 7 号'的姐妹系）为父本进行有性杂交，利用系谱法选育成的中熟中粳功能
性水稻新品种。

2. 巨胚米功效

研究表明，糙米中的 γ-氨基丁酸（GABA）主要存在于胚中。因此巨胚稻的
糙米由于胚的增大，GABA 的含量也显著增加。巨胚稻'Haiminori'胚的体积是
普通水稻的 3～4 倍，浸水 4h 后'Haiminori'糙米中 GABA 的含量也大约是普通
糙米的 4 倍（Maeda et al., 2001）。国内研究表明，普通水稻品种'TB'糙米中
GABA 的含量为 1.9mg/100g，浸水 45h 达到最高值，为 31.5mg/100g；'TB'的巨
胚突变体'TgeB'糙米中 GABA 的含量为 9.4mg/100g，浸水 45h 达到最高值，
为 61.7mg/100g（胡时开和胡培松，2021）。糙米浸水后 GABA 的含量大幅上升与
浸水后 GABA 合成相关的谷氨酸脱羧酶的活性上升有关（刘玲珑等，2005）。动
物实验证实，发芽巨胚糙米可以降低高血压大鼠的血压，而对正常血压的大鼠无
降压效果。这意味着高血压患者可以适当食用发芽巨胚糙米，以改善高血压现象，
同时食用发芽巨胚糙米对健康人的血压无影响。

9.2　香　米

基本上所有的米饭都有一种微妙的香气。然而，有一种特殊的稻米，它有一
种独特的、清晰的和令人愉快的香味，这样的米被称为香米。无论在未煮熟和煮
熟的状态下，其独特的香味都是可以识别的。由于其食味佳且具有显著药效，我

国历代都把香米作为贡米。在国际市场上香米价格也较普通稻米高 2～3 倍，其中泰国香米已成为高档优质米的代名词，其国际贸易量一直居世界稻米贸易的首位。因此，充分挖掘和利用珍贵的香稻资源，加强新品种选育、推广和遗传特性研究，以及育种技术的探索，不断扩大香稻面积，满足国内外市场日益增长的需要，已是当今稻米生产的一大趋势。

9.2.1 香米的分类

根据植物分类学，香稻通常可分为籼、粳两大类型。在籼亚种和粳亚种中又分别包含黏稻和糯稻。此外，根据米皮颜色又可把香稻分成白香米、红香米和黑香米三种类型。国际上许多学者则根据谷粒长度把香稻分成长粒型香稻和短粒型香稻。还有一些研究人员根据香米散发出来的香气把香稻分为爆米花型、茉莉花型、紫罗兰型、山核桃型、莴苣笋型等（胡培松等，2006）。

9.2.2 香米的分布

香稻品种资源丰富，几乎遍及世界各稻米生产国，如巴基斯坦的'Basmati'品种群、印度的'Jccrakasala'、泰国的'KhaoDawkMali'、印度尼西亚的'Scratnsalam'、菲律宾的'Milagrosa'、美国的'Della'、日本的'佐贺'等。在西亚，伊朗以种植高质量的香米而闻名。例如，'Sadri'是伊朗著名的高品质香米品种，也被称为'Basmati'。其他著名品种包括'Tarom'和'Domsiyah'。据说，它们不仅在香气上，而且在大小、形状和烹饪性能上都与'Basmati'有些相似。美国种植稻米主要是为了贸易和工业，因此，当'Basmati'米和'Jasmine'米在国际贸易中占据日益重要的地位时，美国育种家试图培育香米品种。第一次研发出的品种是'Della'，之后是'Dellmont'、'Dellrose'，然后是'Dellmati'、'Calmati201'和'Sierra'。这些品种被认为不仅具有香气，而且具有'Basmati'那样的煮熟后籽粒伸长的特性。

我国香米资源十分丰富，据统计，仅分布在云南省文山壮族苗族自治州、红河哈尼族彝族自治州、德宏傣族景颇族自治州等地的香稻资源就有近百份，其中有闻名全国的'螃蟹谷'、味香可口的紫米品种'鸡血糯'和较为罕见的香型软米'毫二王汗多'等。这些资源大多分布在海拔 1300m 左右的地区，个别品种在 1600m以上。贵州的'香禾'为一系列香稻资源的总称，主要分布在黔东南苗族侗族自治州的黎平、从江、榕江等地，是珍贵的特殊地理生态型稻米，历史悠久，品种繁多，适应性广，香味浓郁，营养价值高，其著名品种有'锡利油黏'、'香糯稻'等。太湖流域及苏北地区也是我国香稻资源较为集中分布的区域。

9.2.3 呈香物质及机理

稻米香气品质是一个相当复杂的体系，归因于米粒中存在的挥发物及烹饪过程中产生的挥发物，多种挥发性化合物相互作用，共同影响稻米香气品质。据报道，稻米中有 300 多种挥发性风味物质，以醇、醛、烷烃类物质为主（Hu et al., 2020）。一般来说，这些挥发性成分来源主要分为两大部分：一是在自然生长期形成的，二是在后期加工贮藏中因稻米中的脂质氧化分解等反应形成的。醛类、醇类、烷烃类和 2-乙酰基-1-吡咯啉（2-acetyl-1-pyrroline，2-AP）均能在水稻自然生长期形成，杂环类、醛类、酯类和酚类物质可在后期加工贮藏中形成（Hu et al., 2020）。挥发性风味物质的香气阈值不同，对稻米整体香气的贡献值也不一样。

2-AP 是多年来研究中公认的稻米香气的关键组分之一，可产生类似于爆米花的香气（Verma and Srivastav, 2020），其香气阈值仅有 0.000 053mg/kg，极少含量便可让稻米产生香味。不同品种稻米和不同贮藏时间的稻米中的挥发性风味物质的组成和含量存在差异，导致不同稻米感官呈现的整体香气有区别，且这些挥发性风味物质种类多、浓度低，因此稻米风味一直是研究的热点和难点。目前也已经发现一些规律，如 2-AP 可以作为稻米香气质量的指标性物质（Dias et al., 2021），E-2-辛烯醛可作为稻米老化的标记物质（Griglione et al., 2015），可以利用稻米中的 E-2-辛烯醛的含量判断稻米的新鲜程度。

1. 2-乙酰基-1-吡咯啉

2-乙酰基-1-吡咯啉（2-AP）是香米的特征香气化合物，在水中的气味阈值为 0.1ng/g，在空气中的气味阈值为 0.02～0.04ng/L，为稻米提供类似爆米花的香味（Mathure et al., 2014）。2-AP 是区分香米和非香米的关键物质，而不同品种香米的 2-AP 浓度也具有较大差异。目前研究者普遍认为，香米中的 2-AP 主要是在生成过程中合成的或者是在高温烹饪过程中通过氨基酸和碳水化合物之间的美拉德反应形成的（Wei et al., 2017）。

香稻中主要的香味物质 2-AP 是由不同基因调控的多种合成途径生成的（图9-3）。目前主要调控基因有甜菜碱醛脱氢酶（BADH2）基因、吡咯啉-5-羧酸合成酶（P5CS）基因、吡咯啉-5-羧酸还原酶（P5CR）基因、脯氨酸脱氢酶（ProDH）基因、生长素氧化酶（DAO）基因、鸟氨酸 δ-氨基转移酶（OAT）基因（魏晓东等，2022）。脯氨酸、谷氨酸和鸟氨酸是合成 2-AP 的前体物质，其中脯氨酸和谷氨酸在 P5CS 和 P5CR 的作用下生成 1-吡咯啉-5-羧酸，而后脱羧转化为 1-吡咯啉。鸟氨酸在 OAT 催化下转化为 γ-氨基丁醛，然后再转化为 1-吡咯啉。BADH2 催化

γ-氨基丁醛氧化为γ-氨基丁酸,γ-氨基丁醛与2-AP的前体物质1-吡咯啉相互平衡。当 BADH2 功能丧失,γ-氨基丁醛大量积累并转化为1-吡咯啉。1-吡咯啉与丙酮醛通过非酶促相互作用生成2-AP,其中丙酮醛是由甘油醛-3-磷酸和二羟丙酮磷酸通过磷酸丙糖异构酶(TPI)产生(Ayut et al., 2024)。

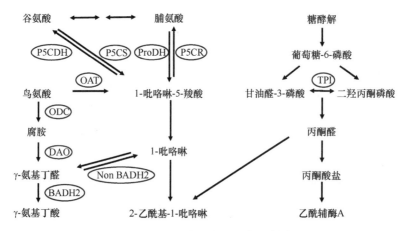

图 9-3　2-AP 生物合成通路示意图

P5CDH:吡咯啉-5- 羧酸脱氢酶；ODC:鸟氨酸脱羧酶；Non BADH2:无 BADH2,即 BADH2 功能丧失

2. 醛类

醛类化合物是稻米风味的重要组成部分,主要通过稻米中脂质的氧化分解产生,具有较低的气味阈值,对稻米整体风味的贡献最大。脂质氧化是形成稻米香气的关键途径,脂肪酸是重要的中间产物。脂质首先通过脂肪酶水解降解为游离脂肪酸,游离脂肪酸进一步分解为各种挥发性化合物。辛醛、庚醛、癸醛、壬醛和 2-壬烯醛是油酸氢过氧化物分解而得；己醛、戊醛、2-辛烯醛和反式-2-壬烯醛由亚油酸酯分解产生；反式-2-庚烯醛和 2-戊烯醛由亚麻酸氢过氧化物产生(Lina and Min, 2022)。

己醛是稻米中最重要的挥发物之一,其气味阈值较低(1.1ng/L),具有果香味和青草味,而高浓度会产生难闻的油脂气味。辛醛同样具有较低的气味阈值(0.88ng/L),具有轻微的水果味,对稻米特征香气的形成起到重要作用。壬醛的气味阈值较高(3.1ng/L),在高浓度下表现出脂肪气味,但在低浓度下表现出橙子和玫瑰的香气。(E)-2-壬烯醛被认为会产生脂肪味和黄瓜味(Hu et al., 2020)。

3. 醇类

醇类是米饭中的第二大类挥发物,仅次于醛类。醇被认为是不饱和脂肪酸氧化的次级产物,由醛的进一步分解形成。正庚醇和正辛醇通过油酸的氧化产生,正戊醇和 1-辛烯-3-醇由亚油酸的氧化产生。部分长链醇由于具有较高的阈值从而对稻米风味没有直接贡献，但稻米挥发物组分中仍存在许多低阈值的短链醇，在稻米中具有气味活性（Yang et al., 2008；Verma and Srivastav, 2020）。

短链醇包括己醇、辛醇、壬醇等。己醇是稻米中的主要醇类之一，具有草本味和甜味；正辛醇具有柑橘味、水果味和花香味；1-辛烯-3-醇具有类似生蘑菇的气味；正壬醇具有花香味和柑橘味；芳香族醇即苯甲醇（甜味）和 2-苯乙醇（甜味和花香味）同样在稻米中具有气味活性（Mathure et al., 2014）。

4. 杂环化合物

杂环化合物主要通过反醛醇缩合反应和美拉德反应生成。反醛醇缩合反应生成的小分子化合物，如羟基化羰基化合物和 α-二酮化合物，作用于 α-氨基酸以形成不稳定的中间体，大多数不稳定的中间体经过特定的缩合或降解反应，产生具有风味特性的杂环物质（Demyttenaere et al., 2002）。具有较低气味阈值的杂环类化合物，在米饭香气中起着重要作用。稻米中分离鉴定出各类杂环化合物，包括呋喃类、吡啶类、噻唑类、噻吩类和吲哚类。其中呋喃类是含量最丰富的杂环化合物，由脂质氧化和美拉德反应产生。稻米中的吲哚可能来源于氨基酸合成代谢途径，L-谷氨酰胺与分支酸通过系列反应生成吲哚。吡嗪类和吡啶类被认为是重要的食品风味化合物，主要由 Strecker 降解、脂质氧化或美拉德反应形成（Crawford, 1989）。2-戊基呋喃是脂质氢过氧化物的次级氧化产物，是稻米中最重要的呋喃类挥发物，在低浓度下具有典型的坚果风味，而在高浓度时会产生豆腥味；吲哚在低浓度下具有水果味和花香味，它和 2-AP 被共同认定为稻米香气的指标物；纯吡啶可能会产生令人不快的刺激性和扩散性气味，在可可、咖啡和烤花生中产生烤制、烤坚果或熟食的香气（Grimm et al., 2004）。

5. 酚类及其他物质

稻米中酚类物质来源于酚酸的热降解。稻米中的酚酸是植物重要的次级代谢产物，其生物合成主要依靠 L-苯丙氨酸起始的苯丙素途径。酚酸在稻米中的氧化降解会造成挥发物组分的改变，进而影响稻米的风味。酯类化合物具有果味，主要由醇和有机酸或微生物酶的非酶促酯化催化。4-乙烯基苯酚参与形成煮熟的米饭的气味，给稻米带来不愉快的气味。2-甲氧基-4-乙烯基苯酚具有辛辣味和丁香味，可能源自稻米中阿魏酸的热降解，被认定为许多香米品种的重要风味贡献物（Ajarayasiri and Chaiseri, 2008）。

6. 影响因素

影响稻米香气的主要因素有遗传基因、种植环境、加工方式等。

遗传基因：稻米香气被发现是一种高度可遗传的性状，具有相对复杂的遗传控制。目前已报道有助于稻米香气的主要基因是 *fgr/badh2/Os2AP* 与 8 号染色体上的甜菜碱醛脱氢酶（BADH2）基因。非芳香水稻品种含有 *BADH2* 基因，因此具有功能性 BADH2 酶，而芳香水稻品种 BADH2 的功能丧失导致 γ-氨基丁醛积累，从而生成 2-AP（Routray and Rayaguru, 2017）。

种植环境：稻米的种植条件影响稻米香味。不同温度影响 *BADH2* 基因表达，25℃ 时 *BADH2* 基因下调最大，2-AP 含量最高，表型香气评分优异，表明温度对香气表型表达和最终米香品质的调控作用。而盐度被认为对稻米香气质量有积极影响，一些受欢迎的芳香水稻品种传统上生长在盐碱土壤或海洋咸水入侵的地区。各种农用化学品，如肥料、生长调节剂等的施用对米粒中 2-AP 含量有显著的影响。土壤全氮也是产生水稻香气的关键因素之一。对芳香特性的影响可以通过影响产量、脯氨酸积累和脯氨酸脱氢酶活性来实现（Zakaria et al., 2017）。

加工方式：米饭烹饪过程包括水洗、预浸泡和以适当的方法加热，每一步都会影响最终的香气。水洗导致稻米总表面 60%～70%的脂质被去除，从而显著降低稻米挥发物的含量。高压蒸煮相较于普通蒸煮可以给米饭带来更好的风味。蒸煮过程中的美拉德和焦糖化反应会导致挥发物发生变化，增加杂环化合物的含量，降低烃类和苯衍生物的种类和含量，从而形成独特的风味（Hu et al., 2020; Lina and Min, 2022）。

9.2.4 'Basmati' 稻米

香米在印度文化中占据首要地位，它不仅是一种食物，更是一个国家文化和传统的象征。印度有着丰富的芳香稻米资源，而在过去的 30 年中，由于绿色革命强调的是产量而不是质量，许多地区减少了芳香水稻的育种。这些高价值芳香稻米统称为 'Basmati' 稻米（bas 意思是芬芳），该米不仅在亚洲很受欢迎，而且在欧洲和美国也很受欢迎。'Basmati' 稻米生长在印度和巴基斯坦的喜马拉雅山麓地区，其名称与这种地理起源有关（Bligh, 2000）。优质 'Basmati' 米的特点是具有超长、超细的颗粒，胚乳呈白垩状，形状类似土耳其匕首；香气宜人细腻，味道甘甜、干爽；直链淀粉含量低，糊化温度适中，米粒长度在蒸煮时延长 1.5～2 倍，煮熟后宽度膨胀小，质地柔软，弯曲细腻。对于印度农民和消费者来说，香气被认为是稻米最重要的特性，其次是烹饪后的味道和伸长率。1947 年印巴分治后，巴斯马蒂香稻种植区部分归为巴基斯坦，从而减少了印度稻米的种植面积和产量。

1. 'Basmati' 稻米的特性

'Basmati' 稻米具有籼、粳两种类型的特征,可被视为介于两者之间的中间群体。它在形态特征上与籼稻相似,但在籽粒、烹饪和食味品质及外观品质上,与高直链淀粉的籼稻相反。'Basmati' 稻米具有独特的颗粒长度(≥7mm)、形状(长宽比≥3.5)和烹饪质量(伸长率≥1.9)。正是这种品质和某些历史环境的结合,促进了其出口,并最终受到世界各地消费者的欢迎。表观直链淀粉含量(AAC)、凝胶稠度(GC)、吸水率、体积膨胀和最终淀粉糊化温度(GT)等几个组成性状共同决定了稻米的蒸煮食味品质。'Basmati' 稻米属于非糯米,含有适中的 AAC 和 GT。此外,它具有中等的凝胶强度,冷却时保持柔软,并且具有高直链淀粉稻米的高体积膨胀性质。传统品种的 'Basmati' 稻米植株高大,秆弱,对肥料反应差,对光周期敏感,产量低,因此印度和巴基斯坦通过与矮化基因供体杂交的方法,提高 'Basmati' 稻米产量。

2. 'Basmati' 稻米的出口与鉴定

在 1947 年之前,'Basmati' 稻米就已作为东方的秘密(对于欧洲人来说)或故乡的味道(对于印度和巴基斯坦移民来说)从印度和巴基斯坦出口。但作为商业潜力股,'Basmati' 稻米是从 20 世纪 70 年代初期或中期开始,逐渐崛起成为国际稻米贸易的主要品种。印度生产的近 2/3 的 'Basmati' 稻米大部分出口到西亚、中东地区、沙特阿拉伯、阿联酋和其他海湾国家,小部分出口到欧洲国家和北美次大陆、伊朗和美国等地区。在 1980 年之前,印度 'Basmati' 稻米出口所占份额微乎其微。从 1980 年起,旁遮普邦的碾米厂,特别是阿姆利则,率先在出口市场上引进了 'Basmati' 稻米。1997 年,出口到中东、非洲和俄罗斯等地的 'Basmati' 稻米每年创汇超过 1.16 亿美元,占该国通过出口农产品赚取的外汇的 64%。在这种背景下,考虑到 'Basmati' 稻米的巨大溢价,进口商,特别是在欧洲,包括英国,认为有必要制定一个标准,以确保其昂贵的进口 'Basmati' 稻米的真实性。最初在英国尝试使用蛋白质指纹技术图像分析和近红外光谱分析,但并未取得成功。随着生物材料的 DNA 分析技术的发展,研究人员使用 DNA 分析对 'Basmati' 稻米进行了成功鉴定(Vemireddy et al., 2015)。

9.2.5 茉莉香米

另外一种芳香稻米,是来自泰国的茉莉香米,近年来风靡全球。而且从泰国出口的茉莉香米的数量超过印度和巴基斯坦的 'Basmati' 稻米的出口总量。

1. 茉莉香米的种类

据说，1945 年，泰国一位农民发现了一种质量特别好的水稻品种，并将其用于种植。1950～1951 年，泰国农业部的一位研究水稻的官员得知了这一消息，收集了199 穗水稻。他进行了纯系选择，最终分离出了 'KhaoDawkMali4-2-105'，并于 1959年 5 月 25 日正式发布为 'KhaoDawkMali105'（'KDML105'）。从那时起，'KDML105' 在泰国的芳香米市场上占据主导地位。它有时也被称为 'KhaoHawm'（或 'Hom'），或被称为泰国的 'HomMali' 稻米。"Khao" 在泰语中的意思是白色和稻米，"Hom" 表示甜味，"Dawk" 表示花，"Mali" 表示小白花，即茉莉花。茉莉香米还包括另一个品种 'RD15'。'RD15' 是 1965 年用伽马射线照射得到的'KDML105' 的突变体，特别适合种植于泰国北部和东北部地区。'RD15' 产量与'KDML105' 相似，具有相似的品质，但一般提前 7～10 天成熟。'KDML105' 的晶粒长度与 'Bastmati' 稻米相似，但其宽度明显更大，直链淀粉含量为 16%～18%。

2. 茉莉香米的生长地区

茉莉香米主要生长在泰国北部和东北部地区。凉爽的温度、灿烂的阳光和灌浆期土壤水分的减少均有助于茉莉香气的生成。传统茉莉香米品种，生长周期长，植株高大，光周期敏感，仅在雨季生长。随着国际贸易的发展，茉莉香米的产量开始大幅度增加。1997 年泰国香米的种植面积为 5Mhm^2，约占总稻米种植面积9.2Mhm^2 的 54%。茉莉香米一般包括三个品种，两个非糯（'KDML105'，'RD15'）和一个蜡质（'RD6'）。'KDML105' 占泰国总水稻种植面积的 23%，'RD6' 占泰国总水稻种植面积的 28%。稻米出口总量为 5.24t，其中茉莉香米出口量为 2.2t（占稻米总量的 42%）。1997 年，一些矮化高产光周期不敏感茉莉香米品种被公布，烹饪质量品质也很相似。然而，'KDML105' 有一些不易察觉的质量优势，就是其可以生长在非灌溉地区。

3. 茉莉香米的发展

'KDML105' 是一种低直链淀粉米，所以煮后又软又黏，这不是泰国稻米最常见的特点，最初受众并没有那么大。因此，商家通常将中直链淀粉和高直链淀粉混合使用，以使其更广泛地为消费者所接受。随着消费者偏好程度的转变，茉莉香米的受众面变得更加广泛。而政府也对茉莉香米制定了严格的标准，禁止与其他品种混合，并将其命名为泰国 'Mali' 稻米。茉莉香米的出口呈现逐年递增的趋势，1987 年的出口量仅为 148 000t，2023 年已达到 10Mt。茉莉香米主要出口到亚洲国家，包括中国、新加坡和马来西亚等地，近些年在美国和加拿大等地的出口数量也有所增加。

9.2.6 国内香米

1. 常规香稻品种培育

我国香稻育种开始于 20 世纪 80 年代初。1979 年，黄发松从国际水稻研究所引进香稻资源 '066' 并从中系统选育出了 '80-65'、'80-66'，'80-65'、'80-66' 1984 年被评为湖南省优质米品种，1985 年通过认定。'80-65'、'80-66' 问世后，全国先后有 22 个省引种。据不完全统计已培育品种达 30 余个，如 '中优早 3 号'、'中香 1 号'、'中健 2 号'、'海香 1 号'、'鄂香 1 号'、'中佳 3 号'、'湘晚籼 5 号'、'湘晚籼 9 号'、'农香 16'、'粤香占'、'野清占' 等，累计推广面积近 700 万 hm²。

另外，我国育种工作者通过杂交、辐射、系统选育等方法，也育出很多香稻品种，深受人们欢迎。例如，江苏省农业科学院选育的 '香籼 8616'，产量可达 6375kg/hm²，香味极浓。湖南益阳金盆农场培育的 '早香 17'（'80-66' 系选）于 1985 年荣获全国籼型外观、色质、食味评比第一名。上海市农业科学院作物育种栽培研究所应用软 X 射线辐射诱变选育的 '紫香糯 861'、'香粳 832'、'申香粳 4 号' 等新品种已大面积推广种植，成为上海及邻近地区特种稻的当家品种。'上农香糯' 从 20 世纪 80 年代至今仍有种植，特别是 '上农香糯' 八宝饭已定为部优产品，产销量在千吨以上。江苏省常州市武进区稻麦育种场育成的 '武香粳 14 号'（2003 年），在太湖、沿江及淮河以南地区推广，克服了苏南等太湖稻区原有香稻品种成熟偏迟、退化严重、产量偏低等不足。广西农业科学院水稻研究所选育的 '早香 1 号'（2002 年）、广东省农业科学院水稻研究所通过诱变技术育成的 '粤航 1 号'（2003 年）、海南大学的 '万里香'（1998 年）等品种已通过国家或有关省（自治区）品种审定。

2. 香型杂交稻组合培育

1984 年，湖南杂交水稻研究中心与 IRRI 合作期间征集、观察了一批保持系材料。其中，'MR365' 是由印度的一个地方种和 '贾雅'（'Java'）杂交后育成。周坤炉团队用 'MR365' 与非香的 'V20B' 杂交选育出 '湘香 2 号 B'（徐秋生等，1999）。由于 '湘香 2 号 A' 育性存在一定问题，在高温条件下个别颖花里的极个别花药膨大散粉，产生少量自交结实现象；后又用 'V20B' 与 '湘香 2 号 B' 杂交通过多年多代的严格筛选育成 '新香 B'。1994 年周坤炉团队培育了我国第一个籼型香稻不育系 '新香 A'，并选配出第一个香稻杂交稻组合 '香优 63'，于 1995 年 1 月通过湖南省农作物品种审定委员会的认定。以 '安湘 S' 与 '湘香 2 号 B' 杂交，在其后代中选育出了一个香型的低温敏核不育系 '湘香 2 号 S'，该不育系繁茂性好、柱头外露率高、开花习性好、不育起点温度低。'湘香 2 号 A'与'新香 A'的开发利用,引发国内众多育种家从事香型杂交稻开发,因此香型杂交稻不育系的研究取得了长足的发展与进步。

四川省农业科学院作物研究所,以'湘香 2 号 A'中的可育株与'D90A'杂交培育而成的'香优 1 号',于 1999 年 5 月通过四川省农作物品种审定委员会审定,并列入农业部跨越计划主推优质组合;培育出的'香优 2 号'于 2002 年 3 月通过四川省农作物品种审定委员会审定,被列为四川省重点推广品种,通过国家农作物品种审定委员会审定。四川农业大学以'D 香 B'与'金 23B'杂交得到'吉香 3 号',该品种于 2005 年符合广西水稻品种审定标准,通过审定。四川宜宾市农业科学研究所以云南地方浓香型糯稻'N542'为母本,以'D44B'为父本,杂交得到'宜香 1577',已通过全国品种审定及四川、贵州、陕西、江西、安徽、浙江、广西、湖北等 8 个省(自治区)品种审定,2004 年被农业部确定为全国主导品种和四川省重点推广品种。

3. 香稻品种培育的未来

基因资源是不可再生的,到目前为止,种质资源尚无知识产权,而从种质资源中分离出的基因或者用种质资源育成的品种,不仅有知识产权,而且常常是价值连城。为了在这场"基因大战"中取得胜利,世界上一些发达国家及跨国公司纷纷投巨资于这一领域的研究。从种质资源中获取"基因主权",已成为发达国家及其跨国公司称霸世界、控制他国经济命脉的一种新的形式。对香稻品种资源研究也不例外。例如,1997 年,美国种子公司 RiceTec Inc 获得了"Basmati 水稻品种与稻米"专利(美国专利号:5663483),专利内容包括香稻成分、育种、品质等 20 项条款,将其生产的香米称为'Jasmati'、'Texmati'及'Kaomati',并推向市场,以取代每年从泰国、印度进口约 50 万 t 香米。这使得泰国和印度每年的香米出口受到严重威胁。

我国香稻资源十分丰富,在过去的几十年间,我国育种工作者通过杂交选育、系统选育和辐射育种等方法选育出不少香稻品种。但对我国地方资源遗传研究的深度和广度都不够。近年来,日本、美国的农业生物技术企业对我国特异种质资源持续关注。随着国际农业科技合作与交流的深入开展,我国部分特色种质资源面临潜在的跨境流失风险。为了防止我国优异香稻资源的流失,应加强其保护性研究,建立健全相关法律法规,进行相关产权保护申请,开发出具有自主知识产权的香稻新基因。

第 10 章　水稻数据库及云平台研究进展

10.1　国外水稻数据库研究

10.1.1　国际水稻研究所

10.1.1.1　基本介绍

国际水稻研究所（International Rice Research Institute，IRRI）是一个自主的、非营利性的、国际性的水稻研究机构，是国际农业研究磋商组织下属的 15 个农业研究中心之一，总部设在菲律宾。该研究所在世界水稻的科研与生产上起着重要作用，分别在 11 个国家设有办事处或分支机构，其目的是创造和传播水稻方面的新知识、新理论及其应用技术，帮助成员国建立和健全水稻研究系统。

国际水稻研究所与我国联合承担国际合作项目，在水稻科学的多个领域开展合作，并联合举办学术交流活动，扩大了中国水稻科学界的国际影响。同时，国际技术合作取得了丰硕的成果，推动了我国水稻科学研究事业的快速发展，为我国粮食增产、农业增效与农民增收做出了重要的贡献。

10.1.1.2　研究内容

在科研架构的设计方面，国际水稻研究所是以学科为主建立的"系"，系主任负责本系内部的科学水平评估；上一层是以解决问题为主建立的"项目"，执行项目的目标是获得产品和最终结果；科研架构的最上层则是一些"协作网"，如遗传材料评价网（INGER）等。从研究内容方面区分，国际水稻研究所的科研工作主要分为以下五部分。

1. 搜集、保存、管理品种资源

国际水稻研究所拥有 11 万份品种资源，包括全世界主要的野生稻种和主要农家品种。世界银行每年向国际农业研究磋商组织（CGIAR）提供经费，资助品种资源项目。主要开展两方面工作，一是升级种质库，实现信息管理数字化；对来不及登记的材料进行清理；二是从分子水平上，开展等位基因的发掘（allele mining）、利用定向诱导基因组局部突变技术（targeting induced local lesions in genomes）和

DNA-tab 标记技术，围绕水稻的主要生理性状，对 8 个水稻品种重复进行全基因组测序，在几千份材料上进行单核苷酸多态性研究，在单核苷酸的基础上对比这些水稻品种。国际水稻研究所成立了国际水稻功能基因协作组（IRGE），国内的华大基因（BGI）也参加了水稻基因测序工作，通过测序工作可以掌握基因的"拼写方式"。目前还需要进一步研究这些基因的"定义"，而掌握了基因的"定义"就可以设计理想的水稻品种。

2. 整体提升遗传资源手段

遗传改良工作需要育种家和生理学家共同参与，从遗传型（genotype）到表现型（phynotyle）的桥梁需要生物信息学（bioinformatics）来连接。生物信息学作为一门由数学、统计、计算机与生物学交叉结合的新兴学科，已经成为现代农业科学发展不可缺少的重要工具。随着水稻基因组计划的快速发展，生物信息学技术在功能基因的发现与识别、基因与蛋白质的表达与功能研究方面都发挥着关键作用。

国际水稻研究所首先加强了数据信息规范化管理。从 2007 年开始，育种家到田间工作必须携带具有高对比度 LCD 屏幕的掌上电脑，回到实验室以后，可以直接接入计算机，将数据传输到共享数据库。从田间采样开始，国际水稻研究所的育种研究与生理学研究、遗传种质中心（GRC）和功能基因组学研究都使用同一个数据库，全部数据都是兼容的，这极大提高了遗传改良工作的效率。

国际水稻研究所建成了生物信息学中心，先后投入数十万美元购置高性能台式计算机和集群计算机，使数据处理能力大大加强；并建立了国际水稻信息系统（International Rice Information System，IRIS），作为国际作物信息系统（International Crop Information System，ICIS）的一部分。未来要实现与国际玉米小麦改良中心（CIMMYT）等相关农业研究机构的联网。通过田间采样数据、基因测序芯片试验室（GARMA）、基因转化实验室、品质实验室等来连接从基因型到表现型之间的环节，在数据的涵盖面与质量上都发生了质的飞跃，使国际水稻研究所的遗传改良研究上了一个新的平台，也让国际水稻研究所的生物信息研究在国际农业研究磋商组织下属的 15 个研究中心中走在前列。

3. 水稻品质研究

国际水稻研究所采用新的手段，重视水稻米质形成的前期过程。国际水稻研究所从澳大利亚聘请了一位谷物化学家，改进原有的米质实验室，淘汰旧设备，建立了新的品质研究中心，提高了米质分析效率。以前测一个垩白度指标需要一个星期左右，现在不到一小时就能完成，而且可以一次进样十多个，达到了高通量、高精度的研究水平。在此基础上，国际水稻研究所还开展了环境与品质的互作研究，碾磨、干燥、贮藏等产后加工研究，并且在中国水稻研究所建立了一个稻米品质研究分中心。

4. 转基因研究

很长时间以来，国际水稻研究所在转基因方面从科学角度进行研究，着重研究基因的表达。具体科研流程是：取得基因、转入水稻、观察生长状况、发表文章。研究目的只是为了科学探索，转基因的成功率最高也仅为 30% 左右。目前国际水稻研究所正在探索转基因的标准化，提高转基因成功率，加强生物安全（biosafety）的管理。国际水稻研究所在转基因方面的发展目标，一方面是与功能基因组学相配合，通过转化来验证突变体或已知基因的功能；另一方面是与发展中国家相配合，开展公益性的转基因产品应用研究。国际水稻研究所聘请了法国 Cropdesign 公司玉米基因转化线的专家，并把该公司的转化模式引入国际水稻研究所。基因转化效率提高了 70 倍，并建立了高通量、高精度的水稻基因转化生产线。

5. 数据库组成

Information Commons for Rice（IC4R）是一个基于可扩展和可持续架构的水稻知识库，通过社区贡献的模块实现数据集成。IC4R 专为可扩展性和可持续性而设计，通过 Web API 集成来自远程资源的数据，并具有来自多个承诺模块的水稻数据的协作集成及低成本的数据库更新和维护。截至 2018 年 5 月，IC4R 共收集 56 221 组蛋白质编码基因、80 038 组蛋白质编码转录物、6259 组长链非编码 RNA、4373 组环状 RNA 和 1503 组 RNA-Seq 数据集。

OryGenesDB 是一个用于水稻反向遗传学的交互式工具。水稻数据库的首要目标是展示水稻的序列信息，如 T-DNA 和 Ds 序列标签，这些数据是在法国植物基因组计划（Génoplante）和欧盟谷物基因标签（Cereal gene tags）框架下产生的。随后，研究者决定将这些信息与来自外部水稻分子资源的相关分子数据（cDNA 全长、基因、EST、标记、表达数据）联系起来。

Gramene 是一个精选的、开源的、集成的数据资源，用于作物和模式物种的比较功能基因组学。目标是利用公共资金支持项目产生的信息开展跨物种比较研究。Gramene 目前在 Ensembl 浏览器中存储了超过 22 种植物物种的注释全基因组和近 12 种野生稻物种的部分组装，带有基因的遗传和物理图谱、EST、QTL 位置、遗传多样性数据集、蛋白质的结构-功能分析、植物途径数据库（BioCyc 和植物反应组平台），以及表型性状和突变信息。

Oryzabase 是日本水稻研究委员会于 2000 年建立的综合水稻科学数据库。该数据库最初旨在收集尽可能多的知识，从经典水稻遗传学到最近的基因组学，从基础信息到热门话题。

  MSU 水稻基因组注释项目数据库和资源是美国国家科学基金会项目，为水稻基因组提供序列和注释数据。该网站提供了来自'日本晴'水稻亚种的基因组序列和 12 条水稻染色体的注释。

  Rice Annotation Project（RAP）在 *Oryza sativa* ssp. 完成后于 2004 年概念化。国际水稻基因组测序项目的'日本晴'基因组测序旨在为科学界提供准确及时的水稻基因组序列注释。该项目的主要目标之一是在注释的基础上促进对水稻基因组结构和功能的全面分析。

  水稻突变体数据库（RMD）由国家联合计划、中国水稻功能基因组学国家重点项目武汉课题组开发，华中农业大学国家植物基因研究中心（武汉）维护。目前 RMD（RMD 更新信息）包含由增强子捕获系统生成的大约 129 000 个水稻 T-DNA 插入（增强子捕获）系的信息。综合信息数据库中收集了有关突变表型、报告基因表达模式、T-DNA 插入位点的侧翼序列、种子可用性等信息。RMD 可以通过关键字、核苷酸序列或蛋白质序列进行搜索。该数据库提供三类功能：①识别新基因，②识别调控元件，③识别目标基因在特定组织或特定生长阶段的异位表达（错误表达）模式。

  Rice TE 数据库由亚利桑那基因组学研究所开发。它收集了几种水稻属和密切相关的 *Leersia perrieri* 的重复序列和转座因子。其主要目标是为国际水稻图谱比对项目（International Oryza Map Alignment Project）中稻属基因组进化（Oryza Genome Evolution）项目开发的多基因组数据集提供重复注释和后续基因组分析的帮助，为稻属物种比较进化分析奠定基础，助力研究人员理解水稻基因组，揭示稻属物种进化关系与遗传差异。

  Rice Var Map 提供了从 4726 个水稻种质的测序数据中鉴定的 14 541 446 个单核苷酸多态性（SNP）和 17 397 026 个插入/缺失（INDEL）的综合信息。对所有种质的 SNP 基因型进行了估算和评估，总体缺失数据率为 3%，准确度大于 99%。所有种质的 SNP/INDEL 基因型均可在线查询和下载。用户可以通过 SNP/INDEL 的标识符、基因组区域、基因标识符和基因注释的关键字来搜索 SNP/INDEL。还为每个 SNP/INDEL 列出了各种亚群内的等位基因频率和变异对基因功能的影响。该数据库提供了一个工具来比较任何两个种质，并识别它们之间的多态性。该数据库还提供各种水稻种质的地理细节和表型图像。特别是，该数据库通过考虑周围已知的基因组变异提供了构建单倍型网络和设计 PCR 引物的工具。

  RiceFREND 是一个水稻基因共表达数据库，基于大量的微阵列数据，这些数据来源于自然田间条件下生长发育不同阶段的各种组织/器官，以及经各种植物激素处理的水稻植株。用于共表达分析的基因表达数据可以在 RiceXPro 中访问，这是一个通过微阵列分析获得的基因表达谱库。RiceFREND 旨在提供一个平台，用于鉴定各种生物途径和/或代谢过程中的功能相关基因。

10.1.2　美国农业部

稻米是世界一半以上人口的主食，在世界范围内生产，其中约 90%产于亚洲。美国是稻米主要出口国，全球进口市场中，美国稻米占有量近一半。美国的 4 个地区几乎生产了该国所有的稻米作物，三个在南部，一个在加利福尼亚。南部主要种植长粒米，加利福尼亚几乎只生产中粒和短粒米。美国农业部经济研究服务局（ERS）提供一系列关于水稻作物市场的数据和产品报告，包括国内和国际供应、需求、贸易和价格。定期、有计划的产出包括：①稻米展望月度报告，根据最新的世界农业供需统计，对美国和全球稻米市场的供应量和使用量进行预测。②世界农产品供需预估报告（WASDE），每月一次的交互式可视化报告，提供有关世界农产品市场供需平衡变化的预测。③稻米年鉴表，一个年度数据集，提供有关美国和全球稻米生产、供应、消费和贸易的统计数据。这些表格还包括州面积和产量数据，美国和世界稻米价格系列。④商品成本和利润，一种数据产品，提供包括水稻在内的主要作物的生产成本和利润估算。⑤美国农业部的农业基线预测，2022 年 2 月发布的年度报告，分析提供了对农业行业未来 10 年的预测。相关的基线数据库包括对 4 种主要饲料谷物（玉米、高粱、大麦和燕麦）及其他主要饲料作物和牲畜的预测。除了定期的报告和数据外，ERS 还发布涵盖美国和世界各地稻米市场重要问题的报告。

最近有关稻米的 ERS 报告包括以下内容：①《近十年的美国水稻生产：结构、实践和成本的变化》讨论了 2000～2013 年水稻种植农场在经营规模和稻米生产方式方面的变化。②亚洲稻米市场。研究人员使用 ERS 的基线模型，模拟中国作为世界上最大的水稻生产国和消费国，以及如果稻米用于饲料用途，对全球水稻和饲料谷物市场的影响，类似韩国、日本和泰国，以减少高水平的政府库存。③韩国稻米市场。回顾了韩国稻米市场的关键方面，并讨论了美国稻米对韩国出口的前景。④海地稻米。概述了海地从美国进口的稻米，并根据市场力量的变化讨论了这些进口的前景。⑤东南亚稻米过剩问题。探讨了东南亚稻米过剩存在的原因，以及这种情况如果持续下去的影响。

10.1.3　水稻基因组学数据库

在研究大型基因家族时，基因功能的确定尤为棘手，因为冗余限制了通过实验评估单个基因贡献的能力。系统基因组学是一种系统发育方法，用于比较基因组学，通过评估基因产物之间的相似性，来预测大基因家族成员的生物学功能。最近，研究者报道了 1508 种水稻激酶（水稻激酶数据库，RKD）和 769 种糖基转移酶（水稻糖基转移酶数据库，RGTD）的系统基因组数据库的开发。除此之外，还构建了以下数据库：水稻 GH 数据库、水稻 Transporter 数据库、水稻 TF 数据库，这三个数据库仅供内部使用。

1. 水稻激酶数据库（RKD）

植物受体激酶（PRK）是最大的植物蛋白质家族之一。PRK 亚家族中的规模和冗余问题对研究 PRK 功能提出了艰巨的挑战。研究者从 TIGR 水稻分子第 2 版中鉴定出 1496 种水稻激酶。值得注意的是，水稻激酶组比拟南芥包含的激酶多 40%，比人类激酶组大 3 倍。水稻中的这些扩增主要归因于膜结合受体类型的大型多基因家族，其中大多数具有未知功能。系统发育树使用最近邻法构建，包括 1508 个激酶序列，详细的序列信息包括：完整的基因组、cDNA 和蛋白质序列、染色体编号和位置、BAC 登录号、可变剪接产物和序列质量数据。

创建水稻激酶数据库是为了托管功能基因组信息，作为 NSF 资助的大型水稻激酶蛋白质组学项目的一部分收集。目标是将不同的数据集集成到一个合乎逻辑的、用户友好的平台。为了实现这一目标，研究者开发了一个显示用户的平台系统发育树上的选定功能基因组数据。RKD 还包括交互式染色体图，显示所有水稻激酶的位置和交互式蛋白质-蛋白质相互作用图；在这些页面之间和 TIGR 水稻基因组注释数据库之间提供导航链接，有利于比较内部密切相关的激酶亚族。

2. 水稻 GT 数据库

作为联合生物能源研究所（JBEI）的一部分，创建水稻 GT 数据库是为了整合和托管所有假定的水稻糖基转移酶（GT）的功能基因组信息。该数据库包含 793 个假定的水稻 GT（基因模型）的信息。根据基于碳水化合物活性酶（CAZy）数据库的序列相似性搜索，从水稻基因组中鉴定 GT。研究者的目标是将不同的数据集集成到合乎逻辑的、用户友好的平台中。为了实现这一目标，研究者开发了一个平台，用于在系统发育树上显示用户选择的功能基因组数据，包括序列信息、突变株系信息、表达数据等。该数据库还包括一个交互式染色体图，显示所有水稻 GT 的位置。除此之外，还提供了 MSU/TIGR 和 RAP-DB 水稻基因组注释数据库的链接。研究者希望这种格式能够更容易地比较不同家族中密切相关的 GT，以及在相关家族集之间进行全局比较。

3. 水稻 GH 数据库

作为联合生物能源研究所（JBEI）的一部分，创建水稻 GH 数据库是为了整合和托管所有假定的水稻糖苷水解酶（GH）的功能基因组信息。该数据库包含 614 种推定的水稻 GH（基因模型）的信息。根据基于碳水化合物活性酶（CAZy）数据库的序列相似性搜索，从水稻基因组中鉴定 GH。研究者的目标是将不同的数据集集成到合乎逻辑的、用户友好的平台中。为了实现这一目标，研究者开发了一个平台，用于在系统发育树上显示用户选择的功能基因组数据，包括序列信息、突变株系信息、表达数据等。该数据库还包括一个交互式染色体图，显示所有水稻 GH 的位置。研究者希望这种格式能够更容易地比较不同家族中密切相关的 GH，以及在相关家族集之间进行全局比较。

4. 水稻 Transporter 数据库

作为联合生物能源研究所（JBEI）的一部分，创建了水稻转运体数据库，以整合和托管所有假定的水稻转运体的功能基因组信息。该数据库包含 1754 种假定的水稻转运蛋白（基因模型）的信息。这些转运蛋白由转运蛋白分析数据库（TransportDB）鉴定。研究者的目标是将不同的数据集集成到合乎逻辑的、用户友好的平台中。为了实现这一目标，研究者开发了一个平台，用于在系统发育树上显示用户选择的功能基因组数据，包括序列信息、突变株系信息、表达数据等。该数据库还包括一个交互式染色体图，显示所有水稻转运体的位置。除此之外，还提供了 MSU/TIGR 和 RAP-DB 水稻基因组注释数据库的链接。研究者希望这种格式能够更容易地比较不同家族内密切相关的转运蛋白，并在相关家族集之间进行全局比较。

5. 水稻 TF 数据库

创建水稻 TF 数据库是为了整合和托管所有假定水稻的功能基因组信息转录因子（TF）和其他转录调节因子，作为联合生物能源研究所（JBEI）的一部分。该数据库包含 3119 个推定的水稻 TF（基因模型）的信息。TF 是从植物转录因子数据库中检索的。研究者的目标是将不同的数据集集成到合乎逻辑的、用户友好的格式中。为了实现这一目标，研究者开发了一个在系统发育树上显示用户选择的功能基因组数据的平台，包括序列信息、突变系信息、表达数据等。该数据库还包括一个交互式染色体图，显示所有水稻 TF 的位置。同时可链接到 MSU/TIGR 和 RAP-DB 水稻基因组注释数据库。研究者希望这种格式能够更容易比较不同系列中密切相关的 TF，以及在相关家族集之间进行全局比较。

10.2　国内水稻数据库研究

10.2.1　国家水稻数据中心

国家水稻数据中心（http://www.ricedata.cn）是一个以水稻为研究对象，融贯多学科的综合性数据平台。它创建了中国水稻品种及其系谱数据库，构建了大品种指纹数据集和优异种质数据集，开发了"系谱树"和骨干亲本算法；创建了水稻功能基因数据库，以文献析出的方式整合国内外报道的水稻功能基因，开发基于浏览器的遗传图谱生成程序和基因结构图生成程序，构建重要功能基因的分子标记数据集和育种上有利基因的整合数据集；自主开发了用于知识管理的本体系统，开创性地将此系统应用于水稻功能基因数据库和参考文献数据库的管理。该平台致力于在生物数据与育种需求之间架起一座桥梁，目前已得到广泛应用，在国内产生重要影响。

国家水稻数据中心主要由以下部分构成：中国水稻品种及其系谱数据库、水稻功能基因数据库、ONTOLOGY 系统、水稻文献数据库、优异种质数据库、分子标记数据库、水稻百科等。中国水稻品种及其系谱数据库，始建于 2004 年，是国家水稻数据中心的一个子平台。与国际水稻研究所开发的 ICIS 系统相比，该数据库除具有系谱查询的功能外，其鲜明的特点是与品种介绍的有机结合。

1. 数据库设计与收录概况

中国水稻品种及其系谱数据库是一个网络数据库，底层采用 Microsoft 公司的 SQL Server 2005 架构，控制层采用 ASP.NET+VB.NET+javascript 等技术设计。为了加快用户浏览速度，还将部分常用查询语句包装成"存储过程"，并应用了"分页浏览"等技巧。

截至 2019 年 3 月 31 日，中国水稻品种及其系谱数据库累计收录 19 328 份品种记录，包括历年国家、省（自治区、直辖市）、垦区和市县审定品种及品种权申请或授权品种、推广面积 10 万亩以上的品种统计、外引品种、农家品种和育种过程中产生的中间品系。收录的品种资料，涉及亲本来源、选育单位、品种类型、特征特性、产量表现、推广面积、栽培（繁种）技术要点和授权情况，如果是审定品种，还包括品种审定委员会意见和适宜推广区域等信息。

2. 数据库功能

品种查询功能：查询目标品种时，可以直接输入品种名进行检索。品种名检索是模糊检索，也就是说，用户不需要输入品种名称的全部字符，只需要输入一部分即可将相关的品种全部检索出来，这为需要进行精确检索但又不知道确切品种名的用户提供了方便。当不知道品种名或希望进行按"需"查询时，数据库也提供了相关功能，如可以根据"品种类型"（如籼粳类型、黏糯类型、常规杂交）查询某一类品种，也可以分页列出通过省级以上审定或获得品种权授权的品种。当然，也可以进行组合查询，如一次性检索出通过省级审定的全部耐旱粳稻等。这些品种查询功能，用户都可以通过 http://www.ricedata.cn/variety/实现（图 10-1）。

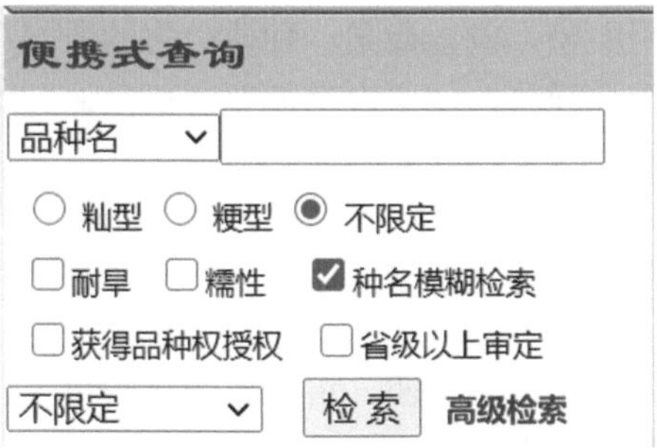

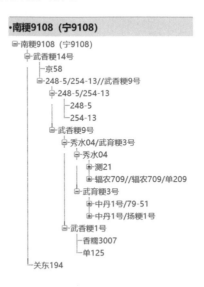

图 10-1　用户查询品种的交互界面

系谱追溯功能：一个品种的完整系谱树，不仅有助于了解该品种的选育途径和亲本来源，更重要的是，可以根据其亲本或远代亲本所含的有利基因推测该品种所携带的有利基因。基于该目的，设计者在品种数据库的基础上增加了系谱查询功能。如图 10-2 所示是'南粳 9108'的系谱树，"＋"表示可以展开以追溯该品种（系）的父母本，"－"表示已经展开，如果该品种（系）前面既没有"＋"也没有"－"，表示数据库中没有可用的亲本信息。品种库和系谱树是一个有机整体，当用户点击系谱树中的任意一个品种，即可以切换到该品种的介绍界面，并在系谱树下方显示该品种的相关信息。

图 10-2　'南粳 9108'的系谱树

定制查询功能：品种查询和系谱追溯是数据库目前对外开放的两个最重要的核心功能。除此之外，还可以根据用户需要，定制一些特殊的查询，如查询某一个科研单位或某一个省份选育的所有品种，或查询某一个不育系或恢复系组配的所有杂交组合及其应用面积，或查询某一种质衍生的所有品种或组合等。这些特殊功能目前未对普通用户开放，如用户有需要，可以通过电子邮箱与管理员联系（ricer@vip.qq.com）。

10.2.2　江苏省稻米品质评价信息系统

江苏省稻米总产量位居全国第四，亩产位居全国第一，但江苏稻米仅以口粮加工为主，产后加工利用技术落后，且目前的评价体系也无法客观反映该省稻米的品质。针对以上问题，笔者团队联合多方资源连续多年收集万条稻米全产业链品质基础数据，基于面向服务架构（SOA）、人工智能先进算法和可视化设计技术，系统分析稻米外观品质、营养品质、加工品质、食味品质及特征指纹图谱，融合地理、气候、农事操作、水肥运作、加工储运等基础信息，建立了首个全产业链的稻米品质大数据库（图 10-3），打造首个开放共享的稻米品质评价云平台，实现可视化数据统计、稻米品质评价、优质稻区域化布局、加工适宜性评价等功能，集成全产业链稻米品质评价新模式。

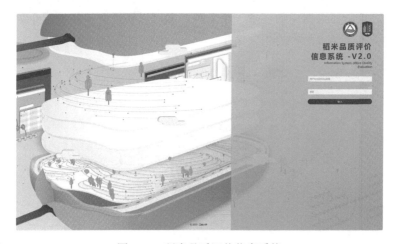

图 10-3　稻米品质评价信息系统

参 考 文 献

白宝兰, 高巍. 2012. 荞麦米线加工工艺研究. 食品研究与开发, (1): 102-105.

白栋强, 王若兰. 2003. 脂肪氧化酶在稻米储藏和加工中的应用. 粮食科技与经济, (4): 44-45.

白士刚, 赵宏伟, 贾富国. 2020. 糙米吸湿裂纹的断裂力学机制. 食品工业, 41(9): 273-275.

白同歌. 2021. 脉冲电场处理对米饭品质的影响及改良研究. 扬州: 扬州大学硕士学位论文.

柏芸, 熊善柏, 王欢欢, 等. 2009. 传统发酵食品米发糕生产工艺的革新与现代化. 粮食与食品工业, 16(5): 3.

包劲松. 2007. 稻米淀粉品质遗传与改良研究进展. 分子植物育种, 5(S1): 1-20.

毕莹 佟立涛, 山上隆司, 等. 2007. 大米食味评价中主观因素的影响分析. 粮食与饲料工业, (8): 5-7.

蔡怀依, 许翔, 袁爽, 等. 2017. 乙醇喷涂处理对年糕微生物及理化品质的影响. 食品工业科技, 38(16): 291-295+302.

蔡沙, 何建军, 徐瑾, 等. 2016. 不同类型大米淀粉物化特性的研究. 湖北农业科学, 55(22): 5897-5902.

蔡沙, 李淼, 管骁, 等. 2019. 大米加工精度对其营养品质和食用品质的影响. 湖北农业科学, 58(21): 1-6.

曹萍, 吕文彦, 裴忠友. 2002. 提高蒸煮与食味品质鉴定准确性,优化稻米品质. 辽宁农业科学, (5): 33-35.

曹树青, 翟虎渠, 杨图南, 等. 2001. 水稻种质资源光合速率及光合功能期的研究. 中国水稻科学, (1): 30-35.

常二华, 张耗, 张慎凤, 等. 2007. 结实期氮磷营养水平对水稻根系分泌物的影响及其与稻米品质的关系. 作物学报, 33: 1949-1959.

陈报章, 王象坤, 张居中. 1995. 舞阳贾湖新石器时代遗址炭化稻米的发现、形态学研究及意义. 中国水稻科学, (3): 129-134.

陈冰洁, 乔勇进, 刘晨霞. 2018. 糙米食用品质提升技术研究进展. 食品与机械, 34(12): 176-180.

陈曾三. 2002. 日本清酒酿造用米品质要求. 酿酒科技, (4): 75-76.

陈朝军, 刘永翔, 李俊, 等. 2019. 不同杂粮对汤圆粉团流变学特性及品质的影响. 食品研究与开发, 40(21): 11-16.

陈达刚, 周新桥, 刘传光, 等. 2016. 应用分子标记辅助选择培育籼型低谷蛋白水稻品系. 分子植物育种, 14(7):1753-1758.

陈光耀, 焦爱权, 田耀旗, 等. 2010. 浸泡对米饭风味的影响. 食品与发酵工业, 36(11): 40-43.

陈厚荣. 2009. 杂粮米型营养强化剂的生产技术研究. 重庆: 西南大学博士学位论文.

陈慧, 陆娅, 邓莉琼, 等. 2013. 降低方便米饭酸感影响研究. 粮食与油脂, (5): 9-11.

陈建华, 姚青, 谢绍军, 等. 2007. 机器视觉在稻米粒型检测中的应用. 中国水稻科学, 21(6): 669-672.

陈鲤江, 刘铁根, 王磊, 等. 2007. 基于区域跨度搜索的大米粒型检测方法. 光电子·激光, 18(1):

93-96.

陈墨, 熊德胜, 韩福芹. 2011. CMC-g-PMMA 对稻壳-水泥复合材料耐久性能的影响. 新型建筑材料, 38(10): 31-33.

陈朋引. 2002. 冷冻汤圆品质研究. 粮食与饲料工业, (12): 42-43.

陈世平, 陈金团. 2019. 不同施磷量对水稻产量、品质及磷肥利用率的影响. 安徽农学通报, 25(13): 57-58+109.

陈天鹏, 李里特, 钱平. 2006. 冻干方便米饭品质评价方法及原料适应性的研究. 中国粮油学报, 21(1): 15-19.

陈文华. 1989. 中国稻作起源的几个问题——《中国的稻作起源》序言. 农业考古, (2): 83-99.

陈志瑜, 周文化, 宋显良, 等. 2012. 水分含量对鲜湿米粉品质影响. 粮食与油脂, 25(7): 23-26.

陈志瑜. 2013. 鲜湿米粉保质保藏技术的研究. 长沙: 中南林业科技大学硕士学位论文.

陈中伟, 丁芬, 吴其飞, 等. 2017. 亚临界丙烷、超临界 CO_2 及正己烷对米糠油提取品质的对比研究. 中国粮油学报, 32(3): 36-41+47.

程北根. 2005. 挤压营养强化米生产工艺. 黑龙江粮食, (3): 28-30.

程金生, 万维宏, 陈信炎, 等. 2015. 稻谷壳制备石墨烯纳米片及结构表征. 农业工程学报, 31(12): 288-294.

程秋琼, 刘友明, 张家年, 等. 2000. 稻谷吸湿产生裂纹的研究进展. 粮食与饲料工业, (11): 8-9.

程贤春, 石萍, 涂传文, 等. 1998. 利用稻壳合成 SiC 的研究. 黄石高等专科学校学报, (1): 8-12.

楚炎沛. 2011. 米糠多糖在调味酱品质体系中的应用及优化研究. 广州: 华南理工大学硕士学位论文.

代钰. 2011. 影响汤圆用糯米粉品质因素的研究. 武汉: 武汉工业学院硕士学位论文.

戴玲玲. 2002. 米线的形成机理和品质控制. 食品工业, (5): 15-16.

邓辉, 仇文玉, 韦传宝. 2016. 米糠营养纤维凝固型乳酸发酵饮料制备工艺研究. 皖西学院学报, 32(5): 8-12.

邓婧, 马小涵, 赵天天, 等. 2018. 青稞 β-葡聚糖对淀粉体外消化性的影响. 食品科学, 39(10): 106-111.

邓灵珠. 2012. 大米蒸煮与米饭物性及食味形成机理. 郑州: 河南工业大学硕士学位论文.

邓文辉, 代惠萍. 2013. 黑米糠与白米糠的营养成分比较分析. 农产品加工(学刊), (13): 58-60.

邓晓青, 潘志芬, 李俏, 等. 2019. 青稞全麦粉与面粉及其饼干的品质研究. 麦类作物学报, 39(1):120-126.

丁华, 王婧, 赵明明, 等. 2015. 图像法在稻米外观品质测定中的应用研究. 湖北农业科学, 54(23): 6012-6014.

丁文平. 2003. 大米淀粉回生及鲜湿米线生产的研究. 无锡: 江南大学博士学位论文.

丁颖. 1957. 中国栽培稻种的起源及其演变. 农业学报, 8(3).

董明辉, 吴翔宙. 2006. 栽培方式和营养液浓度对稻米品质的影响. 江苏农业科学, 1: 16-20.

董彦君. 1998. 日本新性状稻米品质研究进展. 中国稻米, (1): 36-38.

杜雪树, 李进波, 夏明元, 等. 2021. 稻米整精米率研究进展. 湖北农业科学, 60(S2): 13-15.

樊琦, 刘梦芸, 祁华清. 2015. 我国稻谷加工粮食损失与治理对策研究. 粮油食品科技, 23(5), 117-120.

范代超. 2013. 几种粉丝淀粉特性及其对食用品质的影响研究. 重庆: 西南大学硕士学位论文.

范子玮, 张庆, 张淑蓉, 等. 2017. 云南软米淀粉的理化性质. 食品与发酵工业, 43(11): 87-94.

方冲. 2018. 不同添加物对挤压重组米血糖生成指数及性质的影响. 南昌: 南昌大学硕士学位论文.

方福平, 江建设. 2007. 中国蒸谷米产业发展分析. 农业现代化研究, (1): 114-117.

方建清. 2011. 日本清酒生产发展基本知识概述. 酿酒科技, (9): 112-117.

方长云, 段彬伍, 孙成效, 等. 2011. 大米精白度计在稻米透明度指标检测上的应用. 中国稻米, 17(2): 26-28.

房国志, 徐建东, 王全, 等. 2010. 基于形态学分水岭的垩白米粒检测方法. 光电子·激光, 21(4): 569-571.

冯琳皓. 2021. 水稻 *Wx/GBSSI* 控制直链淀粉合成重要位点鉴定及新等位变异创制. 扬州: 扬州大学硕士学位论文.

高静丹. 2012. 米粉配粉及淀粉流变学特性对米粉品质影响的研究. 郑州: 河南工业大学硕士学位论文.

龚波. 2020. 水稻淀粉精细结构决定其热力学性质和消化特性. 扬州: 扬州大学硕士学位论文.

龚魁杰. 2004. 我国杂粮食品工业的现状与发展趋势. 中国食物与营养, (6): 31-32.

顾可飞, 赵志辉, 高美须, 等. 2008. 电子束辐照技术在食品安全控制中的应用. 中国食物与营养, (3): 11-14.

顾学花. 2014. 施钙对干旱胁迫下花生生理特性、产量和品质的影响. 泰安: 山东农业大学硕士学位论文.

顾蕴洁, 熊飞, 王忠, 等. 2001. 水稻和小麦胚乳发育的比较. 南京师大学报(自然科学版), (3): 65-74.

管弋铦, 何苗, 熊双丽. 2016. 超高压处理对大米蛋白功能特性及结构的影响. 食品工业科技, 37(20): 104-109.

郭静璇, 王莉, 王韧, 等. 2016. 复配改良剂对马铃薯米线质构品质的影响. 食品工业科技, 38(2): 170-174+186.

郭静璇. 2016. 挤压法马铃薯米线的生产工艺和品质改良研究. 无锡: 江南大学硕士学位论文.

郭维荣. 2001. 米汤碘兰值作为大米食用品质代用指标的探讨. 粮油仓储科技通讯, (2): 43-44.

郭晓琳, 邢鹏飞. 2020. 稻壳在化工领域的应用研究进展. 化工新型材料, 48(9): 218-221.

郭亚丽, 程科, 王辉, 等. 2018. 重组米的研究进展. 粮食与饲料工业, (9): 1-4.

韩金香, 胡培松, 焦桂爱, 等. 2009. 稻米蒸煮食味品质及其仪器分析的研究现状. 中国稻米, 16(2): 1-4.

韩文芳, 林亲录, 赵思明, 等. 2019. 淀粉中间级分的研究进展. 食品科学, 40(23): 277-282.

韩跃武. 1994. 日本加工米饭的动向. 粮油仓储科技通讯, (6): 43-45.

韩忠杰, 熊柳, 孙庆杰, 等. 2012. 酸水解-湿热处理对豌豆淀粉特性的影响. 粮油食品科技, 20(6): 11-15.

何贤用. 2005. 辊(滚)筒干燥机在速溶营养米粉行业的应用. 食品工业, (5): 12-13.

贺萍, 陈竞适, 张喻, 等. 2017. 大米蛋白质和脂肪含量对鲜湿米粉品质的影响. 湖南农业科学, 1: 73-76+80.

洪雁, 顾正彪. 2006. 粉丝用淀粉结构和性质的研究. 食品与发酵工业, (1): 28-32.

侯彩云, 李慧园, 尚艳芬, 等. 2003. 稻谷品质的图像识别与快速检测. 中国粮油学报, (4): 80-83.

胡爱军, 田玲玲, 郑捷, 等. 2012. 超声波强化提取米糠中植酸研究. 粮食与油脂, 25(11): 28-30.

胡桂仙, 王俊, 王建军, 等. 2011. 基于电子鼻技术的稻米气味检测与品种识别. 浙江大学学报(农业与生命科学版), 37(6): 670-676.

胡国华, 翟瑞文, 黄绍华. 2002. 米糠膳食纤维对面团粉质和烘焙特性影响的研究. 中国食品添加剂, (3): 27-30.

胡培松, 唐绍清, 顾海华, 等. 2006. 水稻香味的遗传研究与育种利用. 中国稻米, (6): 1-5.

胡群, 夏敏, 张洪程, 等. 2017. 氮肥运筹对钵苗机插优质食味水稻产量及品质的影响. 作物学报, 43(3): 420-431.

胡时开, 胡培松. 2021. 功能稻米研究现状与展望. 中国水稻科学, 35(4):311-325.

胡育铭. 2014. 影响速冻汤圆粉团蒸煮特性的因素研究. 郑州: 河南工业大学硕士学位论文.

黄清龙, 马均, 蔡光泽. 2006. 籼、粳稻米垩白与品质的相关性研究进展. 中国农学通报, (1): 81-84.

季春香. 2010. 稻谷出米率与出糙率关系的初探. 黑龙江科技信息, (33): 264.

贾良, 丁雪云, 王平荣, 等. 2008. 稻米淀粉 RVA 谱特征及其与理化品质性状相关性的研究. 作物学报, (5): 790-794.

贾文博. 2012. 糙米质量评价主要指标的研究. 郑州: 河南工业大学硕士学位论文.

江川, 王金英, 李清华, 等. 2005. 早晚季水稻精米和米皮硒含量的基因型差异研究. 植物遗传资源学报, (4): 448-452.

江凌燕, 秦文, 梁爱华. 2008. 速冻方便米饭的品质特性及最佳品质评价指标的确立. 食品科学, (11): 49-53.

蒋彬. 2002. 水稻富硒基因型品种遴选. 陕西师范大学学报(自然科学版), (S1): 152-156.

蒋家焕. 2005. 高赖氨酸蛋白基因遗传转化水稻的研究. 福州: 福建农林大学硕士学位论文.

蒋彦婕, 杨杰, 王芳权, 等. 2022. 低血糖生成指数水稻南粳丝苗的选育及应用. 江苏农业科学, 50(18):299-302.

焦爱权. 2008. 双螺杆二次挤压法生产脱水方便米饭的工艺研究. 无锡: 江南大学硕士学位论文.

金本繁晴. 2008. 新无菌化包装米饭的制作工艺. 农产品加工, (1): 55-56.

金花. 2011. 稻谷吸附与解吸等温线计算模型及模拟研究. 保定: 河北农业大学硕士学位论文.

金玉. 2016. 电子束辐照对大米食用品质影响的研究. 长春: 吉林农业大学硕士学位论文.

金增辉. 1993. 人造米及其加工工艺. 粮食与饲料工业, (6): 5-7.

康海岐, 曾宪平. 2001. 杂交稻米主要品质性状的遗传研究与改良. 西南农业学报, (2): 100-104.

康孟利, 薛旭初. 2006. 年糕生产工艺的研究进展及在茶叶年糕生产上的应用. 现代农业科技, (10): 153-154.

康云海, 方玉, 李潜龙, 等. 2022. 水稻粒型基因研究进展及其育种应用. 杂交水稻, 37(3): 7-10.

孔政, 赵德刚. 2014. 利用电子鼻区分多种贵州香禾糯的香味. 食品科学, 39 (5): 260-264.

赖穗春, 河野元信, 王志东, 等. 2011. 米饭食味计评价华南籼稻食味品质. 中国水稻科学, 25(4): 435-438.

蓝海军, 刘成梅, 罗香生, 等. 2009. 米糠膳食纤维对熏煮香肠质构的影响. 农产品加工(学刊),(8): 15-17+23.

李安平, 蒋雅茜, 崔富贵, 等. 2013. 强化米糠膳食纤维的米粉面包配方研究. 食品工业科技, 34(17): 248-251.

李成荃, 孙明, 许克农, 等. 1988. 杂交粳稻品质性状的遗传研究 I. 碾米品质与籽粒外观性状的相关和通径分析. 杂交水稻, (4): 32-35.

李传雯. 2016. 大米谷蛋白热聚集行为和机理研究. 武汉: 湖北工业大学硕士学位论文.

李丹丹, 郑桂萍, 郑悦, 等. 2015. 粳稻垩白指标与其他品质性状间的关系. 江苏农业科学, 43(6):

70-72.

李东, 谭书明, 陈昌勇, 等. 2016. LF-NMR 对稻谷干燥过程中水分状态变化的研究. 中国粮油学报, 31(7): 1-5.

李冬珅. 2016. 粳稻谷储藏期间品质变化、挥发性物质以及水分迁移的研究. 南京: 南京财经大学硕士学位论文.

李栋, 毛志怀, 汪立君, 等. 2000. 稻谷爆腰机理及其抑制. 粮油加工与食品机械, (4): 17-18.

李洪甫. 1985. 连云港地区农业考古概述. 农业考古, (2): 96-107+186.

李辉, 戴常军, 张瑞英, 等. 2007. 稻米胶稠度测定影响因素的研究. 粮食加工, (5): 37-39.

李季成, 权龙哲, 罗立娜. 2008. 稻米含水率对其弹性模量的影响. 东北农业大学学报, (4): 1-3.

李瑾, 李汴生. 2008. α-方便米饭加工工艺及产品品质研究. 食品工业科技, (11): 305-308.

李军, 梁吉哲, 刘侯俊, 等. 2012. Cd 对不同品种水稻微量元素累积特性及其相关性的影响. 农业环境科学学报, 31(3): 441-447.

李昆声. 1981. 云南在亚洲栽培稻起源研究中的地位. 云南社会科学, (1): 69-73.

李昆声. 1984. 亚洲稻作文化的起源. 社会科学战线, (4): 122-130.

李里特, 成明华. 2000. 米粉的生产与研究现状. 食品与机械, (3): 10-12.

李娜, 修琳, 张浩, 等. 2016. 玉米重组米微波-热风联合干燥工艺优化. 食品科技, 41(6): 86-92.

李楠楠, 赵思明, 张宾佳, 等. 2017. 稻米副产物的综合利用. 中国粮油学报, 32(9): 188-192.

李润权. 1985. 试论我国稻作的起源. 农史研究, 第 5 辑.

李少寅, 舒在习. 2014. 米汤碘蓝值测定条件的探讨. 粮食与饲料工业, (4): 5-7+13.

李书先, 蒲石林, 邓飞, 等. 2019. 不同生态条件下氮肥优化管理对杂交中稻稻米品质的影响. 中国生态农业学报, 27(7): 1042-1052.

李双, 刘永乐, 俞健, 等. 2019. 不同 pH 条件下米谷蛋白的理化及结构特性研究. 食品与机械, 35(1): 75-79.

李天真. 2005. 稻谷的加工品质与其它品质的关系. 粮食与饲料工业, (7): 4-5+12.

李天真. 2006. 稻米营养品质及其相关影响因素的研究进展. 湖州职业技术学院学报, 4(2): 80-87.

李温静, 刘平稳, 夏永星, 等. 2018. 浅谈大米加工厂中的摩擦损耗. 粮食与食品工业, 25(5): 5-7+12.

李霞, 杜娟, 杨晓梦, 等. 2020. SSIIIa 基因在云南高抗性淀粉特种稻的遗传变异. 湖北农业科学, 59(20):35-38.

李霞辉, 张瑞英, 孟庆虹, 等. 2007. 粳稻品种食味品质评价方法的研究进展. 北方水稻, (5): 5-9.

李欣洋, 汤晓智, 杨春华, 等. 2024. 挤压工艺对碎米重组米品质特性的影响. 粮食与油脂, 37(1): 19-24.

李兴军, 刘静静, 徐咏宁, 等. 2019. 提高稻谷加工整精米率的原理方法. 粮食问题研究, (4): 26-34.

李玉影. 1999. 水稻需硫特性及硫对水稻产质量的影响. 中国土壤与肥料, 1: 24-26.

李云波, 许金东, 涂丽华, 等. 2007. 不同品种籼米的特性研究. 粮食与饲料工业, (11): 4-6.

李长友, 钟雨梅, 郑振森. 2004. 稻谷干燥影响因素分析. 现代农业装备, (5): 31-34.

李兆钊. 2020. 挤压杂粮重组米体外消化特性及食用品质研究. 长沙: 湖南农业大学硕士学位论文.

梁爱华, 贾洪锋, 秦文, 等. 2010. 电子鼻在方便米饭气味识别中的应用. 中国粮油学报, 25(11): 110-113+123.

梁世庆, 孙波成. 2009. 稻壳灰混凝土性能研究. 混凝土, (2): 73-75.

林冬枝, 林琛, 张建辉, 等. 2014. 高营养功能性水稻"巨胚红粳 1 号"选育、营养价值及应用. 上海师范大学学报(自然科学版), 43(6): 578-581.

林开文, 辛培尧, 孙正海. 2008. 高铁功能型水稻研究进展. 中国种业, (5):16-18.

林雅丽, 张晖, 王立, 等. 2016. 挤压生产糙米重组米的研究. 食品工业科技, 37(7): 193-198.

林叶新, 林润国. 2016. 我国南方传统食品——米粉质量安全管理的研究进展. 食品安全质量检测学报, 7(9): 3077-3084.

林宇航. 2018. 米发糕专用粉特征指标的研究. 武汉: 武汉轻工大学硕士学位论文.

凌云, 王一鸣, 孙明, 等. 2005. 基于机器视觉的大米外观品质检测装置. 农业机械学报, (9): 89-92.

刘传光, 周新桥, 陈达刚, 等. 2021. 功能性水稻研究进展及前景展望. 广东农业科学, 48(10): 87-99.

刘传菊, 李欢欢, 汤尚文, 等. 2019. 大米淀粉结构与特性研究进展. 中国粮油学报, 34(12): 107-114.

刘春景, 肖志刚, 解铁民, 等. 2017. 低蛋白重组米关键制备技术及功能性评价. 粮食与油脂, 30(4): 33-37.

刘飞杨, 何进宇, 陈梦婷, 等. 2022. 内外源因素对稻米品质影响规律研究现状与展望. 节水灌溉, (6): 85-89+95.

刘光亚. 2005. 影响稻谷品质指标测定值的因素. 粮食储藏, 34(4): 38-39.

刘海, 赵欢, 何佳芳, 等. 2013. 稻米营养品质影响因素研究进展. 贵州农业科学, 41(6): 85-89.

刘锦伟. 2012. 大米胶稠度测定新方法的研究. 镇江: 江苏大学硕士学位论文.

刘瑾. 2008. 酶法改善大豆分离蛋白起泡性和乳化性的研究. 无锡: 江南大学硕士学位论文.

刘静怡, 丁城, 周梦舟, 等. 2017. 双酶法分离提取米糠膳食纤维的研究. 食品科技, 42(10): 179-184.

刘莉. 2013. 超高压协同β-环糊精渗入对方便米饭性质的影响. 无锡: 江南大学硕士学位论文.

刘玲珑, 江玲, 刘世家, 等. 2005. 巨胚水稻 W025 糙米浸水后γ-氨基丁酸含量变化的研究. 作物学报, (10): 1265-1270.

刘敏, 王健健, 刘芳宏, 等. 2017. 基于 SPME-GC-MS 对不同品种大米挥发性物质分析. 中国酿造, 36(6): 170-174.

刘铭三. 1987. 谷物及油料品质分析法. 北京: 农业出版社.

刘木华. 2000. 水稻干燥品质的模拟和控制机理研究. 北京: 中国农业大学博士学位论文.

刘木华, 曹崇文. 2003. 稻谷种子安全干燥温度模型研究. 农业工程学报, 19(3): 174-177.

刘木华, 吴颜红, 曾一凡, 等. 2004. 基于玻璃化转变的稻谷爆腰产生机理分析. 农业工程学报, 20(1): 30-34.

刘奇华, 蔡建, 刘敏, 等. 2007. 两个籼稻品种垩白对稻米蒸煮食味与营养品质的影响. 中国水稻科学, (3): 327-330.

刘双, 赵洪颜, 陈迪, 等. 2015. 不同育秧基质对水稻育苗的影响. 安徽农业科学, 43(4): 45-46+53.

刘玮, 孙爱景. 2008. 方便米饭市场现状与发展趋势. 粮食与食品工业, 15(3): 3-5.

刘玮, 孙爱景. 2009. 我国方便米饭市场分析. 农产品加工(创新版), (1): 33.

刘祥臣, 李彦婷, 丰大清, 等. 2016. 不同覆盖物对水稻钵苗育秧出苗率及秧苗素质的影响. 江苏农业科学, 44(7): 94-97.

刘小翠. 2008. 米发糕发酵剂及复配粉的研发. 武汉: 华中农业大学硕士学位论文.

刘小禾, 王宜崧, 张克, 等. 2020. 营养重组米的工艺优化及营养素对品质的影响. 食品工业, 41(7): 329-332.

刘奕, 程方民. 2006. 稻米中蛋白质和脂类与稻米品质的关系综述. 中国粮油学报, 21(4): 6-10+24.

刘璎瑛. 2010. 基于机器视觉的稻米品质评判方法研究. 南京: 南京农业大学博士学位论文.

刘长姣, 姜爽, 于㼆萍, 等. 2017. 差示扫描量热法测量玉米淀粉糊化温度的不确定度评定. 中国食品添加剂, (7): 160-162.

刘志一. 1994. 关于稻作农业起源问题的通讯. 农业考古, (3): 54-70.

刘志一. 2007. 我为什么坚持稻作农业起源的"一元与多元辩证统一论"? 农业考古, (1): 66-72.

柳子明. 1975. 中国栽培稻的起源及其发展. 遗传学报, (1): 23-30.

龙杰, 尚微微, 吴凤凤, 等. 2018. 纤维素酶处理对发芽糙米复配方便米饭食用品质的影响. 粮食与食品工业, 25(1): 32-37+40.

龙俐华, 贺淼尧, 刘光华, 等. 2020. 不同播期对优质稻主要稻米品质的影响. 作物研究, 34(5): 405-407.

卢宝荣, 蔡星星. 2006. 籼-粳稻(Oryza sativa)分化揭示的人类对植物进化影响. 中国植物学会系统与进化专业委员会.全国系统与进化植物学研讨会暨第九届系统与进化植物学青年研讨会论文摘要集. 西安: 中国植物学会系统与进化专业委员会.

陆萍. 2020. 发酵及多酚复合对大米淀粉结构和消化性能的影响. 广州: 华南理工大学硕士学位论文.

鹿保鑫, 张丕智. 2005. 稻壳的综合利用技术. 农机化研究, (4): 195-196.

吕博. 2017. 稻谷干燥-缓苏过程中裂纹产生规律的研究. 天津: 天津科技大学硕士学位论文.

吕荣文, 包乌兰, 秦晓亮. 2022. 稻谷出糙率和出米率关系探讨. 粮食储藏, 51(1): 53-56.

麻荣荣, 王玲玲, 王凡, 等. 2021. 溶出固形物对软米硬度和黏弹性的影响. 食品科学技术学报, 39(5): 117-124.

马会珍, 陈心怡, 王志杰, 等. 2021. 中国部分优质粳稻外观及蒸煮食味品质特征比较. 中国农业科学, 54(7): 1338-1353.

马雷. 2005. 稻米与小麦质量标准的中外比较研究. 扬州: 扬州大学博士学位论文.

马雷. 2006. 菲律宾稻米标准与政策研究. 中国农学通报, (12): 439-444.

马晓雨, 陈先鑫, 胡振瀛, 等. 2020. 限制性酶解对大米蛋白结构、功能特性及体外抗氧化活性的影响. 中国食品学报, 20(11): 53-62.

毛瑞清, 唐志雄, 高静, 等. 2010. 籼型高蛋白水稻不育系中种 1A 的选育与应用. 杂交水稻, 25(2): 8-9.

孟晶岩, 刘森, 安鸣, 等. 2014. 青稞全麦免煮面加工技术研究. 食品与机械, 30(6): 178-180+186.

孟玲. 2019. 超高压黑米饭贮藏中品质变化及回生特性研究. 合肥: 合肥工业大学硕士学位论文.

孟倩楠, 刘畅, 刘晓飞, 等. 2021. 大米强化营养素及其生物效能研究进展. 食品研究与开发, 42(22): 213-219.

孟亚萍. 2015. 挤压米粉丝加工及品质改良技术研究. 无锡: 江南大学硕士学位论文.

闵宗殿. 1979. 我国栽培稻起源的探讨. 江苏农业科学, (1): 54-58.

莫紫梅, 许金东, 赵思明. 2008. 米饭品质的研究进展. 粮食与饲料工业, (11): 5-8.

楠谷彰人, 赫兵, 崔中秋, 等. 2016. 中日两国品尝员对中日水稻品种的食味评价研究. 北方水稻, 46(4): 1-5.

倪晓蕾. 2021. 低聚果糖浸渍处理对米饭品质和抗回生特性改善作用研究. 南京: 南京财经大学硕士学位论文.

聂录, 林玉萍, 张少波. 2017. 镁肥对水稻产量和品质的影响. 现代化农业, 6: 17-18.

宁俊帆. 2021. 陈化对大米蛋白结构和性质的影响研究. 芜湖: 安徽工程大学硕士学位论文.

潘丽红, 罗小虎, 王莉, 等. 2019. 适宜加工宁波汤圆的稻米品种筛选. 食品与机械, 35(8): 195-199.

潘菁, 汪何雅, 钱和. 2012. 一种婴幼儿低敏营养米粉的配方及关键工艺的研究. 食品工业科技, 33(9):268-270, 275.

庞乾林. 1997. 巨大胚等新性状稻米的遗传育种研究取得进展——"巨胚 1 号"水稻新品系育成. 中国稻米, (1): 15.

庞乾林, 林海, 王志刚. 2015. 稻文化的再思考(11):古今科技——煮饭:从万家炊烟到一键按下饭来香. 中国稻米, 21(3): 40-43.

裴安平. 1989. 彭头山文化的稻作遗存与中国史前稻作农业. 农业考古, (2): 102-108.

彭文怡, 陈慧. 2014. 稻壳综合利用. 粮食与油脂, 27(9): 17-19.

朴钟泽, 张建明, 陆家安, 等. 2009. 功能性水稻新品种巨胚粳 1 号选育及应用. 中国稻米, (3): 34-35.

亓盛敏, 谢天, 鞠栋, 等. 2019. 不同杀菌条件对无菌方便米饭挥发性风味物质的影响. 粮食与饲料工业, (8): 9-12+17.

祁攀, 鲁静, 刘英. 2012. 大米基本成分与米发糕品质间相关性探讨. 粮食与饲料工业, (3): 25-29.

秦建春. 2005. 浅谈稻米加工副产品的深度开发利用. 环境科学与管理, (6): 33+36.

秋山裕一, 周立平, 嘉晓勤. 2001. 日本清酒入门(二). 酿酒科技, (6): 121-122.

曲乐庆, 魏晓丽, 佐藤光, 等. 2001.水稻种子贮藏谷蛋白 α-2 亚基减少突变体. 植物学报, 43(11):1167-1171.

曲丽丽. 2013. 挤压方便米饭品质改良研究. 武汉: 武汉轻工大学硕士学位论文.

全国野生稻资源考察协作组. 1984. 我国野生稻资源的普查与考察. 中国农业科学, (6): 27-34.

任海斌, 任晨刚, 黄金, 等. 2020. 不同加工精度籼米留皮度变化规律及其与加工品质相关性研究. 粮食与油脂, 33(11): 90-94.

仟红涛, 程丽英, 吴文博. 2010. 添加剂对速冻汤圆品质的影响. 农产品加工(学刊), (12): 39-41+51.

任悦, 王文华, 王玉琦, 等. 2016. 糙米状态下水酶法提取米糠油的方法研究. 中国粮油学报, 31(8): 48-54.

荣建华, 张正茂, 胡滨波, 等. 2006. 大米籽粒尺寸与营养成分的相关性分析. 食品工业科技, (9): 54-56.

阮少兰, 毛广卿. 2004. 大米蒸煮品质的研究. 粮食与饲料工业, (10): 25-26.

邵慧, 李荣锋, 张景花, 等. 2009. 小麦水分含量对容重影响的研究. 粮油食品科技, 17(3): 1-3.

邵帅臻. 2021. 电饭煲烹饪焦香米饭特征性风味物质的剖析及其强化方法. 无锡: 江南大学硕士

学位论文.

沈圣泉, 庄杰云, 王淑珍, 等. 2006. 稻米透明度 QTLs 主效应、上位性效应和 G×E 互作效应检测. 浙江大学学报(农业与生命科学版), (4): 367-371.

沈伟桥, 舒小丽, 张琳琳, 等. 2006. 加工型功能早籼稻新品种"浙辐201"的选育与特性. 核农学报, (4): 312-314.

沈晓霞, 叶红霞, 贾莉萌, 等. 2009. 水稻微营养育种进展. 核农学报, 23(3): 458-461+466.

沈宇, 金征宇. 2002. 挤压方便米饭及其生产工艺. 食品工业科技, (12): 52-54.

沈芸, 肖鹏, 包劲松. 2008. 水稻营养成分遗传育种研究进展. 核农学报, (4): 455-460+425.

盛婧, 陶红娟, 陈留根. 2007. 灌浆结实期不同时段温度对水稻结实与稻米品质的影响. 中国水稻科学, 21(4): 396-402.

施利利, 张欣, 丁得亮, 等. 2016. 垩白米含量与稻米品质的关系研究. 食品科技, 41(9): 177-180.

史江颖, 单树花, 李宗伟, 等. 2015. 谷糠结合态多酚对四种肿瘤细胞增殖的抑制作用. 营养学报, 37(2): 178-184.

史蕊, 钱丽丽, 闫平, 等. 2014. 黑龙江不同地域大米糊化特性和直链淀粉含量的研究. 黑龙江八一农垦大学学报, 26(6): 54-57.

舒庆尧, 徐光华, 夏英武, 等. 1998. 稻米表观直链淀粉含量研究进展(综述). 浙江农业学报, (1): 48-55.

宋露, 何明良, 刘颖湘, 等. 2021. 水稻粒型调控研究进展. 土壤与作物, 10(4): 363-372.

苏宁, 万向元, 翟虎渠, 等. 2007. 功能型水稻研究现状和发展趋向. 中国农业科学, (3): 433-439.

孙翠霞, 方华, 胡波. 2010. 基于灰度图像的大米垩白检测算法研究. 广西工学院学报(自然科学版), 21(2): 36-40.

孙健. 2017. 膳食纤维对稻米品质和消化特性的影响及高膳食纤维突变体的基因定位. 杭州: 浙江大学博士学位论文.

孙凌飞, 李绍波, 官杰, 等. 2008. 亚洲栽培稻的籼粳分化. 现代农业科技, (22): 157-159.

孙明, 凌云, 王一鸣. 2002. 在 MATLAB 环境中基于计算机视觉技术的大米垩白检测. 农业工程学报, (4): 146-149.

孙强, 李鹏志, 李朝峰. 2009. 功能稻米的营养及保健功效. 农业科技通讯, 5: 97-99.

孙庆杰, 丁文平, 丁霄霖, 等. 2004. 米粉(米线)原料标准的研究. 中国粮油学报, 19(1): 12-15.

孙园园, 孙永健, 杨志远, 等. 2013. 不同形态氮肥与结实期水分胁迫对水稻氮素利用及产量的影响. 中国生态农业学报, 21(3): 274-281.

汤海涛, 马国辉, 廖育林, 等. 2009. 土壤营养元素对稻米品质的影响. 农业现代化研究, 30(6): 735-738.

唐合英, 吴士钫. 2011. 稻谷整精米率检验影响因素探讨. 粮食加工, 36(4): 32-33+46.

唐敏敏, 洪雁, 顾正彪, 等. 2013. 黄原胶对大米淀粉长期回生的影响. 食品与生物技术学报, 32(7): 692-697.

唐伟强, 周宇英. 2006. 微波状态下大米蒸煮过程及优化的研究. 食品工业科技, (6): 82-83.

唐玮玮, 彭国照, 高阳华, 等. 2008. 重庆气候与稻米营养品质的关系研究. 西南大学学报(自然科学版), 30(12): 65-69.

唐玮泽, 肖华西, 唐倩, 等. 2020. 多次湿热处理对大米淀粉结构和性质的影响. 中国粮油学报,

35(10): 77-83.

唐文强, 刘建伟. 2017. 计算机图像处理在大米形状识别的应用研究. 粮油仓储科技通讯, 33(6): 43-48.

唐文强. 2012. 方便米线产品断裂的原因分析与对策研究. 成都: 西华大学硕士学位论文.

田代亨, 江幡守卫. 1975. 环境对成熟期胚乳腹部淀粉粒发育的影响. 日作纪, (44): 86-92.

田怀香, 吴譞, 秦蓝等. 2016. 基于 GC-MS 和 GC-O 的调味品鸡精特征风味物质研究. 现代食品科技, 32(9): 287-294+185.

田瑞. 2006. 稻米蒸煮与食味品质, 米饭特性相关性状的 QTL 定位及香味基因的精细定位. 武汉: 华中农业大学硕士学位论文.

童恩正. 1984. 略述东南亚及中国南部农业起源的若干问题——兼谈农业考古研究方法. 农业考古, (2): 21-30+82.

童一江, 李新华. 2010. 大米特性与米线品质的关系分析. 沈阳农业大学学报, (4): 488-491.

涂晓丽, 李骥, 潘思轶, 等. 2017. 大米垩白度与米饭蒸煮品质的相关性研究. 现代食品科技, 33(12): 210-215.

万建民, 翟虎渠, 刘世家, 等. 2004. 功能性专用水稻品种 W3660 的选育. 作物杂志, (5):58.

汪建国. 2010. 日本清酒与我国喂饭黄酒酿造工艺的比较分析. 中国酿造, 27(3): 22-26.

汪楠, 邵小龙, 时小转, 等. 2017. 稻谷低温低湿干燥特性与水分迁移分析. 食品工业科技, 38(5): 114-119.

汪霞丽, 沈娜, 李亦蔚, 等. 2012. 方便湿米粉的加工工艺及抗老化研究. 食品与机械, 28(4), 197-200.

汪艳, 吴曙光, 周杰, 等. 2000. 米糠多糖的提取纯化及其成分结构和活性分析. 生命科学研究, (3): 273-277.

汪云吉. 2021. 花芸豆 α-淀粉酶抑制剂提取物的制备及提取残渣的利用. 无锡: 江南大学硕士学位论文.

王伯光. 1994. 论营养强化大米与大米的营养强化. 粮食经济与科技, 2: 34-37.

王才林, 张亚东, 赵春芳, 等. 2021. 江苏省优良食味粳稻的遗传与育种研究. 遗传, 43(5): 442-458.

王春莲. 2014. 大米储藏保鲜品质变化研究. 福州: 福建农林大学硕士学位论文.

王东. 2009. 双螺杆挤压生产配合营养方便米的研究. 无锡: 江南大学硕士学位论文.

王根庆. 1991. 不同稻类品种蛋白质和氨基酸含量差异的研究. 华北农学报, 2: 7-12.

王红利, 张立, 刘军海. 2014. 微波辅助提取米糠中植酸的工艺研究. 江西饲料, (4): 4-7.

王会然. 2012. 挤压重组米生产工艺优化及贮藏稳定性研究. 长沙: 湖南农业大学硕士学位论文.

王惠. 2017. 基于香气及物性指标综合评价稻米烹煮方式对食味品质影响的研究. 上海: 上海应用技术大学硕士学位论文.

王静, 毛慧佳, 李洪岩. 2020. 大米淀粉结构与质构品质的研究进展. 中国食品学报, 20(1): 1-9.

王九菊, 付桂珍, 付桂明, 等. 2002. 中国加入 WTO 后出口蒸谷米市场的分析. 西部粮油科技, (3):3-4.

王梨名, 刘金凤, 陈佳, 等.2021.低谷蛋白大米(W0868)对小鼠营养状况及肾功能的影响.第三军医大学学报,43(1):68-74.

王立, 王领军, 姚惠源. 2006. 稻壳吸附剂生产技术. 粮食与油脂, (3): 16-18.

王莉. 2009. 米糠多糖及其硫酸酯的结构、抗肿瘤活性的研究. 无锡: 江南大学博士学位论文.

王琳. 2014. 粳稻谷出米率与整精米率、出糙率相关性的研究. 粮食与食品工业, 21(6): 65-67.

王庆松. 1998. 稻谷吸湿产生裂纹的初步研究. 武汉: 华中农业大学硕士学位论文.

王润, 党斌, 杨希娟, 等. 2019. 青稞低 GI 挤压面条制作工艺优化及营养与抗氧化活性分析. 中国粮油学报, 34(6): 37-44.

王炜华, 黄丽, 刘成梅, 等. 2011. 米糠膳食纤维对强化大米质构的影响. 食品与机械, 27(3): 16-18+31.

王文玉, 郑桂萍, 万思宇, 等. 2019. 15%调环酸钙对水稻产量与品质的影响. 大麦与谷类科学, 36(3): 11-17.

王象坤, 才宏伟, 孙传清, 等. 1994. 中国普通野生稻的原始型及其是否存在籼粳分化的初探. 中国水稻科学, (4): 205-210.

王象坤, 陈一午, 程侃声, 等. 1984. 云南稻种资源的综合研究与利用III云南的光壳稻. 北京农业大学学报, (4): 333-343.

王象坤, 孙传清, 张居中. 1998. 中国栽培稻起源研究的现状与展望. 农业考古, (1):11-20.

王小平. 2009. 糙米、胚芽米、精白米中多种矿质元素和 B 族维生素含量的比较研究. 广东微量元素科学, 16(12): 50-56.

王晓波, 王录, 赵颖君, 等. 2001. N、P、K 三要素对水稻的蛋白质效应分析. 吉林农业大学学报, 23(3): 5-8.

王晓芳. 2011. 低水分稻谷加工工艺的探讨. 粮食加工, 36(2): 27-28.

王旭, 梁栋, 徐杨, 等. 2017. 挤压膨化辅助提取米糠可溶性膳食纤维及其特性研究. 中国粮油学报, 32(9): 153-159.

王一见. 2013. 退火处理对小麦淀粉性质的影响及其应用研究. 合肥: 安徽农业大学硕士学位论文.

王永兵, 程海涛, 马兆惠, 等. 2020. 施镁对不同食味粳稻品种的品质影响. 河北农业大学学报, 43(3): 23-28+44.

王永辉, 张业辉, 张名位, 等. 2013. 不同水稻品种大米直链淀粉含量对加工米粉丝品质的影响. 中国农业科学, (1): 109-120.

王肇慈. 2000. 粮油食品品质分析. 北京: 中国轻工业出版社.

王振山, 陈浩, 李小兵, 等. 1998. 一个 AA 基因组特异的串联重复序列的克隆及其在中国普通野生稻和栽培稻中的分化特征. 植物学报, (10): 27-35.

王忠, 顾蕴洁, 李卫芳, 等. 1998. 水稻糊粉层的形成及其在萌发过程中的变化. 扬州大学学报(自然科学版), (1): 19-24.

王仲礼, 赵晓红. 2005. 糙米的营养价值及其新型食品开发应用. 中国稻米, 11(5): 47-48.

韦朝领, 刘敏华, 陈多璞, 等. 2001. 江淮地区稻米品质性状典型相关分析及其与气象因子关系的研究. 安徽农业大学学报, 28(4): 345-349.

卫斯. 1996. 关于中国稻作起源地问题的再探讨——兼论中国稻作起源于长江中游说. 中国农史, (3): 5-17.

魏晓东, 张亚东, 赵凌, 等. 2022. 稻米香味物质 2-乙酰-1-吡咯啉的形成及其影响因素. 中国水稻科学, 36(2): 131-138.

魏益民, 张明晶, 王锋, 等. 2004. 荞麦和玉米面条挤压生产工艺探讨. 中国粮油学报, 19(6): 39-42.

魏振承, 张名位, 池建伟, 等. 2005. 引进巨胚稻与普通稻的米质和营养成分分析比较. 植物遗传资源学报, (4): 386-389.

吴赫川, 林艳, 马莹莹, 等. 2016. 籼米清酒酿造研究. 酿酒科技, (1): 31-36.

吴洪恺, 刘世家, 江玲, 等. 2009. 稻米蛋白质组分及总蛋白质含量与淀粉 RVA 谱特征值的关系. 中国水稻科学, 23(4): 421-426.

吴建明. 2010. 采用整米率作为稻谷加工工艺品质检测指标的研究. 粮油仓储科技通讯, 26(5): 38-42.

吴敬德, 郑乐娅, 张瑛, 等. 2006. 富含铁锌水稻的筛选. 安徽农业科学, (4): 635.

吴珏, 张聪男, 吴青兰, 等. 2020. 米糠不溶性膳食纤维的提取及吸附铅离子探究. 中国食品学报, 20(2): 154-161.

吴卫国, 张喻, 肖海秋, 等. 2005. 原料大米特性与米粉产品品质关系的研究. 粮食与饲料工业, (9): 21-24.

吴长明, 孙传清, 陈亮, 等. 2000. 控制稻米脂肪含量的 QTLs 分析. 农业生物技术学报, 8(4): 382-384.

夏凡, 董月, 朱蕾, 等. 2018. 大米理化性质与其食用品质相关性研究. 粮食科技与经济, 43(5): 100-107.

向安强. 1995. 长江中游史前稻作遗存的发现与研究. 江汉考古, (4): 38-47.

向芳. 2011. 糙米稳定新技术的研究. 无锡: 江南大学硕士学位论文.

萧浪涛, 李东晖, 蔺万煌, 等. 2001. 一种测定稻米垩白性状的客观方法. 中国水稻科学, (3): 47-49.

肖鹏, 邵雅芳, 包劲松. 2010. 稻米糊化温度的遗传与分子机理研究进展. 中国农业科技导报, (1): 23-30.

肖威. 2011. 稻米籽粒弯曲特性的试验研究. 中国农机化, (2): 83-86+97.

肖威, 马小愚. 2007. 常温下稻米籽粒湿应力裂纹机理的试验. 农业机械学报, (3): 86-89.

谢桂先, 刘强, 荣湘民, 等. 2008. 稻米氨基酸含量的影响因素及其研究进展. 湖南农业科学, 1: 32-34.

谢黎虹, 叶定池, 陈能, 等. 2008. 播期和收获期对水稻"丰两优1号"品质的影响. 中国农业气象, 29(1): 83-86.

谢艳辉. 2013. 稻米蛋白及淀粉组成与其食用品质的关系研究. 天津: 天津科技大学硕士学位论文.

解冰. 2015. 米糠素食丸子研发的关键技术. 哈尔滨: 东北农业大学硕士学位论文.

邢键, 罗佳顺. 2021. 融合多维特征的稻米外观品质检测技术. 哈尔滨理工大学学报, 26(5): 76-82.

熊洪, 唐玉明, 任道群, 等. 2004. 不同土壤类型、不同气候条件与稻米品质的关系研究. 西南农业学报, 4: 445-449.

熊善柏, 董汉萍, 赵思明, 等. 2001. 稻米加工与维生素损失. 粮食与油脂, 5: 2-3.

熊善柏, 赵思明, 孙自轮, 等. 1995. 人造米加工工艺的研究. 粮食与油脂, (4): 8-12.

熊善柏, 赵思明, 张声华. 2003. 稻米淀粉的理化特性研究 II 稻米直链淀粉和支链淀粉的理化特性. 中国粮油学报, 18(2): 5-8+20.

徐春春, 孙丽娟, 周锡跃, 等. 2013. 我国南方水稻生产变化和特点及稳定发展的政策建议. 农业现代化研究, 34(2): 129-132.

徐加宽. 2005. 土壤 Cu 含量对水稻产量和品质的影响及其原因分析. 扬州: 扬州大学硕士学位论文.

徐建东, 孙迎春, 李帅, 等. 2012. 基于多峰分布最大类间方差的垩白米粒检测方法. 光电子·激光, 23(5): 956-960.

徐庆国, 童浩, 胡晋豪, 等. 2015. 稻米蛋白组分含量的品种差异及其与米质的关系. 湖南农业大学学报(自然科学版), 41(1): 7-11+41.

徐秋生, 周坤炉, 阳和华, 等. 1999. MR365 的香味遗传及在杂交稻育种中的利用. 杂交水稻, (3):42-44.

徐赛, 周志艳, 罗锡文. 2014. 常规稻与杂交稻谷的仿生电子鼻分类识别. 农业工程学报, 30(9): 133-139.

徐树来, 刘晓东, 刘玮. 2008. 我国方便米饭的发展现状及存在的主要问题. 农机化研究, (10): 250-252.

徐晓茹. 2018. 挤压对重组米理化特性影响研究. 武汉: 武汉轻工大学硕士学位论文.

许芳溢, 李五霞, 吕曼曼, 等. 2014. 苦荞馒头抗氧化品质、体外消化特性及感官评价的研究. 食品科学, 35(11): 42-47.

许永亮, 熊善柏, 赵思明. 2007. 蒸煮工艺和化学成分对米饭应力松弛特性的影响. 农业工程学报, (10): 235-240.

宣润宏. 2012. 稻米品质的影响因素及对策. 农业科技与装备, (7): 74-75+78.

薛红梅, 刘玉美, 刘晓松, 等. 2018. 无糖苦荞沙琪玛的工艺研究及血糖生成指数评价. 粮食加工, 43(1): 65-69.

薛薇, 张聪男, 王莉, 等. 2022. 不同品种大米理化性质及其淀粉结构对米饭食用品质的影响. 食品与生物技术学报, 41(9): 37-45.

闫清平, 朱永义. 2001. 大米淀粉、蛋白质与其食用品质关系. 粮食与油脂, 14(5): 29-32.

闫舒, 李洪岩, 王静. 2021. 蒸谷米加工工艺及品质的研究进展. 食品研究与开发, 42(18): 166-174.

严梅荣, 顾华孝, 杨晓蓉, 等. 2003. 稳定化米糠在面包中的应用研究. 粮食与饲料工业, (10): 42-44.

严松, 孟庆虹, 卢淑雯, 等. 2017. 优良粳稻中日食味评价的比较研究. 食品科技, 42(2): 170-175.

严文明. 1982. 中国稻作农业的起源. 农业考古, (1): 19-31+151.

杨朝柱, 李春寿, 舒小丽, 等. 2005. 富含抗性淀粉水稻突变体的淀粉特性. 中国水稻科学, (6):516-520.

杨帆. 2021. 籼稻食味品质与 Wx 基因及主要品质性状的相关性分析. 长沙: 湖南大学硕士学位论文.

杨国峰. 1995a. 稻谷干燥后裂纹生成趋势的探讨. 南京经济学院学报, (3):17-20.

杨国峰. 1995b. 干燥温度和时间对稻谷裂纹形成的影响. 粮食与饲料工业, (5)4:16-19.

杨国峰. 2004. 稻谷裂纹产生机理的探讨. 食品科学, (10): 384-387.

杨国峰, 王肇慈. 1997. 稻谷裂纹研究的现状及发展. 中国粮油学报, (2): 3-8.

杨金平, 刘丽艳. 2018. 湿米粉保藏过程中的品质变化. 农业工程, 8(2): 70-73.

杨科, 陈渠玲, 王平, 等. 2003. 光透差作为稻谷储藏品质劣变指标的探讨. 粮食科技与经济, (5): 35-36.

杨留枝, 郭妤薇, 张文叶, 等. 2007. 马铃薯氧化淀粉对速冻汤圆食用品质的影响. 农业工程技术(农产品加工), (7): 23-26.

杨柳. 2017. 大米蒸煮溶出淀粉对米饭质构的影响及米饭质构的电化学评价. 长春: 吉林大学博士学位论文.

杨柳, 郭长健, 梁斌. 2019. 基于直链淀粉含量的大米食味品质评价. 现代食品, (19): 171-174.

杨柳, 杨腾宇, 范雨超, 等. 2021. 稻米籽粒挤压力学-破碎特性研究. 武汉轻工大学学报, 40(1): 47-53.

杨铭铎, 孙兆远, 侯会绒, 等. 2009. 几种乳化剂对小麦粉品质特性影响的研究. 中国粮油学报, 24(11): 17-21.

杨容甫, 梁永能, 余贵英, 等. 2000. 富硒米喂养的大鼠全血硒水平. 微量元素与健康研究, (1):1-2+23.

杨瑞芳, 朴钟泽, 万常照, 等. 2020. 高抗性淀粉水稻新品种优糖稻 2 号的选育及其特征特性. 中国稻米, 26(1):94-95+99.

杨涛, 辛建美, 徐青, 等. 2009. 双螺杆挤压技术在食品工业中的研究应用现状. 食品与生物技术学报, 28(6): 733-740.

杨腾宇. 2021. 基于结构特性的稻米摩擦学特性研究. 武汉: 武汉轻工大学硕士学位论文.

杨晓蓉, 李歆, 凌家煜. 2001. 不同类别大米糊化特性和直链淀粉含量的差异研究. 中国粮油学报, 16(6): 37-42.

杨雅静. 2018. 电饭煲烹饪粳米饭品质的差异剖析及成因研究. 无锡: 江南大学硕士学位论文.

杨英强, 俞忠. 2008. 粮食物性和粮层阻力实验研究. 实验室研究与探索, (8): 32-34.

杨勇. 2014. 电饭煲蒸煮工艺研究进展. 日用电器, (8): 31-33.

姚人勇, 沈玥, 刘英. 2009. 稻米的品质评价及展望. 粮食与饲料工业, 1: 4-5+7.

姚文俊, 李言, 钱海峰, 等. 2023. 淀粉精细结构与大米蒸煮食味品质相关性的研究进展. 食品与发酵工业, 49(5): 1-8.

叶玲旭, 周闲容, 马晓军, 等. 2018. 不同品种糙米营养品质与糊化特性分析. 中国食品学报, 18(2): 280-287.

叶敏, 许永亮, 李洁, 等. 2007. 蒸煮方式对米饭品质的影响. 食品工业, (4): 32-34.

叶彦均. 2022. 固态发酵改良糙米品质研究. 长沙: 中南林业科技大学硕士学位论文

易翠平, 姚惠源. 2005. 大米浓缩蛋白脱酰胺研究(II)酸法脱酰胺改性对大米蛋白功能特性及营养性质的影响. 食品科学, (3): 79-83.

应火冬. 1994. 水稻在吸湿环境中的裂纹生成研究进展及应用. 农业工程学报, (2): 96-101.

于惠敏. 1998. 植物中的细胞程序性死亡. 植物学通报, (6): 31-38.

于贤龙, 褚斌, 肖红伟, 等. 2022. 红外辐射食品热处理机制及应用研究进展. 食品与机械, 38(4): 213-219.

丁新, 刘丽. 2014. 传统米制品加工技术. 北京: 中国纺织出版社.

余显权. 2003. 环境因素对稻米品质的影响及保优高产栽培技术. 耕作与栽培, 4: 45-48.

袁蕾蕾. 2014. 鲜湿米粉保鲜储藏的研究. 南昌: 南昌大学硕士学位论文.

袁玲花, 徐加宽, 颜士敏, 等. 2008. 土壤铜胁迫对不同籼型水稻品种产量和品质的影响. 农业环境科学学报, 27(2): 435-441.

袁隆平. 2016. 第三代杂交水稻初步研究成功. 科学通报, 61(31): 3404.

袁隆平. 2018a. 超级杂交稻研究进展. 农学学报, 8(1): 71-73.

袁隆平. 2018b. 杂交水稻发展的战略. 杂交水稻, 33(5): 1-2.

袁隆平. 2019. 稻米食味品质研究. 济南: 山东科学技术出版社.

袁佐云, 牛兴和, 刘传云. 2006. 基于最小外接矩形的稻米粒型检测方法. 粮食与饲料工业, (9): 7-8.

岳红亮, 赵庆勇, 赵春芳, 等. 2020. 江苏省半糯粳稻食味品质特征及其与感官评价的关系. 中国粮油学报, 35(6): 7-14+22.

曾大力, 钱前, 阮刘青, 等. 2002. 稻米垩白三维切面的遗传分析. 中国水稻科学, 16(1): 12-15.

曾庆孝, 蒋卫东, 张晓燕. 1995. 大米的特性对方便米饭生产工艺的影响. 食品科学, (9): 25-30.

曾亚文, 杜娟, 杨树明, 等. 2010. 云南稻核心种质糙米功能成分栽培型差异及其地带性特征. 光谱学与光谱分析, 30(12): 3388-3394.

曾志, 廖强辉, 吴银苑, 等. 2012. 镁肥对水稻农艺性状及产量的影响. 现代农业科技, 20: 28-30.

战旭梅, 郑铁松, 陶锦鸿. 2007. 质构仪在大米品质评价中的应用研究. 食品科学, (9): 62-65.

张超. 2021. 基于淀粉结构解析南方半糯性粳稻蒸煮食味品质与消化特性. 扬州: 扬州大学硕士学位论文.

张聪男, 王康, 陈正行, 等. 2020. 射频处理对鲜湿糙米米线品质及贮藏稳定性的影响. 中国食品学报, 20(11):193-200.

张萃明. 2001. 光透差作为大米储藏品质劣变主要指标的研究. 粮食储藏, (3): 37-40.

张萃明, 刘建伟. 2003. 用光透差评价大米储藏品质的误差因素分析. 粮食储藏, (1): 39-42.

张芳, 李玲玲, 于丰凡, 等. 2023. 不同产地和品种发芽糙米的理化特性与食用品质研究. 食品安全质量检测学报, 14(10): 182-190.

张敢. 2012. 糯稻淀粉品质性状与淀粉合成相关基因的关联分析. 杭州: 浙江大学硕士学位论文.

张国治, 姚艾东. 2006. 影响速冻汤圆品质因素的研究. 郑州: 河南工业大学学报(自然科学版), 27(3): 49-52.

张洪霞. 2004. 稻米及米饭的力学流变学特性的研究及其应用探讨. 哈尔滨: 东北农业大学硕士学位论文.

张辉, 胡宏海, 谌珍, 等. 2016. 高膳食纤维营养复配米的成分分析与营养评价. 食品科技, 41(8): 165-169.

张金建, 唐思煜, 赵优萍, 等. 2016. 低温破壁法与溶剂浸出法制备米糠油研究. 浙江科技学院学报, 28(6): 450-455.

张金建, 赵优萍, 唐思煜, 等. 2017. 米糠蛋白提取工艺优化研究. 浙江科技学院学报, 29(3): 214-218+234.

张康逸, 康志敏, 万景瑞, 等. 2013. 双螺杆挤压加工米粉的操作参数对产品理化品质的影响. 农产品加工(学刊), (1): 82-86.

张坤生, 宁仲娟, 连喜军, 等. 2013. 冷冻对糯米淀粉回生的影响. 食品工业科技, 34(21): 49-51.

张立成, 王忠华. 2006. 气象生态因子对稻米品质形成的影响. 安徽农学通报, 13: 100-103.

张民平, 王文高. 2002. 无菌包装米饭的特点与生产. 粮食与饲料工业, (9): 14-23.

张敏, 张馥淳, 黄礼荣, 等. 2019. 影响大米品质的内在因素研究. 现代面粉工业, 33(6): 27-30.

张巧凤, 吉健安, 张亚东, 等. 2007. 粳稻食味仪测定值与食味品尝综合值的相关性分析. 江苏农业学报, (3): 161-165.

张蓉晖. 2001. 速冻汤圆的开裂及控制. 企业技术开发, (4): 27.

张文青, 陕方, 李红梅, 等. 2015. 燕麦和荞麦加工食品血糖生成指数与血糖负荷测定. 营养学报,37(5): 506-508.

张现伟, 郑家奎, 等. 2009. 富硒水稻的研究意义与进展. 杂交水稻,, 24(2): 5-9.

张祥喜, 袁林峰, 刘凯, 等. 2007. 富含γ-氨基丁酸(GABA)的巨胚功能稻研究进展. 江西农业学报, (1): 36-39+47.

张欣, 施利利, 丁得亮, 等. 2014. 稻米蛋白质相关性状与 RVA 特征谱及食味品质的关系. 食品科技, 39(10): 188-191.

张鑫, 任元元, 邱道富, 等. 2021. 不同杂粮添加量对挤压重组米饭品质及体外消化特性的影响. 食品与发酵科技, 57(5): 36-41.

张阳. 2021. 低 GI 挤压重组米的配方优化及其食用品质和理化特性研究. 重庆: 西南大学硕士学位论文.

张依睿. 2021. 马铃薯淀粉的微波韧化及其在挤压重组米中的应用基础研究. 沈阳: 沈阳师范大学硕士学位论文.

张玉华. 2003. 稻米的碾磨品质及其影响因素. 中国农学通报, 19(1): 101,158.

张玉荣, 刘影, 周显青, 等. 2010. 实验室碾米机加工不同粒形稻米对加工精度的影响. 粮食与饲料工业, (10): 3-7.

张喻, 杨泌泉, 吴卫国, 等. 2003. 大米淀粉特性与米线品质关系的研究. 食品科学, (6): 35-38.

张喻. 2001. 大米淀粉特性与方便米线品质关系的研究. 长沙: 湖南农业大学硕士学位论文.

张原箕, 郑志, 罗水忠, 等. 2009. 方便米饭生产工艺研究进展. 食品科技, 34(6): 139-142.

张云亮, 王子妍, 徐晨冉, 等. 2021. 婴幼儿米粉加工技术及品质评价的研究进展. 中国粮油学报, 36(2): 196-202.

张兆丽, 熊柳, 赵月亮, 等. 2011. 直链淀粉与糊化特性对米粉凝胶品质影响的研究. 青岛农业大学学报(自然科学版), 28(1): 60-64.

张兆琴, 毕双同, 蓝海军, 等. 2012. 大米淀粉的流变性质和质构特性. 南昌大学学报(工科版), (4): 358-362.

章丽琳. 2018. 马铃薯挤压重组米制备及其品质研究. 长沙: 湖南农业大学硕士学位论文.

赵琳, 黄润庭, 蔡鲁峰, 等. 2015. 双螺杆挤压苦荞茶生产工艺参数的优化. 食品科学, 36(4): 74-79.

赵启竹. 2021. 可溶性大豆多糖对淀粉老化的抑制及影响因素研究. 无锡: 江南大学硕士学位论文.

赵思孟. 2000. 粮食干燥技术简述. 粮食流通技术, (4): 32-33+38.

赵秀平, 王韧, 王莉, 等. 2015. 稻壳基磁性介孔 SiO_2 的改性及其性质表征. 中国粮油学报, 30(12): 1-5+32.

赵学伟. 2010. 食品挤压膨化机理研究进展. 粮食加工, 35(2): 59-61+65.

赵燕, 项华, 熊娜, 等. 2018. 亚铁胁迫对水稻生长及矿质元素积累的影响. 中国稻米, 24(3): 30-38.

郑先哲, 周修理, 夏吉庆. 2001. 干燥条件对稻谷加工品质影响的研究. 东北农业大学学报, 32(1): 48-52.

郑艺梅. 2006. 发芽糙米营养特性、γ-氨基丁酸富集及生理功效的研究. 武汉: 华中农业大学博士学位论文.

钟甫宁, 刘顺飞. 2007. 中国水稻生产布局变动分析. 中国农村经济, (9): 39-44.

周兵兵. 2023. 挤压重组米食用品质改良及消化性研究. 南昌: 南昌大学硕士学位论文.

周立军, 江玲, 翟虎渠, 等. 2009. 水稻垩白的研究现状与改良策略. 遗传, 31(6): 563-572.

周丽慧, 刘巧泉, 张昌泉, 等. 2009. 水稻种子蛋白质含量及组分在品种间的变异与分布. 作物学报, 35(5): 884-891.

周昇昇, 李磊, 赵玉生, 等. 2006. 苦荞麦面包的加工研究及其降血糖功能初探. 中国粮油学报, (6): 62-66.

周显青, 王学锋, 张玉荣, 等. 2013. 米饭食味品质评价技术进展. 粮油食品科技, (1): 56-61.

周治宝, 王晓玲, 余传元, 等. 2012. 籼稻米饭食味与品质性状的相关性分析. 中国粮油学报, 27(1): 1-5.

朱恩龙, 郭红莲, 李成华. 2004. 稻谷爆腰原因的探讨. 农机化研究, (3): 67-68,70.

朱凤霞, 梁盈, 林亲录, 等. 2015. 响应面法优化超声辅助酶法提取米糠水溶性膳食纤维. 食品工业科技, 36(14): 194-198.

朱世华, 汪向明, 王明全. 1998. 中国普通野生稻线粒体DNA的限制性片段长度多态性. 宁波大学学报(理工版), (4): 11-16.

朱世华. 1994. 国外加工米饭概况. 食品科学, 19(4): 12-13.

祝美云, 任红涛, 刘容. 2008. 速冻汤圆常见质量问题产生的原因及其对策. 粮食与饲料工业, (1): 19-20.

奥田玲子, 石村哲代, 金谷昭子. 2009. 炊飯に関する研究 (第 1 報) 炊飯液中の固形成分と米飯粒表面との関連性について. 日本調理科学会誌, 42(6): 394-403.

笹原健夫, 勝山栄, 角田重三郎.1980. 炊飯米の光沢と表面構造: 品種の食味品質と関連 L て. 育種学雑誌, 30(1): 58-64.

Abayawickrama A S M T, Reinke R F, Fitzgerald M A et al. 2017. Influence of high daytime temperature during the grain filling stage on fissure formation in rice(Article). Journal of Cereal Science, 74: 256-262.

Adair C R, Beachell H M, Jodon N E, et al. 1966. Rice breeding and testing methods in the United States//United States. Agricultural Research Service.Rice in the United States: Varieties and Production. Washington: US Department of Agriculture: 19-64.

Adebiyi A P, Adebiyi A O, Ogawa T, et al. 2007. Preparation and characterization of high-quality rice bran proteins. Journal of the Science of Food and Agriculture, 87(7): 1219-1227.

Adebowale K O, Afolabi T A, Oluowolabi B I. 2005. Hydrothermal treatments of Finger millet (*Eleusine coracana*) starch. Food Hydrocolloids, 19(6): 974-983.

Adom K K, Liu R H. 2002. Antioxidant activity of grains. Journal of Agricultural and Food Chemistry, 50(21): 6182-6187.

Agrawal S, Raigar R K, Mishra H N. 2019. Effect of combined microwave, hot air, and vacuum treatments on cooking characteristics of rice. Journal of Food Process Engineering, 42(4): e13038.

Ahromrit A, Ledward D A, Niranjan, K. 2006. High pressure induced water uptake characteristics of *Thai glutinous* rice. Journal of Food Engineering, 72(3): 225-233.

Ajarayasiri J, Chaiseri S. 2008. Comparative study on aroma-active compounds in thai, black and white glutinous rice varieties. Kasetsart Journal, 42(4): 715-722.

Amagliani L, O'Regan J, Kelly A L, et al. 2016. Chemistry, structure, functionality and applications of rice starch(Review). Journal of Cereal Science, 70: 291-300.

Ambardekar A A, Siebenmorgen, Counce P A, et al. 2011. Impact of field-scale nighttime air temperatures during kernel development on rice milling quality. Field Crops Research, 122(3): 179-185.

Anacleto R, Cuevas R P, Jimenez R, et al. 2015. Prospects of breeding high-quality rice using post-genomic tools. Theoretical and Applied Genetics, 128(8): 1449-1466.

Andrews S B, Siebenmorgen T J, Mauromoustakos A. 1992. Evaluation of the McGill No. 2 rice

Miller. Cereal Chemistry, 69: 35-43.

Ashida K, Iida S, Yasui T. 2009. Morphological, physical, and chemical properties of grain and flour from chalky rice mutants. Cereal Chemistry, 86(2): 225-231.

Ayabe S, Kasai M, Ohishi K, et al. 2009. Textural properties and structures of starches from Indica and Japonica rice with similar amylose content. Food Science and Technology International Tokyo, 15(3): 299-306.

Ayut K, Tonapha P, Pennapa J, et al. 2024. Abiotic and biotic factors controlling grain aroma along value chain of fragrant rice: A review. Rice Science, 31(2): 142-158.

Azizi R, Capuano E, Nasirpour A, et al. 2019. Varietal differences in the effect of rice ageing on starch digestion. Food Hydrocolloids, 95: 358-366.

Balindong J L, Ward R M, Liu L, et al. 2018. Rice grain protein composition influences instrumental measures of rice cooking and eating quality. Journal of Cereal Science, 79: 35-42.

Bao J S, Corke H, Sun M. 2004a. Genetic diversity in the physicochemical properties of waxy rice (*Oryza sativa* L) starch. Journal of the Science of Food and Agriculture, 84(11): 1299-1306.

Bao J S, Kong X L, Xie J K, et al. 2004b. Analysis of genotypic and environmental effects on rice starch. 1. Apparent amylose content, pasting viscosity, and gel texture. Journal of Agricultural and Food Chemistry, 52(19): 6010-6016.

Bao J S, Xiao P, Hiratsuka M, et al. 2009. Granule-bound SSIIa protein content and its relationship with amylopectin structure and gelatinization temperature of rice starch. Starch-Stärke, 61(8): 431-437.

Bao J, Zhou X, Xu F, et al. 2017. Genome-wide association study of the resistant starch content in rice grains. Starch - Stärke, 69(7-8): 1600343.

Bautista R C, Siebenmorgen T J, Counce P A. 2000. Characterization of individual rice kernel moisture content and size distributions at harvest and during drying. Research Series - Arkansas Agricultural Experiment Station: 318-324.

Bautista R C, Siebenmorgen T J, Mauromoustakos A. 2009. The role of rice individual kernel moisture content distributions at harvest on milling quality. Transactions of the ASABE, 52(5): 1611-1620.

Baxter G, Blanchard C, Zhao J. 2014. Effects of glutelin and globulin on the physicochemical properties of rice starch and flour. Journal of Cereal Science, 60(2): 414-420.

Baysal C, He W, Drapal M, et al. 2020. Inactivation of rice starch branching enzyme IIb triggers broad and unexpected changes in metabolism by transcriptional reprogramming. Proceedings of the National Academy of Sciences of the United States of America, 117(42): 26503-26512.

Becraft P W. 2001. Cell fate specification in the cereal endosperm. Seminars in Cell and Developmental Biology, 12(5): 387-394.

Belsnio B. 1992. The anatomy and physical properties of the rice grain//Semple R L, Hicks P A, Lozare J V. Towards Integrated Commodity and Pest Management in Grain Storage: A Training Manual for Application in Humid Tropical Storage Systems . Rome: Food and Agriculture Organization:10-23.

Bett-Garber K L, McClung A M, Champagne E T, et al. 2007. Influence of water-to-rice ratio on cooked rice flavor and texture. Cereal Chemistry, 84(6): 614-619.

Bhashyam M K, Srinivas T. 1981. Studies on the association of white core with grain dimension in rice. Journal of Food Science & Technology, 18(5): 214-215.

Bhat F M, Riar C S. 2019. Effect of composition, granular morphology and crystalline structure on the pasting, textural, thermal and sensory characteristics of traditional rice cultivars. Food Chemistry, 280: 303-309.

Bhattacharya K R, Indudhara Swamy Y M, Sowbhagya C M. 1979. Varietal difference in equilibrium moisture content of rice and effect of kernel chalkiness. Journal of Food Science and Technology, 16(5): 214-215.

Bhattacharya K R, Ramesh B S, Sowbhagya C M. 1982. Dimensional classification of rice for marketing. Journal of Agricultural Engineering, 19(4): 69-76.

Bhattacharya K R, Sowbhagya C M, Swamy Y M I. 2010. Some physical properties of paddy and rice and their interrelations. Journal of the Science of Food & Agriculture, 23(2): 171-186.

Bhattacharya K R, Sowbhagya C M. 1980. Size and shape classification of rice. Risorgimento, 29: 181-185.

Bhattacharya M, Zee S Y, Corke H. 2000. Physicochemical properties related to quality of rice noodles. Cereal Chemistry, 76(6): 861-867.

Bian L, Chung H J. 2016. Molecular structure and physicochemical properties of starch isolated from hydrothermally treated brown rice flour. Food Hydrocolloids, 60: 345-352.

Bidlack, Wayne R. 2008. Food lipids: chemistry, nutrition and biotechnology. Journal of the American College of Nutrition, 17(6):648.

Billiris M A, Siebenmorgen T J, Meullenet J F, et al. 2012. Rice degree of milling effects on hydration, texture, sensory and energy characteristics. Part 1. Cooking using excess water. Journal of Food Engineering, 113(4): 559-568.

Black R E, Allen L H, Bhutta Z A, et al. 2008. Maternal and child undernutrition: global and regional exposures and health consequences. Lancet, 371(9608): 243-260.

Bligh H F J. 2000. Detection of adulteration of Basmati rice with non-premium long-grain rice. 1. International Journal of Food Science and Technology, 35(3): 257-265.

Bond J A, Bollich P K. 2007. Effects of pre-harvest desiccants on rice yield and quality. Crop Protection, 26(4): 490-494.

Briffaz A, Bohuon P, Méot J M, et al. 2014. Modelling of water transport and swelling associated with starch gelatinization during rice cooking. Journal of Food Engineering, 121(1): 143-151.

Bryant R J, McClung A M. 2011. Volatile profiles of aromatic and non-aromatic rice cultivars using SPME/GC–MS. Food Chemistry, 124(2): 501-513.

Buchanan M, Burton R, Dhugga K, et al. 2012. Endo-(1,4)-beta-Glucanase gene families in the grasses: Temporal and spatial Co-transcription of orthologous genes. BMC Plant Biology, 12(235): 1-19.

Buggenhout J, Brijs K, Celus I, et al. 2013. The breakage susceptibility of raw and parboiled rice: A review. Journal of Food Engineering, 117(3): 304-315.

Butsat S, Siriamornpun S. 2010. Antioxidant capacities and phenolic compounds of the husk, bran and endosperm of Thai rice. Food Chemistry, 119(2): 606-613.

Cabral D, Fonseca S C, Moura A P, et al. 2022. Conceptualization of rice with low glycaemic index: perspectives from the major european consumers. Foods, 11(14): 2172.

Cai C, Huang J, Zhao L, et al. 2014. Heterogeneous structure and spatial distribution in endosperm of high-amylose rice starch granules with different morphologies. Journal of Agricultural and Food Chemistry, 62(41): 10143-10152.

Cameron D K, Wang Y J, Moldenhauer K A. 2007. Comparison of starch physicochemical properties from medium-grain rice cultivars grown in California and Arkansas. Starch- Stärke, 59(12): 600-608.

Candole B L, Siebenmorgen T J, Lee F N, et al. 2000. Effect of rice blast and sheath blight on physical properties of selected rice cultivars. Cereal Chemistry, 77(5): 535-540.

Cao X H, Wen H B, Li C J, et al. 2009. Differences in functional properties and biochemical characteristics of congenetic rice proteins. Journal of Cereal Science, 50(2): 184-189.

Chaiyakul S, Jangchud K, Jangchud A, et al. 2009. Effect of extrusion conditions on physical and chemical properties of high protein glutinous rice-based snack. LWT - Food Science and Technology, 42(3): 781-787.

Chakkaravarthi A, Lakshmi S, Subramanian R, et al. 2008. Kinetics of cooking unsoaked and presoaked rice. Journal of Food Engineering, 84(2): 181-186.

Cham S, Suwannaporn P. 2010. Effect of hydrothermal treatment of rice flour on various rice noodles quality. Journal of Cereal Science, 51(3): 284-291.

Champagne E T, Bett-Garber K L, Grimm C C, et al. 2001. Near-infrared reflectance analysis for prediction of cooked rice texture. Cereal Chemistry, 78(3): 358-362.

Champagne E T, Bett-Garber K L, McClung A M, et al. 2004. Sensory characteristics of diverse rice cultivars as influenced by genetic and environmental factors. Cereal Chemistry, 81(2):237-243.

Chang T T. 1976. The rice cultures. Philosophical Transactions of the Royal Society of London. B, Biological Sciences, 275(936): 143-157.

Chen F L, Ma, et al. 2022. Preparation and physicochemical and structural properties of broken rice-based reconstituted rice produced by extrusion puffing technology. ACS Food Science & Technology, 2(12): 1921-1928.

Chen H, Siebenmorgen T J. 1997. Effect of rice kernel thickness on degree of milling and associated optical measurements. Cereal Chemistry, 74: 821-825.

Chen M H, Bergman C J. 2007. Method for determining the amylose content, molecular weights, and weight- and molar-based distributions of degree of polymerization of amylose and fine-structure of amylopectin. Carbohydrate Polymers, 69(3): 562-578.

Chen P N, Kuo W H, Chiang C L, et al. 2006. Black rice anthocyanins inhibit cancer cells invasion via repressions of MMPs and u-PA expression. Chemico-Biological Interactions, 163(3): 218-229.

Chen S, Xiong J, Guo W, et al. 2019. Colored rice quality inspection system using machine vision. Journal of Cereal Science, 88: 87-95.

Chen Y, Jiang W, Jiang Z, et al. 2015. Changes in physicochemical, structural, and sensory properties of irradiated brown Japonica rice during storage. Journal of Food Science and Technology, 63(17), 4361-4369.

Chiang P Y, Yeh A I. 2002. Effect of soaking on wet-milling of rice. Journal of Cereal Science, 35(1): 85-94.

Cho J Y, Moon J H, Seong K Y, et al. 1998. Antimicrobial activity of 4-hydroxybenzoic acid and trans 4-hydroxycinnamic acid isolated and identified from rice hull. Bioscience, Biotechnology, and Biochemistry, 62(11): 2273-2276.

Choudhury G S, Gautam A. 1998. Comparative study of mixing elements during twin-screw extrusion of rice flour. Food Research International, 31(31): 7-17.

Chrastil J, Zarins Z M. 1992. Influence of storage on peptide subunit composition of rice oryzenin. Journal of Agricultural and Food Chemistry, 40(6),:927-930.

Chuah T G, Jumasiah A, Azni I, et al. 2005. Rice husk as a potentially low-cost biosorbent for heavy metal and dye removal: an overview. Desalination, 175(3): 305-316.

Chung H J, Cho A, Lim S T. 2012. Effect of heat-moisture treatment for utilization of germinated brown rice in wheat noodle. LWT - Food Science and Technology, 47(2): 342-347.

Chung H J, Liu Q A, Lee L, et al. 2011. Relationship between the structure, physicochemical properties and in vitro digestibility of rice starches with different amylose contents. Food Hydrocolloids, 25(5): 968-975.

Chung K M, Moon T W, Chun J K. 2000. Influence of annealing on gel properties of mung bean starch. Cereal Chemistry, 77(77): 567-571.

Chusak C, Pasukamonset P, Chantarasinlapin P, et al. 2020. Postprandial glycemia, insulinemia, and antioxidant status in healthy subjects after ingestion of bread made from anthocyanin-rich riceberry rice. Nutrients, 12(3):782.

Codex Alimentarius Commission. 1995. Codex standard for rice. CODEX STAN 198-1995. Rome: Codex Alimentarius Commission.

Collado L S, Mabesa L B, Oates C G, et al. 2001. Bihon-Type noodles from heat-moisture-treated sweet potato starch. Journal of Food Science, 66(4): 604-609.

Collier K, Barber L, Lott J N A. 1998. A study of indigestible protein fractions of rice (*Oryza sativa* L.) endosperm fed to mice (*Mus musculus*) and sheep (*Ovis musimon*): a qualitative and quantitative analysis. Journal of Cereal Science, 27(1): 95-101.

Cooper N T W, Siebenmorgen T J, et al. 2006. Explaining rice milling quality variation using historical weather data analysis. Cereal Chemistry, 83(4): 447-450.

Counce P A, Bryant R J, Bergman C J et al. 2006. Rice milling quality, grain dimensions, and starch branching as affected by high night temperatures. Cereal Chemistry,82(6): 645-648.

Counce P A, Keisling T C. 2000. A uniform, objective, and adaptive system for expressing rice development. Crop Science, 40(2): 436-443.

Crawford I P. 1989. Evolution of a biosynthetic pathway: the tryptophan paradigm. Annual Review of Microbiology, 43:567-600.

Crunfurd R Q. 1963. Sorption and desorption in raw and parboiled paddy. Journal of the Science of Food and Agriculture, 14(10): 744-750.

Cuevas R P, Daygon V D, Corpuz H M, et al. 2010. Melting the secrets of gelatinisation temperature in rice. Functional Plant Biology, 37(5): 439-447.

Custodio M C, Cuevas R P, Ynion J, et al. 2019. Rice quality: how is it defined by consumers, industry, food scientists, and geneticists? Trends in Food Science & Technology, 92: 122-137.

Dang J M C, Copeland L. 2003. Imaging rice grains using atomic force microscopy. Journal of Cereal Science, 37(2): 165-170.

Daou C, Zhang H. 2014. Functional and physiological properties of total, soluble, and insoluble dietary fibres derived from defatted rice bran. Journal of Food Science and Technology, 51(12): 3878-3885.

Das T, Subramanian R, Chakkaravarthi A, et al. 2006. Energy conservation in domestic rice cooking. Journal of Food Engineering, 75(2): 156-166.

Dela Cruz N M, Khush G S. 2002. Rice grain quality evaluation procedures//Singh R K, Singh U S, Khush G S. Aromatic Rices. New Delhi: Mohan Primlani:15-28

Demyttenaere J, Tehrani K, Kimpe N. 2002. The chemistry of the most important Maillard flavor compounds of bread and cooked rice. ACS Symposium Series, 826:150-165.

Desikachar H S R, Subrahmanyan V. 1961. The formation of cracking in rice during wetting and its effects on the cooking characteristics of the cereal. Cereal Chemistry, 38(4): 356-364.

Dewey K G, Begum K. 2011. Long-term consequences of stunting in early life. Maternal and Child Nutrition, 7: 5-18.

Dias L G, Hacke A, Bergara S F, et al. 2021. Identification of volatiles and odor-active compounds of aromatic rice by OSME analysis and SPME/GC-MS. Food Research International, 142: 110206.

Dillahunty A L, Siebenmorgen T J, Mauromoustakos A. 2001. Effect of temperature, exposure duration, and moisture content on color and viscosity of rice. Cereal Chemistry, 78(5): 559-563.

Dong R J, Lu Z H, Liu Z Q, et al. 2010. Effect of drying and tempering on rice fissuring analysed by integrating intra-kernel moisture distribution. Journal of Food Engineering, 97(2): 161-167.

Donlao N, Ogawa Y. 2016. Impact of postharvest drying conditions on in vitro starch digestibility and estimated glycemic index of cooked non-waxy long-grain rice (*Oryza sativa* L.). Journal of the Science of Food and Agriculture, 97(3): 896-901.

Douglas K. 2014. Amino acid composition of an organic brown rice protein concentrate and isolate compared to soy and whey concentrates and isolates. Foods, 3(3): 394-402.

Eichler K, Wieser S, Rüthemann I, et al. 2012. Effects of micronutrient fortified milk and cereal food for infants and children: a systematic review. BMC Public Health, 12(1):506.

Englyst H N, Kingman S M, Cummings J H. 1992. Classification and measurement of nutritionally important starch fractions. European Journal of Clinical Nutrition, 46: S33-S50.

Fan J, Siebenmorgen T J, Gartman T R, et al. 1998. Bulk density of long-and medium-grain rice varieties as affected by harvest and conditioned moisture contents. Cereal Chemistry, 75(2): 254-258.

Fang J, Liu C, Law C L, et al. 2023. Superheated steam processing: an emerging technology to improve food quality and safety. Critical Reviews in Food Science & Nutrition, 63(27): 8720-8736.

Fernández-Artigas P, Guerra-Hernández E, García-Villanova B. 2001. Changes in sugar profile during infant cereal manufacture. Food Chemistry, 74(4): 499-505.

Fitzgerald M A, Rahman S, Resurreccion A P, et al. 2011. Identification of a major genetic determinant of glycaemic index in rice. Rice, 4(2):66-74.

Fredriksson H, Silverio J, Andersson R, et al. 1998. The influence of amylose and amylopectin characteristics on gelatinization and retrogradation properties of different starches. Carbohydrate Polymers, 35(3-4): 119-134.

Frei M, Siddhuraju P, Becker K. 2003. Studies on the in vitro starch digestibility and the glycemic index of six different indigenous rice cultivars from the Philippines. Food Chemistry, 83(3): 395-402.

Fu T, Niu L, Tu J, et al. 2021. The effect of different tea products on flavor, texture, antioxidant and in vitro digestion properties of fresh instant rice after commercial sterilization at 121℃. Food Chemistry, 360: 130004.

Gao Z Y, Zeng D L, Cui X, et al. 2003. Map-based cloning of the ALK gene, which controls the gelatinization temperature of rice. Science in China Series C-Life Sciences, 46(6): 661-668.

Genkawa T, Inoue A, Uchino T, et al. 2013. Optimization of drying condition for brown rice with low moisture content. Journal of the Faculty of Agriculture Kyushu University, 52(2): 381-385.

Ghasemzadeh A, Karbalaii M T, Jaafar H Z E, et al. 2018. Phytochemical constituents, antioxidant activity, and antiproliferative properties of black, red, and brown rice bran. Chemistry Central Journal, 12(1): 17.

Goto F, Yoshihara T, Shigemoto N, et al. 1999. Iron fortification of rice seed by the soybean ferritin gene. Nature Biotechnology, 17(3): 282-286.

Graham R. 2002. A proposal for IRRI to establish a grain quality and nutrition research center. IRRI Discussion Paper Series. 44. Los Baños (Philippines): International Rice Research Institute: 1-15.

Grigg B C, Siebenmorgen T J. 2013. Thickness grading impacts on milling and physicochemical properties of long-grain rice. Applied Engineering in Agriculture, 29 : 557-564.

Grigg B C, Siebenmorgen T J. 2017. Predicting milling yields of long-grain rice using select physical parameters. Applied Engineering in Agriculture, 33(2): 279-285.

Griglione A, Liberto E, Cordero C, et al. 2015. High-quality Italian rice cultivars: chemical indices of ageing and aroma quality. Food Chemistry, 172: 305-313.

Grimm C C, Godshall M A, Braggins T J, et al. 2004. Screening for sensory quality in foods using solid phase micro-extraction tandem mass spectrometry. Quality of Fresh and Processed Foods, 542: 167-174.

Guo H H, Ling W H, Wang Q, et al. 2007. Effect of anthocyanin-rich extract from black rice (*Oryza sativa* L. *indica*) on hyperlipidemia and insulin resistance in fructose-fed rats. Plant Foods for Human Nutrition, 62(1): 1-6.

Guo Y, Cai W, Tu K, et al. 2013. Infrared and raman spectroscopic characterization of structural changes in albumin, globulin, glutelin, and prolamin during rice aging. Journal of Agricultural and Food Chemistry, 61(1): 185-192.

Hagenimana A, Ding X, Tao F. 2006. Evaluation of rice flour modified by extrusion cooking. Journal of Cereal Science, 43(1): 38-46.

Hamada J S. 2000. Characterization and functional properties of rice bran proteins modified by commercial exoproteases and endoproteases. Journal of Food Science, 65(2): 305-310.

Hamraoui M, Zouaoui Z. 2009. Modelling of heat transfer between two rollers in dry friction. International Journal of Thermal Sciences, 48(6): 1243-1246.

Han H J, Lee S H, Moon J Y, et al. 2016. Discrimination of the cultivar, growing region, and geographical origin of rice (*Oryza sativa*) using a mass spectrometer-based electronic nose. Food Science and Biotechnology, 25(3): 695-700.

Han J A, Lim S T. 2009. Effect of presoaking on textural, thermal, and digestive properties of cooked brown rice. Cereal Chemistry, 86(1): 100-105.

Han X Z, Hamaker B R. 2001. Amylopectin fine structure and rice starch paste breakdown. Journal of Cereal Science, 34(3): 279-284.

Hanashiro I, Ohta K, Takeda Y. 2005. Leaching of amylose and amylopectin during cooking of rice grains and their effect on adhesiveness of cooked rice. Journal of Applied Glycoscience, 51(4): 349-354.

Harrow A D, Martin J W. 1982-4-20. Reformed rice product. US4325976.

Hasjim J, Li E, Dhital S. 2013. Milling of rice grains: Effects of starch/flour structures on gelatinization and pasting properties. Carbohydrate Polymers, 92(1): 682-690.

Hay F R, Timple S. 2016. The longevity of desorbing and adsorbing rice seeds. Seed Science Research, 26(4): 306-316.

Henriques J, Serra D, Laranjo M, et al. 2021. The beneficial effect of an anthocyanin-rich extract from Portuguese blueberries on behavioral, molecular and cellular alterations in prenatal valproic acid-induced mice model of autism. Free Radical Biology and Medicine, 165:52. doi: 10.1016/j.freeradbiomed.2020.12.411.

Hlynka I, Bushuk W. 1959. The weight per bushel. Cereal Science Today, 4: 239-240.

Honda Y, Zang Q, Shimizu Y, et al. 2017. Increasing the thermostable sugar-1-phosphate nucleotidylyltransferase activities of archaeal ST0452 protein through site-saturation mutagenesis of the 97th amino acid position. Applied and environmental microbiology, 83(3): e02291-16.

Hormdok R, Noomhorm A. 2007. Hydrothermal treatments of rice starch for improvement of rice noodle quality. LWT‐Food Science and Technology, 40(10): 1723-1731.

Hu X Q, Lu L, Guo Z L, et al. 2020. Volatile compounds, affecting factors and evaluation methods for rice aroma: a review. Trends in Food Science & Technology, 97: 136-146.

Huang S, Zhao C, Zhu Z, et al. 2020. Characterization of eating quality and starch properties of two Wx alleles japonica rice cultivars under different nitrogen treatments. Journal of Integrative

Agriculture, 19(4): 988-998.

Hudson E A, Dinh P A, Kokubun T, et al. 2000. Characterization of potentially chemopreventive phenols in extracts of brown rice that inhibit the growth of human breast and colon cancer cells. Cancer Epidemiology Biomarkers and Prevention, 9(11): 1163-1170.

Hwang E S, Lee H K, Moon S J. 2020. Quality characteristics, acrylamide content, and antioxidant activities of nurungji manufactured with various heating times. Journal of the Korean Society of Food Science and Nutrition, 49(6): 601-607.

Hyunjung C, Qiang L, Hoover R. 2009. Impact of annealing and heat-moisture treatment on rapidly digestible, slowly digestible and resistant starch levels in native and gelatinized corn, pea and lentil starches. Carbohydrate Polymers, 75(3): 436-447.

Iida S, Amano E, Nishio T. 1993. A rice (*Oryzasativa* L.) mutant having a low content of glutelin and a high content of prolamine. Theoretical and Applied Genetics, 87(3): 374-378.

Ikehashi H, Kush G S. 1978. Methodology of assessing appearance of the rice grain, including chalkiness and whiteness. Proceedings of the Workshop on Chemical Aspects of Rice Grain Quality. Los Baños, Philippines: International Rice Research Institute.

Inouchi N, Ando H, Asaoka M, et al. 2000. The effect of environmental temperature on distribution of unit chains of rice amylopectin. Starch-Stärke, 52(4): 133.

Ioannidou O, Zabaniotou A. 2006. Agricultural residues as precursors for activated carbon production - A review. Renewable and Sustainable Energy Reviews, 11(9): 1966-2005.

Irakli M, Katsantonis D, Kleisiaris F. 2015. Evaluation of quality attributes, nutraceutical components and antioxidant potential of wheat bread substituted with rice bran. Journal of Cereal Science, 65: 74-80.

Ishii T, Tsunewaki K. 1991. Chloroplast genome differentiation in asian cultivated rice. Genome, 34(5): 818-826.

Ito E, Takeo S, Kado H, et al. 1985. Studies on an antitumor polysaccharide RBS derived from rice bran. I. Preparation, physico-chemical properties, and biological activities of RBS. Yakugaku zasshi : Journal of the Pharmaceutical Society of Japan, 105(2): 188-193.

Iturriaga L B, Lopez de Mishima, B, Añon, M C. 2010. A study of the retrogradation process in five argentine rice starches. LWT-Food Science and Technology, 43(4): 670-674.

Izu, H, Hizume, K, Goto K, et al. 2008. Effect of a concentrate of Sake and ethyl alpha-D-glucoside on chronic alcohol-induced liver injury in mice. Journal of the Brewing Society of Japan, 103(8): 646-652.

Izu H, Yamada, Y, Goto K, et al. 2010. Anxiolytic effect of drinking Japanese sake assessed by the elevated plus-maze test in mice. Journal of the Brewing, 105(10): 664-671.

Jayakody L, Hoover R. 2008. Effect of annealing on the molecular structure and physicochemical properties of starches from different botanical origins - A review. Carbohydrate Polymers, 74(3): 691-703.

Jeon K I, Park E, Park H R, et al. 2006. Antioxidant activity of far-infrared radiated rice hull extracts on reactive oxygen species scavenging and oxidative DNA damage in human lymphocytes. Journal of Medicinal Food, 9(1): 42-48.

Juliano B O. 1983. Lipids in Rice and Rice Processing: Lipids in Cereal Technology. London: Academic Press: 305-330.

Juliano B O. 1984. Rice Starch: Production, Properties, and Uses//Whistler R L, Bemiller J N, Paschall E F. Starch: Chemistry and Technology (Second Edition). London: Academic Press: 507-528.

Juliano B O, Cagampang G B, Cruz L J, et al. 1964. Some physicochemical properties of rice in southeast Asia. Cereal Chemistry, 41(4): 275-286.

Juliano B O, Tuaño A P P. 2019. 2-Gross structure and composition of the rice grain//Bao J S. Rice (Fourth Edition). Eagan, Minnesota: AACC International Press: 31-53.

Kalantar-Zadeh K, Fouque D. 2017. Nutritional management of chronic kidney disease. New England Journal of Medicine, 377(18): 1765-1776.

Kamah S, Stephen J K C, Suresh S, et al. 2008. Basmati rice: its characteristics and identification. Journal of the Science of Food and Agriculture, 88(10): 1821-1831.

Kaminski T A, Brackmann A, Silva L, et al. 2013. Changes in culinary, viscoamylographic and sensory characteristics during rice storage at different temperatures. Journal of Stored Products Research, 53: 37-42.

Kamst G F, Vasseur J, Bonazzi C, et al. 1999. A new method for the measurement of the tensile strength of rice grains by using the diametral compression test. Journal of Food Engineering, 40(4): 227-232.

Kang M Y, Rico C W, Kim C E, et al. 2011. Physicochemical properties and eating qualities of milled rice from different korean elite rice varieties. International Journal of Food Properties, 14(3): 640-653.

Kanno A, Watanabe N, Nakamura I, et al. 1993. Variations in chloroplast dna from rice (Oryzasativa) - differences between deletions mediated by short direct-repeat sequences within a single-species. Theoretical and Applied Genetics, 86(5): 579-584.

Kasai M, Lewis A, Marica F, et al. 2005. NMR imaging investigation of rice cooking. Food Research International, 38(4): 403-410.

Kasote D, Sreenivasulu, N, Acuin, C, et al. 2022. Enhancing health benefits of milled rice: current status and future perspectives. Critical Reviews in Food Science and Nutrition, 62(29): 8099-8119.

Kaur B, Ranawana V, Henry C J K. 2016. The glycemic index of rice and rice products: a review, and table of GI values. Critical Reviews in Food Science and Nutrition, 56(2): 215-236.

Khatoon N, Prakash J. 2008. Physico-chemical characteristics, cooking quality and sensory attributes of microwave cooked rice varieties. Food Science and Technology Research, 13(1): 35-40.

Khush G S, Paule C M, Cruz N D. 1979. Rice Grain Quality Evaluation and Improvement at IRRI. Proceedings of Workshop on Chemical Aspects of Rice Grain Quality. Los Baños (Philippines): International Rice Research Institute: 22-31.

Khush G S. 1997. Origin, dispersal, cultivation and variation of rice. Plant Molecular Biology, 35(1-2): 25-34.

Kim H, Kim O W, Kwak H S, et al. 2017. Prediction model of rice eating quality using physicochemical properties and sensory quality evaluation. Journal of Sensory Studies, 32(4): e12273.

Kim J Y, Kim J H, Lee D H, et al. 2008. Meal replacement with mixed rice is more effective than white rice in weight control, while improving antioxidant enzyme activity in obese women. Nutrition Research, 28(2): 66-71.

Kim S S, Lee S E, Kim O W, et al. 2000. Physicochemical characteristics of chalky kernels and their effects on sensory quality of cooked rice. Cereal Chemistry, 77(3): 376-379.

Kobayashi H, Ikeda T M, Nagata K. 2013. Spatial and temporal progress of programmed cell death in the developing starchy endosperm of rice. Planta, 237(5): 1393-1400.

Kondo M, Okamura T. 1930. Der durch die feuchtigkeits zunahme verursachte querris (doware) des reiskorns. Ber. des Ohara Inst. F. Landwirtschaftl. Forschungen, 4: 429-446.

Kong S, Kim D J, Oh S K, et al. 2012. Black rice bran as an ingredient in noodles: chemical and functional evaluation. Journal of Food Science, 77(3): C303-C307.

Kong S, Lee J. 2010. Antioxidants in milling fractions of black rice cultivars. Food Chemistry, 120(1): 278-281.

Kong X L, Chen Y L, Zhu P, et al. 2015a. Relationships among genetic, structural, and functional properties of rice starch. Journal of Agricultural and Food Chemistry, 63(27): 6241-6248.

Kong X L, Sun X, Xu F F, et al. 2014. Morphological and physicochemical properties of two starch mutants induced from a high amylose indica rice by gamma irradiation. Starch-Starke, 66(1-2): 157-165.

Kong X L, Zhu P, Sui Z Q, et al. 2015b. Physicochemical properties of starches from diverse rice cultivars varying in apparent amylose content and gelatinisation temperature combinations. Food Chemistry, 172: 433-440.

Krishnan P, Ramakrishnan B, Reddy K R et al. 2011. High-temperature effects on rice growth, yield, and grain quality. Advances in Agronomy, 111: 87-206.

Kunze O R. 1977. Moisture adsorption influences on rice. Journal of Food Process Engineering, 1: 167-181.

Kunze O R. 1979. Fissuring of the rice grain after heated air drying. Transactions of the ASAE. American Society of Agricultural Engineers, 22: 1197-1201.

Kunze O R. 1983. Physical properties of rice related to drying the grain. Drying Technology, 2(3): 369-387.

Kunze O R. 1991. Moisture adsorption in cereal grain technology – A review with emphasis on rice. Applied Engineering in Agriculture, 7(6): 717-723.

Kunze O R, Calderwood D L. 2004. Chapter 9: Rough-rice drying-moisture absorption and desorption//Champagne E T.Rice: Chemistry and Technology.Third Edition. New Orleans, Louisiana, U.S.A.: Cereals & Grains Assn:223-268.

Kunze O R, Choudhury M S U. 1972. Moisture adsorption related to the tensile strength of rice. Cereal Chemistry, 49(6): 684-696.

Kunze O R, Hall C W. 1965. Relative humidity changes that cause brown rice to crack. Transactions of the ASABE, 8: 396-399.

Kunze O R, Prasad Jr S. 1978. Grain fissuring potentials in harvesting and drying of rice. Transactions of the ASABE, 21: 361-366.

Kunze O R, Wratten F T. 2004. Physical and mechanical properties of rice. Rice Chemistry & Technology, 31(2): 933-941.

Kwak H S, Kim H G, Kim H S, et al. 2013. Sensory characteristics and consumer acceptance of frozen cooked rice by a rapid freezing process compared to homemade and aseptic packaged cooked rice. Preventive Nutrition and Food Science, 18(1): 67-75.

Kwak H S, Kim M, Lee Y, et al. 2014. Identification of key sensory attributes for consumer acceptance and instrumental quality of aseptic-packaged cooked rice. International Journal of Food Science & Technology, 50(3): 691-699.

Lanning S B, Siebenmorgen T J, et al. 2011. Extreme nighttime air temperatures in 2010 impact rice chalkiness and milling quality. Field Crops Research, 124(1): 132-136.

Lanning S B, Siebenmorgen T J, Counce P A. 2011. Comparison of milling characteristics of hybird and pureline rice cultivars. Applied Engineering in Agriculture, 27(5):787-795.

Laparra J M, Sanz Y. 2010. Interactions of gut microbiota with functional food components and nutraceuticals. Pharmacological Research, 61(3): 219-225.

Leelayuthsoontorn P, Thipayarat A. 2006. Textural and morphological changes of Jasmine rice under various elevated cooking conditions. Food Chemistry, 96(4): 606-613.

Lehmann U, Robin F. 2007. Slowly digestible starch - its structure and health implications: a review. Trends in Food Science & Technology, 18(7): 346-355.

Li H Y, Fitzgerald M A, Prakash S, et al. 2017b. The molecular structural features controlling stickiness in cooked rice, a major palatability determinant. Scientific Reports, 7: 43713.

Li H Y, Gilbert R G. 2018. Starch molecular structure: the basis for an improved understanding of cooked rice texture. Carbohydrate Polymers, 195: 9-17.

Li H Y, Lei N Y, Yan S, et al. 2019. The importance of amylopectin molecular size in determining the viscoelasticity of rice starch gels. Carbohydrate Polymers, 212: 112-118.

Li H Y, Prakash S, Nicholson T M, et al. 2016. The importance of amylose and amylopectin fine structure for textural properties of cooked rice grains. Food Chemistry, 196: 702-711.

Li H Y, Wen Y, Wang J, et al. 2017a. The molecular structures of leached starch during rice cooking are controlled by thermodynamic effects, rather than kinetic effects. Food Hydrocolloids, 73: 295-299.

Li H, Prakash S, Nicholson T M, et al. 2016. Instrumental measurement of cooked rice texture by dynamic rheological testing and its relation to the fine structure of rice starch. Carbohydrate Polymers, 146: 253-263.

Li K H, Bao J S, Corke H, et al. 2017a. Association analysis of markers derived from starch biosynthesis related genes with starch physicochemical properties in the USDA rice mini-core collection. Frontiers in Plant Science, doi: 10.3389/fpls.2017.00424.

Li K H, Bao J S, Corke H, et al. 2017b. Genotypic diversity and environmental stability of starch physicochemical properties in the USDA rice mini-core collection. Food Chemistry, 221: 1186-1196.

Li S, Jiang Z, Wang F, et al. 2020a. Characterization of rice glutelin fibrils and their effect on rice starch digestibility. Food Hydrocolloids, 106: 105918.

Li T, Wang L, Chen Z, et al. 2019. Electron beam irradiation induced aggregation behaviour, structural and functional properties changes of rice proteins and hydrolysates. Food Hydrocolloids, 97: 105192.

Li T, Wang L, Chen Z, et al. 2020b. Structural changes and enzymatic hydrolysis yield of rice bran fiber under electron beam irradiation. Food and Bioproducts Processing, 122: 62-71.

Li T, Wang L, Geng H, et al. 2021. Formation, structural characteristics, foaming and emulsifying properties of rice glutelin fibrils. Food Chemistry, 354: 129554.

Li T, Wang L, Zhang X, et al. 2021. Complexation of rice glutelin fibrils with cyanidin-3-*O*-glucoside at acidic condition: thermal stability, binding mechanism and structural characterization. Food Chemistry,11: 363.

Li T, Zhou J, Wu Q, et al. 2023. Modifying functional properties of food amyloid-based nanostructures from rice glutelin. Food Chemistry, 398: 133798.

Li Y B, Fan C C, Xing Y Z, et al. 2011a. Natural variation in GS5 plays an important role in regulating grain size and yield in rice. Nature Genetics, 43(12): 1266-1269.

Li Y, Ding X , Guo Y, et al. 2011b. A new method of comprehensive utilization of rice husk. Journal of Hazardous Materials, 186(2-3): 2151-2156.

Li Y, Liang J F, Yang M Y, et al. 2015. Traditional chinese rice noodles: history, classification, and processing methods. Cereal Foods World, 60(3): 123-127.

Li Y, Lu F, Luo C, et al. 2009. Functional properties of the Maillard reaction products of rice protein with sugar. Food Chemistry, 117(1): 69-74.

Lii C Y, Chang S M. 2006. Characterization of red bean (*Phaseolus radiatus* var. *aurea*) starch and its noodle quality. Journal of Food Science, 46(1): 78-81.

Lim J S, Manan Z A, Alwi S R W, et al. 2012. A review on utilisation of biomass from rice industry as a source of renewable energy. Renewable and Sustainable Energy Reviews, 16(5): 3084-3094.

Limpawattana M, Shewfelt R L. 2010. Flavor lexicon for sensory descriptive profiling of different rice types. Journal of Food Science, 75(4): S199-S205.

Lin J H, Singh H, Ciao J Y, et al. 2013. Genotype diversity in structure of amylopectin of waxy rice and its influence on gelatinization properties. Carbohydrate Polymers, 92(2): 1858-1864.

Lin J H, Wang S W, Chang Y H. 2008. Effect of molecular size on gelatinization thermal properties before and after annealing of rice starch with different amylose contents. Food Hydrocolloids, 22(1): 156-163.

Lin S, Zhang X, Wang J, et al. 2024. Effect of lactic acid bacteria fermentation on bioactive components of black rice bran (*Oryza sativa* L.) with different milling fractions. Food Bioscience, 58:103684.

Lina G, Min Z. 2022. Formation and release of cooked rice aroma. Journal of Cereal Science, 107:103523.

Lisle A J, Martin M, Fitzgerald M A. 2000. Chalky and translucent rice grains differ in starch composition and structure and cooking properties. Cereal Chemistry, 77(5): 627-632.

Liu L, Ma X, Liu S, et al. 2009. Identification and characterization of a novel Waxy allele from a Yunnan rice landrace. Plant Molecular Biology, 71(6): 609-626.

Liu S W, Lu H L, Chen W, et al. 2022. Preparation and evaluation of low glycemic index reconstituted rice. Food Science and Technology Research, 28(5): 351-362.

Liu S, Yuan T Z, Wang X, et al. 2019. Behaviors of starches evaluated at high heating temperatures using a new model of Rapid Visco Analyzer–RVA 4800. Food Hydrocolloids, 94: 217-228.

Lloyd1 B J, Siebenmorgen T J. 1999. Environmental conditions causing milled rice kernel breakage in medium-grain varieties. Cereal Chemistry, 76(3): 426-427.

Lorlowhakarn K, Naivikul O. 2006. Modification of rice flour by heat moisture treatment (HMT) to produce rice noodles. Kasetsart Journal - Natural Science, 40(6):135-143.

Lu H K, Wang Q, Lai J L. 2007. Function and application of the dietary fiber. Guangdong Agricultural Sciences, 33(4): 67-70.

Lu Q, Chen Y, Mikami T, et al. 2007. Adaptability of four-samples sensory tests and prediction of visual and near-infrared reflectance spectroscopy for Chinese indica rice. Journal of Food Engineering, 79(4): 1445-1451.

Lu R, Siebenmorgen T J. 1995. Correlation of head rice yield to selected physical and mechanical properties of rice kernels. Transactions of the Asae, 38(3): 889-894.

Lyman N B, Jagadish K S V, Nalley L L, et al. 2013. Neglecting rice milling yield and quality underestimates economic losses from high-temperature stress. PLoS One, 8(8): e72157.

Ma Z, Zhao S, Cheng K, et al. 2010. Molecular weight and chain conformation of amylopectin from rice starch. Journal of Applied Polymer Science, 104(5): 3124-3128.

Maache-Rezzoug Z, Zarguili I, Loisel C et al. 2008. Structural modifications and thermal transitions of standard maize starch after DIC hydrothermal treatment. Carbohydrate Polymers, 74(4): 802-812.

Maeda H, Nemoto H, Iida S, et al. 2001. A new rice variety with giant embryos, "Haiminori". Breeding Science, 51(3):211-213.

Manski J M, Matsler A L, Siebenmorgen T J. 2005. Influence of storing rough rice with high moisture content on subsequent drying characteristics and milling quality. Cereal Chemistry, 82: 204-208.

Mariotti M, Sinelli N, Catenacci F, et al. 2009. Retrogradation behaviour of milled and brown rice pastes during ageing. Journal of Cereal Science, 49(2): 171-177.

Marti A, Seetharaman K, Pagani, M A. 2010. Rice-based pasta: a comparison between conventional pasta-making and extrusion-cooking. Journal of Cereal Science, 52(3): 404-409.

Mathure S V, Jawali N, Thengane R J, et al. 2014. Comparative quantitative analysis of headspace volatiles and their association with BADH2 marker in non-basmati scented, basmati and non-scented rice (Oryza sativa L.) cultivars of India. Food Chemistry, 142: 383-391.

McKevith B. 2004. Nutritional aspects of cereals. Nutrition Bulletin, 29(2): 111-142.

Meng L, Zhang W, Hui A, et al. 2020. Effect of high hydrostatic pressure on pasting properties, volatile flavor components, and water distribution of cooked black rice. Journal of Food Processing and Preservation, 44(11): 1-6.

Mestres C, Ribeyre F, Pons B, et al. 2011. Sensory texture of cooked rice is rather linked to chemical than to physical characteristics of raw grain. Journal of Cereal Science, 53(1): 81-89.

Miles M J, Morris V J, Orford P D, et al. 2014. The roles of amylose and amylopectin in the gelation and retrogradation of starch. International Journal of Food Engineering, 135(2): 271-281.

Mohammadian M, Madadlou A. 2018. Technological functionality and biological properties of food protein nanofibrils formed by heating at acidic condition. Trends in Food Science & Technology, 75: 115-128.

Mohapatra D, Bal S. 2004. Wear of rice in an abrasive milling operation, Part II: prediction of bulk temperature rise. Biosystems Engineering, 89(1): 101-108.

Mora M L, Duran P, Acuna A J, et al. 2015. Improving selenium status in plant nutrition and quality. Journal of Soil Science and Plant Nutrition, 15(2): 486-503.

Murugesan G, Bhattacharya K R. 1994. Interrelationship between some structural features of paddy and indexes of technological quality of rice. Journal of Food Science and Technology-Mysore, 31(2): 104-109.

Nakamura Y, Sakurai A, Inaba Y, et al. 2002. The fine structure of amylopectin in endosperm from Asian cultivated rice can be largely classified into two classes. Starch- Stärke, 54(3-4): 117-131.

Nalley L, Dixon B, Tack J et al. 2016. Optimal harvest moisture content for maximizing mid-south rice milling yields and returns. Agronomy Journal, 108(2): 701-712.

Nitin M, Ahlawat S S, Sharma D P, et al. 2015. Novel trends in development of dietary fiber rich meat products – a critical review. Journal of Food Science and Technology, 52(2): 633-647.

Obetta S E, Onwualu A P. 1999. Effect of different surfaces and moisture contents on angle of friction of foodgrains. Journal of Food Science and Technology-Mysore, 36(1): 58-60.

Oikawa T, Maeda H, Oguchi T, et al. 2015. The birth of a black rice gene and its local spread by introgression. Plant Cell, 27(9): 2401-2414.

Okur I, Sezer P, Oztop M H, et al. 2021. Recent advances in gelatinisation and retrogradation of starch by high hydrostatic pressure. International Journal of Food Science and Technology, 56(9): 4367-4375.

Olsen O A. 2001. Endosperm development: cellularization and cell fate specification. Annual Review of Plant Physiology and Plant Molecular Biology, 52: 233-267.

Ong M H, Blanshard J M V. 1995a. Texture determinants in cooked, parboiled rice. I. Rice starch amylose and the fine-structure of amylopectin. Journal of Cereal Science, 21(3): 251-260.

Ong M H, Blanshard J M V. 1995b. Texture determinants of cooked, parboiled rice. II: Physicochemical properties and leaching behaviour of rice. Journal of Cereal Science, 21(3): 261-269.

Paraman I, Hettiarachchy N S, Schaefer C, et al. 2007. Hydrophobicity, solubility, and emulsifying properties of enzyme-modified rice endosperm protein. Cereal Chemistry, 84(4): 343-349.

Park J K, Kim S S. 2001. Effect of milling ratio on sensory properties of cooked rice and on physicochemical properties of milled and cooked rice. Cereal Chemistry, 78(2): 151-156.

Park S K, Ko Y D, Cho Y S, et al. 1997. Occurrence and repression of off-odor in cooked rice during storage under low temperature warming condition of electric rice cooker. Korean Journal of Food Science and Technology, 29(5): 919-924.

Patindol J, Gu X, Wang Y. 2010. Chemometric analysis of cooked rice texture in relation to starch fine structure and leaching characteristics. Starch - Stärke, 62(3-4): 188-197.

Patindol J, Wang Y J. 2003. Fine structures and physicochemical properties of starches from chalky and translucent rice kernels. Journal of Agricultural and Food Chemistry, 51(9): 2777-2784.

Peng S, Huang J, Sheehy J E, et al. 2004. Rice yields decline with higher night temperature from global warming. Proceedings of the National Academy of Sciences of the United States of America, 101(27): 9971-9975.

Perdon A, Siebenmorgen T J, Mauromoustakos A. 2000. Glassy state transition and rice drying: Development of a brown rice state diagram. Cereal Chemistry, 77(6): 708-713.

Perdon M A A, Juliano B O. 1975. Amylose content of rice and quality of fermented cake. Starch - Stärke, 27(6): 196-198.

Perez C M, Juliano B O. 1979. Indicators of eating quality for non-waxy rices. Food Chemistry, 4(3): 185-195.

Pinson S R M, Jia Y, Gibbons J. 2012. Response to early generation selection for resistance to rice kernel fissuring. Crop Science, 52(4),: 1482-1492.

Poquette N, Wang Y J, Lee S O. 2012. Parboiled brown rice product reduces postprandial plasma glucose response in men. Journal of Nutrition and Food Sciences, 2: 1-4.

Pukkahuta C, Varavinit S. 2007. Structural transformation of Sago starch by heat-moisture and osmotic-pressure treatment. Starch - Stärke, 59(12): 624-631.

Puzari K C, Sarmah D K, Hazarika L K. 2014. Medium for mass production of *Beauveria bassiana* (Balsamo) vuillemin. Journal of Biological Control, 11(1): 97-100.

Qi X, Tester R F, Snape C E, et al. 2003. Molecular basis of the gelatinisation and swelling characteristics of waxy rice starches grown in the same location during the same season. Journal of Cereal Science, 37(3): 363-376.

Qu L Q, Wei X L, Satoh H, et al. 2001. New rice mutants lacking glutelinα-1 subunit. Acta Genet Sinica, 28(3):229-235.

Raju G N, Srinivas T. 1991. Effect of physical, physiological, and chemical factors on the expression of chalkiness in rice. Cereal Chemistry, 68(2): 141-148.

Ren D Y, Rao Y, Huang L, et al. 2016. Fine mapping identifies a new QTL for brown rice rate in rice (*Oryza sativa* L.). Rice, 9(1). doi: 10.1186/s12284-016-0076-7.

Roberts E H. 1987. Rice: Chemistry and Technology, 2nd ed. St Paul: American Association of Cereal Chemists: 774.

Rocha T S, Felizardo S G, Jane J L, et al. 2012. Effect of annealing on the semicrystalline structure of normal and waxy corn starches. Food Hydrocolloids, 29(1): 93-99.

Rohrer C, Matsler A, Siebenmorgen T. 2004. Comparison of three extraction systems for determining surface lipid content of thickness-fractionated milled rice. Cereal Chemistry, 81(4): 544-548.

Rousset S, Pons B, Martin J F. 1999. Identifying objective characteristics that predict clusters produced by sensory attributes in cooked rice. Journal of Texture Studies, 30(5): 509-532.

Routray W, Rayaguru K. 2017. 2-acetyl-1-pyrroline: A key aroma component of aromatic rice and other food products. Food Reviews International, 34(5-8): 539-565.

Sagar M G, Parag R G, Virendra K R. 2017. Recovery of proteins from rice mill industry waste (rice bran) using alkaline or NaCl-assisted alkaline extraction processes. Journal of Food Process Engineering, 40(3): e12430.

Sandhyarani M R, Bhattacharya K R. 2010. Slurry viscosity as a possible indicator of rice quality. Journal of Texture Studies, 20(2): 139-149.

Sasaki T, Matsuki J. 1998. Effect of wheat starch structure on swelling power. Cereal Chemistry, 75(4): 525-529.

Satoh H, Omura T. 1979. Induction of mutation by the treatment of fertilized egg cell with N-methyl-N-nitrosourea in rice. Journal of the Faculty of Agriculture Kyushu University, 24:165-174.

Sharif M K, Butt M S, Anjum F M, et al. 2014. Rice bran: a novel functional ingredient. Critical Reviews in Food Science and Nutrition, 54(6): 807-816.

Shi C H, Wu J G, Fan L J, et al. 2002. Developmental genetic analysis for transparency of rice (*Oryza sativa* L.) at different environments. Acta Geologica Sinica, 29(1): 56-61.

Shi S, Wang E, Li C, et al. 2021. Use of protein content, amylose content, and RVA parameters to evaluate the taste quality of rice. Frontiers in Nutrition, 8: 758547.

Shih F. 2003. An update on the processing of high-protein rice products. Food / Nahrung, 47: 420-424.

Shitanda D, Nishiyama Y, Koide S. 2002. Compressive strength properties of rough rice considering variation of contact area. Journal of Food Engineering, 53(1): 53-58.

Siebenmorgen T J, Qin G. 2005. Relating rice kernel breaking force distributions to milling quality. Transactions of the ASAE, 48(1): 223-228.

Siebenmorgen T J, Saleh M I, Bautista R C. 2009. Milled rice fissure formation kinetics. Transactions of the ASAE,52(3): 893-900.

Sinelli N, Benedetti S, Bottega G, et al. 2006. Evaluation of the optimal cooking time of rice by innovative techniques: FT-NIR spectroscopy and electronic nose. Journal of Cereal Science, 44(2): 137-143.

Singh D N. 2006. Starch in food: structure, function and applications. International Journal of Food Science and Technology, 41(1): 108-109.

Singh H, Lin J H, Huang W H, et al. 2012. Influence of amylopectin structure on rheological and retrogradation properties of waxy rice starches. Journal of Cereal Science, 56(2): 367-373.

Singh N, Sodhi N S, Kaur M, et al. 2003. Physico-chemical, morphological, thermal, cooking and textural properties of chalky and translucent rice kernels. Food Chemistry, 82(3): 433-439.

Smits A L M, Vliegenthart J F G, van Soest J J G, et al. 2010. Ageing of starch based systems as observed with FT-IR and solid state NMR spectroscopy. Starch- Stärke, 50(11-12): 478-483.

Son J S, Do V B, Kim K O, et al. 2013. Consumers' attitude towards rice cooking processes in Korea, Japan, Thailand and France. Food Quality and Preference, 29(1): 65-75.

Song X J, Kuroha T, Ayano M, et al. 2015. Rare allele of a previously unidentified histone H4 acetyltransferase enhances grain weight, yield, and plant biomass in rice. Proceedings of the National Academy of Sciences, 112(1): 76-81.

Song Y, Li T, Zhang X, et al. 2023. Investigating the effects of ion strength on amyloid fibril formation of rice proteins. Food Bioscience, 51: 102068.

Sowbhagya C, Ramesh B, Bhattacharya K. 1984. Improved indices for dimensional classification of rice. Journal of Food Science & Technology, 21: 15-19.

Srikaeo K, Sangkhiaw J. 2014. Effects of amylose and resistant starch on glycaemic index of rice noodles. LWT-Food Science and Technology, 59(2): 1129-1135.

Srinivas T, Bhashyam M K, Raju G N. 1985. Anatomical and chemical peculiarities caused during the translocation of solute in the developing cereal grains. Plant Physiology and Biochemistry, 12: 77-85.

Srisawas W, Jindal V K, Thanapase W. 2007. Relationship between sensory textural attributes and near infrared spectra of cooked rice. Journal of Near Infrared Spectroscopy, 15(5): 333-340.

Stahel G. 1935. Breakage of rice in milling in relation to the condition of the paddy. Tropical Agriculture, 12.

Steiger G, Müller-Fischer N P, Cori H, et al. 2014. Fortification of rice: technologies and nutrients. Annals of the New York Academy of Sciences, 1324(1): 29-39.

Storck J, Walter D T. 1953. Flour for man's bread, a history of miling. American Anthropologist, 55(3):439-440.

Sun C, Liu T, Ji C, et al. 2014. Evaluation and analysis the chalkiness of connected rice kernels based on image processing technology and support vector machine. Journal of Cereal Science, 60(2): 426-432.

Sun H, Siebenmorgen T. 1993. Milling characteristics of various rough rice kernel thickness fractions. Cereal Chemistry, 70(6): 727-733.

Sun L H, Lv S W, He L Y. 2017. Comparison of different physical technique-assisted alkali methods for the extraction of rice bran protein and its characterizations. International Journal of Food Engineering, 13(10): 20170070.

Sun L Y, Gong K C. 2001. Silicon-based materials from rice husks and their applications. Industrial & Engineering Chemistry Research, 40(25): 5861-5877.

Suzuki U, Kubota K, OMICHI M, et al. 1976. Kinetic studies on cooking of rice. Journal of Food Science, 41(5):1180-1183.

Suzuki Y, Sano Y, Ishikawa T, et al. 2003. Starch characteristics of the rice mutant du2-2 Taichung 65 highly affected by environmental temperatures during seed development. Cereal Chemistry, 80(2): 184-187.

Syahariza Z A, Sar S, Warren F J, et al. 2014. The importance of amylose and amylopectin fine structures for starch digestibility in cooked rice grains. Food Chemistry, 145: 617-618.

Takemoto Y, Coughlan S J, Okita T W, et al. 2002. The rice mutant *esp2* greatly accumulates the glutelin precursor and deletes the protein disulfide isomerase. Plant Physiology, 128(4): 1212-1222.

Takeo S, Kado H, Yamamoto H, et al. 1988. Studies on an antitumor polysaccharide RBS derived from rice bran. II. Preparation and general properties of RON, an active fraction of RBS. Chemical & Pharmaceutical Bulletin, 36(9): 3609-3613.

Takeuchi S, Fukuoka M, Gomi Y, et al. 1997. An application of magnetic resonance imaging to the real time measurement of the change of moisture profile in a rice grain during boiling. Journal of Food Engineering, 33(1-2): 181-192.

Tamura M, Ogawa Y. 2012. Visualization of the coated layer at the surface of rice grain cooked with varying amounts of cooking water. Journal of Cereal Science, 56(2): 404-409.

Tan H Z, Li Z G, Tan B. 2009. Starch noodles: History, classification, materials, processing, structure, nutrition, quality evaluating and improving. Food Research International, 42(5-6): 551-576.

Tananuwong K, Malila Y. 2011. Changes in physicochemical properties of organic hulled rice during storage under different conditions. Food Chemistry, 125(1): 179-185.

Tang S X, Jiang Y Z, Li S S, et al. 1999. Observation on the amyloplasts in endosperm of early indica rice with scanning electron microscope. Acta Agronomica Sinica, 25(2): 269-271.

Tao K, Yu W, Prakash S, et al. 2019. High-amylose rice: Starch molecular structural features controlling cooked rice texture and preference. Carbohydrate Polymers, 219: 251-260.

Tian Z X, Qian Q, Liu Q Q, et al. 2009. Allelic diversities in rice starch biosynthesis lead to a diverse array of rice eating and cooking qualities. Proceedings of the National Academy of Sciences of the United States of America, 106(51): 21760-21765.

Timsorn K, Lorjaroenphon Y, Wongchoosuk C. 2017. Identification of adulteration in uncooked Jasmine rice by a portable low-cost artificial olfactory system. Measurement, 108: 67-76.

Tiwari G, Wang S, Tang J, et al. 2011. Analysis of radio frequency (RF) power distribution in dry food materials. Journal of Food Engineering, 104(4): 548-556.

Tong C, Chen Y L, Tang F F, et al. 2014. Genetic diversity of amylose content and RVA pasting parameters in 20 rice accessions grown in Hainan, China. Food Chemistry, 161: 239-245.

Tong Y Y. 2003. Effects of drying methods on reconstituability of instant rice with intensified nutrition. Transactions of The Chinese Society of Agricultural Machinery, 34(2): 54-57.

Torres M D, Seijo J. 2016. Water sorption behaviour of by-products from the rice industry. Industrial Crops and Products, 86: 273-278.

Tran T T B, Shelat K J, Tang D, et al. 2011. Milling of rice grains. The degradation on three structural levels of starch in rice flour can be independently controlled during grinding. Journal of Agricultural and Food Chemistry, 59(8): 3964-3973.

Umemoto T, Yano M, Satoh H, et al. 2002. Mapping of a gene responsible for the difference in amylopectin structure between japonica-type and indica-type rice varieties. Theoretical and Applied Genetics, 104(1): 1-8.

Vandeputte G E, Derycke V, Geeroms J, et al. 2003. Rice starches. II. Structural aspects provide insight into swelling and pasting properties. Journal of Cereal Science, 38(1): 53-59.

Verma D K, Srivastav P P. 2020. A paradigm of volatile aroma compounds in rice and their product with extraction and identification methods: a comprehensive review. Food Research International, 130: 108924.

Verma D K, Tripathy S, Srivastav P P. 2024. Microwave heating in rice and its influence on quality and techno-functional parameters of rice compositional components. Journal of Food Composition and Analysis, 128: 106030.

Wambura P, Yang W, Wang Y. 2008. Power ultrasound enhanced one-step soaking and gelatinization for rough rice parboiling. International Journal of Food Engineering, doi: 10.2202/1556-3758.1393.

Wang C, Wang J, Zhu D, et al. 2020. Effect of dynamic ultra-high pressure homogenization on the structure and functional properties of whey protein. Journal of Food Science and Technology, 57(4), 1301-1309.

Wang M, Hettiarachchy N S, Qi M, et al. 1999. Preparation and functional properties of rice bran protein isolate. Journal of Agricultural and Food Chemistry, 47(2): 411-416.

Wang Y H, Liu S J, Ji S L, et al. 2005. Fine mapping and marker-assisted selection (MAS) of a low glutelin content gene in rice. Cell Research, 15(8): 622-630.

Wang Y R, Qin Y, Fan J L, et al. 2019. The effects of phosphorylation modification on the structure, interactions and rheological properties of rice glutelin during heat treatment. Food Chemistry, 297: 124978.

Wei X, Handoko D D, Pather L, et al. 2017. Evaluation of 2-acetyl-1-pyrroline in foods, with an emphasis on rice flavour. Food Chemistry, 232: 531-544.

Westbrook J, Hoffmann W C, Lacey R E. 2009. Rapid identification of rice samples using an electronic nose. Journal of Bionic Engineering, 6(3): 290-297.

Wongpornchai S, Dumri K, Jongkaewwattana S, et al. 2004. Effects of drying methods and storage time on the aroma and milling quality of rice (*Oryza sativa* L.) cv. Khao Dawk Mali 105. Food Chemistry, 87(3): 407-414.

Wratten F T, Poole W D, Chesness J L, et al. 1969. Physical and thermal properties of rough rice. Trans of the Asae, 12(6): 801-803.

Wronkowska M, Soral-Smietana M. 2012. Fermentation of native wheat, potato, and pea starches, and their preparations by bifidobacterium - changes in resistant starch content. Czech Journal of Food Sciences, 30(1): 9-14.

Wu F, Yang N, Touré A, et al. 2013. Germinated brown rice and its role in human health. Critical Reviews in Food Science and Nutrition, 53(5): 451-463.

Wu Q, Wu J, Ren M, et al. 2021. Modification of insoluble dietary fiber from rice bran with dynamic high pressure microfluidization: Cd(II) adsorption capacity and behavior. Innovative Food Science and Emerging Technologies, 73: 102765.

Wu W, Li F, Wu X. 2020. Effects of rice bran rancidity on oxidation, structural characteristics and interfacial properties of rice bran globulin. Food Hydrocolloids, 110: 106123.

Xie L, Tang S, et al. 2013. Rice grain morphological characteristics correlate with grain weight and milling quality. Cereal Chemistry, 90(6): 587-593.

Xiong D, Ling X, Huang J, et al. 2017. Meta-analysis and dose-response analysis of high temperature effects on rice yield and quality. Environmental & Experimental Botany, 141: 1-9.

Xu F F, Zhang G, Tong C, et al. 2013. Association mapping of starch physicochemical properties with starch biosynthesizing genes in waxy rice (*Oryza sativa* L.). Journal of Agricultural and Food Chemistry, 61(42): 10110-10117.

Xu L J, Xie J K, Kong X L, et al. 2004. Analysis of genotypic and environmental effects on rice starch. 2. Thermal and retrogradation properties. Journal of Agricultural and Food Chemistry, 52(19): 6017-6022.

Yadav R B, Yadav B S, Chaudhary D. 2011. Extraction, characterization and utilization of rice bran protein concentrate for biscuit making. British Food Journal, 113(8-9): 1173-1182.

Yamagishi T, Tsuboi T, Kikuchi K. 2003. Potent natural immunomodulator, rice water-soluble polysaccharide fractions with anticomplementary activity. Cereal Chemistry, 80(1): 5-8.

Yang D S, Lee K S, Jeong O, et al. 2008. Characterization of volatile aroma compounds in cooked black rice. Journal of Agricultural and Food Chemistry, 56(1): 235-240.

Yang F, Chen Y L, Tong C, et al. 2014. Association mapping of starch physicochemical properties with starch synthesis-related gene markers in nonwaxy rice (*Oryza sativa* L.). Molecular Breeding, 34(4): 1747-1763.

Yang Y H, Guo M, Sun S Y, et al. 2019. Natural variation of *OsGluA2* is involved in grain protein content regulation in rice. Nature Communications, 10(1): 1949.

Yang Z, Han X, Wu H, et al. 2017. Impact of emulsifiers addition on the retrogradation of rice gels during low-temperature storage. Journal of Food Quality, 2017, 4247132.

Yanika W, Chureerat P, Vilai R et al. 2009. Pasting properties of a heat-moisture treated canna starch in relation to its structural characteristics. Carbohydrate Polymers, 75(3): 505-511.

Yao Y, Ding X L. 2002. Pulsed nuclear magnetic resonance (PNMR) study of rice starch retrogradation. Cereal Chemistry, 79(6): 751-756.

Yawadio R, Tanimori S, Morita N. 2007. Identification of phenolic compounds isolated from pigmented rices and their aldose reductase inhibitory activities. Food Chemistry, 101(4): 1616-1625.

You S Y, Oh S K, Kim H S, et al. 2015. Influence of molecular structure on physicochemical properties and digestibility of normal rice starches. International Journal of Biological Macromolecules, 77: 375-382.

Yu L, Turner M S, Fitzgerald M, et al. 2017. Review of the effects of different processing technologies on cooked and convenience rice quality. Trends in Food Science & Technology, 59: 124-138.

Yun Y T, Chung C T, Lee Y J, et al. 2016. QTL mapping of grain quality traits using introgression lines carrying *Oryza rufipogon* chromosome segments in Japonica rice. Rice, 9(1): 62.

Zakaria H P, Golam F, Rosna M T, et al. 2017. Agronomic, transcriptomic and metabolomic expression analysis of aroma gene (*badh2*) under different temperature regimes in rice. International Journal of Agriculture and Biology, 19(3): 569-576.

Zavareze E D R, Pinto V Z, Klein B, et al. 2012. Development of oxidised and heat–moisture treated potato starch film. Food Chemistry, 132(1): 344-350.

Zavareze E D R, Storck C R, Castro L A S D, et al. 2010. Effect of heat-moisture treatment on rice starch of varying amylose content. Food Chemistry, 121(2): 358-365.

Zeng Y, Jia F G, Meng X Y, et al. 2018. The effects of friction characteristic of particle on milling process in a horizontal rice mill. Advanced Powder Technology, 29(5): 1280-1291.

Zeng Z, Zhang H, Zhang T, et al. 2009. Analysis of flavor volatiles of glutinous rice during cooking by combined gas chromatography–mass spectrometry with modified headspace solid-phase microextraction method. Journal of Food Composition and Analysis, 22(4): 347-353.

Zhang D, Zhao L Y, Wang W J, et al. 2022. Lipidomics reveals the changes in non-starch and starch lipids of rice (*Oryza sativa* L.) during storage. Journal of Food Composition and Analysis, 105:104205.

Zhang H J, Zhang H, Wang L, et al. 2012. Preparation and functional properties of rice bran proteins from heat-stabilized defatted rice bran. Food Research International, 47(2): 359-363.

Zhang L, Zhang C, Yan Y, et al. 2021. Influence of starch fine structure and storage proteins on the eating quality of rice varieties with similar amylose contents. Journal of the Science of Food and Agriculture, 101(9): 3811-3818.

Zhang Q, Yang W, Sun Z. 2005. Mechanical properties of sound and fissured rice kernels and their implications for rice breakage. Journal of Food Engineering, 68(1): 65-72.

Zhang W, Liu D Y, Liu Y M, et al. 2017. Overuse of phosphorus fertilizer reduces the grain and flour protein contents and zinc bioavailability of winter wheat (*Triticum aestivum* L.). Journal of Agricultural and Food Chemistry, 65(8): 1473-1482.

Zhang X, Wang L, Chen Z, et al. 2019. Effect of electron beam irradiation on the structural characteristics and functional properties of rice proteins. RSC Advances, 9(24): 13550-13560.

Zhang X, Wang L, Chen Z, et al. 2020. Effect of high energy electron beam on proteolysis and antioxidant activity of rice proteins. Food & Function, 11(1): 871-882.

Zhang X, Wang L, Cheng M, et al. 2015. Influence of ultrasonic enzyme treatment on the cooking and eating quality of brown rice. Journal of Cereal Science, 63: 140-146.

Zhang X, Zuo Z, Yu P, et al. 2021. Rice peptide nanoparticle as a bifunctional food-grade Pickering stabilizer prepared by ultrasonication: structural characteristics, antioxidant activity, and emulsifying properties. Food Chemistry, 343: 128545.

Zhang X, Zuo Z, Zhang X, et al. 2024. Pre-gelatinization phenomenon and protein structural changes in rice quality modification by superheated steam treatment. Food Bioscience, 59: 103989.

Zhao C Y, Ren J G, Xue C Z, et al. 2005. Study on the relationship between soil selenium and plant selenium uptake. Plant and Soil, 277(1-2): 197-206.

Zhao M, Lin Y, Chen H. 2020. Improving nutritional quality of rice for human health. Theoretical and Applied Genetics, 133(5): 1397-1413.

Zhao Q, Lin J, Wang C, et al. 2021. Protein structural properties and proteomic analysis of rice during storage at different temperatures. Food Chemistry, 361(3): 130028.

Zhao Q, Xiong H, Selomulya C, et al. 2012. Enzymatic hydrolysis of rice dreg protein: Effects of enzyme type on the functional properties and antioxidant activities of recovered proteins. Food Chemistry, 134(3): 1360-1367.

Zhao Q, Xiong H, Selomulya C, et al. 2013. Effects of spray drying and freeze drying on the properties of protein isolate from rice dreg protein. Food and Bioprocess Technology, 6(7): 1759-1769.

Zhao R, Ghazzawi N, Wu J, et al. 2018. Germinated brown rice attenuates atherosclerosis and vascular inflammation in low-density lipoprotein receptor-knockout mice. Journal of Agricultural and Food Chemistry, 66(17): 4512-4520.

Zheng T Q, Xu J L, Li Z K, Zhai H Q, Wan J M. 2007. Genomic regions associated with milling quality and grain shape identified in a set of random introgression lines of rice (*Oryza sativa* L.). Plant Breeding, 126(2): 158-163.

Zheng X Z, Lan Y B, Zhu J M, et al. 2009. Rapid identification of rice samples using an electronic nose. Journal of Bionic Engineering, 6(3):290-297.

Zhou H, Wang L, Liu G, et al. 2016. Critical roles of soluble starch synthase SSIIIa and granule-bound starch synthase waxy in synthesizing resistant starch in rice. Proceedings of the National Academy of Sciences of the United States of America, 113(45): 12844-12849.

Zhou X, Ying Y N, Hu B L, et al. 2018. Physicochemical properties and digestibility of endosperm starches in four indica rice mutants. Carbohydrate Polymers, 195: 1-8.

Zhou Y, Dong G, Tao Y, et al. 2016. Mapping quantitative trait Loci associated with toot traits using sequencing-based genotyping chromosome segment substitution lines derived from 9311 and nipponbare in rice (*Oryza sativa* L.). PLoS One, 11(5): e0155280.

Zhou Z K, Robards K, Helliwell S, et al. 2002. Composition and functional properties of rice. International Journal of Food Science and Technology, 37(8): 849-868.

Zhu D W, Fang C Y, Qian Z H, et al. 2021. Differences in starch structure, physicochemical properties and texture characteristics in superior and inferior grains of rice varieties with different amylose contents. Food Hydrocolloids, 110: 106170.

Zhu L J, Gu M H, Meng X L, et al. 2012. High-amylose rice improves indices of animal health in normal and diabetic rats. Plant Biotechnology Journal, 10(3): 353-362.

Zhu L J, Liu Q Q, Wilson J D, et al. 2011. Digestibility and physicochemical properties of rice (*Oryza sativa* L.) flours and starches differing in amylose content. Carbohydrate Polymers, 86(4): 1751-1759.

Zhu L, Cheng L, Zhang H, et al. 2019. Research on migration path and structuring role of water in rice grain during soaking. Food Hydrocolloids, 92: 41-50.